SELECTED BUTTERFLIES OF THE WORLD
ILLUSTRATED IN COLOURS

原色圖鑑 世界の蝶

理学博士 江崎悌三 序
医学博士 中原和郎
国立科学博物館 黒沢良彦 共著

北隆館

序

　美の探求はわれわれ人類に与えられた特権の一つであって，美への憧れが人生をどれほど潤いのあるものにしているかわからない。美の中でも自然の美，すなわち造化の美ほど，いわゆる飽きのこない点において，他のさまざまの美の追随をゆるさないものはあるまい。

　およそ豪華絢爛という言葉は，世界の美しい蝶のために用意されたものであるなどといえば，昆虫学者の迷い言と笑われるかもしれないが，昭和32年の秋，東京で催された日本昆虫学会創立40周年記念の"世界の昆虫展"に出品された世界の美しい蝶に接した人々は，その華麗さに全く圧倒されたことであろうし，こんなに美しい蝶が，実際に地球上のあちらこちらを飛びまわっているのかと驚異の眼をみはったことであろう。しかし，こういった世界の美しい蝶類標本は，われわれ一般の者には，いや昆虫学者にでも，そう容易に入手できるものでもないし，またいつでも鑑賞できる機会に恵まれるものでもない。

　世界の多くの名画や美術品については，古くから原色写真帳が豊富に出版され，そうした方面の美の憧憬者に満足を与え，文化に貢献してきたように，世界の豪華絢爛たる蝶の原色写真集が出版されたならば，どんなにか楽しいだろうということは，随分永らく人々が考えてきたことであった。もっともザイツの豪華な世界の鱗翅類図説はあるにしても，これはあまりにも広汎で学問的に過ぎ，しかも高価で，誰もがこれを書斉や客間に置いて楽しむのには不適当であるし，シューラーの最近の蝶蛾図譜は，その中に含まれる蝶蛾の数があまりにも少ない嫌いがあって，何れも帯に短し襷に長い感じのものであった。

　ところが，ここに中原和郎博士と黒沢良彦技官の御両人によって，われわれが久しく待望していた"世界の蝶"についての豪華な本が，図鑑としてその技術と伝統を誇る北隆館から出版されることとなった。中原和郎博士は，人も知る癌研究所所長で，永年癌の基礎的研究に精魂を傾けてこられた医学者であるから，"世界の蝶"の著者の一人としては，奇異に思われる人があるかもしれないが，他方，博士はまた立派な昆虫学者であり，特に脈翅目の研究においては権威者なのである。博士の科学への出発は，実は，蝶からであり，昆虫学からなのであったことを紹介すれば，誰しもなるほどとうなずかれよう，博士はその少年時代の追憶にこう書いておられる。

　「環境の"生物"に及ぼす影響は確かに大きい。コーネル在学中"心境の変化"が起って，私は昆虫をやめた。癌の研究に興味を感じるようになったのは，コーネルを卒えて，ロックフェラー医学研究所に助手として就職してからのことである。

　それ以来，私は癌の研究に没頭してすでに四十年に垂んとしている。もちろん癌は一生を捧げての仕事である。しかし昆虫も忘れてしまったわけではない。子供に返って蝶の採

集を楽しむことも長い間つづけたが，三つ児の魂百までとやら，近年また脈翅目の研究を復活して，昔懐かしいナヴァス神父やペーテルゼン氏の著作を読み返しながら，雲を凌がんと欲する当年の意気をしのびつつある。」

このように博士の心の中の昆虫研究慾―蝶採集熱―世界の豪華蝶への憧れは数十年消えることなく燃え続けていた。そしていつの間にか，博士の世界の豪華蝶のコレクションは尨大なものとなり，しかも国宝的存在となっていた。華麗な蝶であればあるほど，それら標本は完全な個体でなければならないが，博士の標本はそれらの点においても質量ともに絶対に他の追随を許さぬものであることは，世界の昆虫展に出品された漠大な数の標本を見た人々は容易にうなずかれるであろう。これらの完全な標本が，この"世界の蝶"の骨として使われたことはもちろんであるが，それに両氏の昆虫学上の深い智識が肉として副えられ，更に北隆館の新企画による天然色カラー印刷の技術が血として加えられてでき上ったのが本書である。

著者の一人黒沢良彦技官は，国立科学博物館の昆虫部主任で，専攻は甲虫類の分類であるが，もともと「蝶は三度の飯よりも好き」であるところから，蝶学についての造詣も実に深い。氏は，青年時代の昆虫学修行の大切な時期を，はるばる九州の私の研究室まできて，研究を重ねた日本昆虫学界での中堅昆虫学者で，特にタマムシ類分類の権威者である。そんなわけで，"世界の蝶"では，中原博士とは実に名コンビの著者ということができる。

私は，この御両人の豪華絢爛たる力作"世界の蝶"を，何等の躊躇もなく，広く世界の自然美探求者にお奨めする。恐らく本書を用いて，実に480種のヴァラエティーに富んだ美しい蝶の美にうたれ，それらの美を分析することによって，くめども尽きない美を発見し，或人はそれ自体に限りない満足感をおぼえ，ある人はそれを利用し，またある人はそれを基に更に新しい美を創作し，それぞれ人生をもっと豊富にされることであろう。すべからく文化人たるもの座右に必携の一書であると信じて疑わない。また私は，本書の出版が世界の文化の進展に寄与するところ極めて大きいことに誇りを感じ，御両人の御労作に深い敬意を捧げ，この拙い序文を認めた次第である。

昭和32年10月4日

江 崎 悌 三

本書を故江崎悌三教授に捧げる

　本書を作製するに当って陰に陽に種々の有益な御助言を賜わり，その完成を楽しみにしておられた江崎悌三教授は昭和32年12月14日，本書の完成を見ずに惜しくも他界された．我々のよき友，又はよき師として教授がわれわれに与えられた影響は大きい．今，教授が病床にあって本書のために特に筆を執られた序文の原稿を前に感無量なるものがある．本書の完成を偕に喜んで頂くべき教授はすでに亡い．われわれはここに謹んで本書の完成を教授の御霊に御報告申上げる．

中　原　和　郎
黒　沢　良　彦

緒　言

　戦前は朝鮮や台湾を含めたわが国の版図内に産する蝶は約600種もあり，当時の私達にはその全種類を蒐めることは到底不可能であった．したがって台湾や朝鮮の美しい珍蝶の蒐集に全力が集中し，ただ単に珍貴種の数を増し，地方の蝶類目録の作製だけに夢中になって，身近な種類を飼育してその生活史を調べることや，斑紋以外の体の形態を詳しく調べて系統を研究することなどは全く顧られなかった．モルフォや鳥翅蝶の名は知っているが，モルフォがワモンチョウに近く，台湾のキシタアゲハが鳥翅蝶の1種であることを知っていた者が果して何人いたであろうか．ところが戦後の様相は全く一変した．台湾，朝鮮を失ったわが国の蝶相は戦前の1/3以下に激減したが，多くの方々の努力により，200種足らずではあるが，わが国に産する蝶のほとんど全種類の生活史が瞬く間に明らかになってしまったのである．わが国の真中から，他の昆虫ならいざ知らず，蝶の新種が発見されたり，チョウセンアカシジミやキマダラルリツバメのような思わぬ種類が岩手県のような所に産するとは戦前誰が想像し得たろうか．このようにしてわが国の蝶の研究も華かな部分は一応完成し，次第に長年月を要する地味な部分へと移りつつある．したがって日本の蝶に関する限り，新しい種類の発見はもちろん，食草についてもほとんど調べ尽されて期待できなく，その上わが国に産する全種類を蒐めることもさ程困難ではなくなり，同好者の関心は自然に国外の種類に向けられるようになった．全世界の蝶は1万余種，地方による亜種や型まで加えると無数にある．熱帯の種類の華麗さ，寒地の種類の地味ではあるが，見飽きることのない落ちついた美しさ，丁度切手の蒐集に動物切手や植物切手の別があるように，蝶の蒐集にも，例えばアゲハチョウやシロチョウなどの別があり，またさらに細かくアゲハチョウでもウスバシロチョウ類だけ，あるいはシロチョウでもモンキチョウ類だけなどと各人の好みによって異なったグループだけを蒐めることもできて，いまでは蝶の蒐集も切手の蒐集とともに一つの流行になった感すらある．一方昨年日本昆虫学会の創立40周年を記念して白木屋で開かれた「世界の昆虫展」を境にして美術家その他一般の方々の蝶の美しさに対する認識も一段と深まってきたように思われる．しかし，国内の蝶についての図鑑は多すぎるほどあっても外国にはどんな蝶がいるかを知るのに参考になる図鑑は一つもない状態である．戦時中に故平山修次郎氏が東洋熱帯の蝶の図鑑を計画され，出版間際に版が焼失し中絶したのは誠に惜しいことであった．もっとも有名なA. Seitz の "Macrolepidoptera of the world" のような大著はあるが，蝶の部分だけでも十数万円もする高価なもので，とても一般の愛好者の手にできるものではない．実際有名なアグリアスの名は知っていても実物を知らない人が多かったに違いない．そこでこの実状に即して，外国に産する美しい種類を紹介する意味で作られたのがこの図鑑である．もちろん1万余もある蝶の種類の中からわずか500種足らずの種類を図示するのであるから，標本の同定の役は果し得よう筈もないが，写真は全部原寸大にしてあるので，美しい蝶の種類をある程度紹介できたら幸である．また比較の意味もあって従来もしばしば図説されているわが国や台湾の美しい種類も若干図示しておいた．学名はできる限り最近のものを使用したつもりではあるが，全部について必ずしも正確とはいい難く，従来の旧いものをそのまま使用したものも少なくないが，本書の目的が外国の美しい蝶の紹介にあり，学術的な目的を持たぬものであるのでこの点について御諒承頂けたら幸である．また本書の目的に副うために，全部の種類になるべく和名をつけるように努めたので，一部にはかなり無理な名が生じたが，これが決定的なものではなく便宜的につけられたものであるから，他に適当な名をお気付きになられたら遠慮なく変更して頂いて差支えない，また新しく考案した名であっても別に明示することをしなかったが，この点も御諒承願えれば幸である．
　なお本書を作るに当って特に序文を賜わり，種々ご指導願った故江崎悌三教授に本書を捧げるとともに，書名その他について貴重な御助言を賜った市川三喜博士，種々有益なご助言を賜わった井上正亮氏，紫瀬太郎氏，尾木恵市氏，白水　隆助教授，および安松京三教授に深く御礼申上げる．また図版に使用した多くの貴重な標本を快くお貸し下さった，石川茂樹，江田　茂，大蔵丈三郎，小林　茂，中島暉躬，および三原　実ら諸氏，

標本の撮影その他本書の作製に当って種々の御助力を願った木暮　翠氏に対しても心から御礼申上げる．また図版に用いた国立科学博物館所蔵の標本には故平山修次郎，故佐竹正一，および故渡　正監氏らの蒐集品が多く含まれていることも銘記しなければならない．

昭和 33 年 4 月 26 日

黒　沢　良　彦　記

　少年時代，専門の昆虫学者になろうと決心したこともあった私である．幸か不幸か専攻の学問は結局全く違った方面を選ぶことになったが，雀百までおどり忘れず，昆虫に対する愛着にかけては，今も人後に落ちないものを持ちつづけている．
　日本の蝶は殆んどすべての種類を集めたが，外国のものを全部集めることは容易でない．そこでそのうち最も美しい東洋熱帯特産の *Troides*，南米の *Morpho*, *Agrias*，それにこれらに次ぐ他の華麗蝶に限定し，その範囲で出来るだけ完全な蒐集をという方針を立てた．そして 20 年程かかって大体その目的を達することができた．

中　原　和　郎　記

概　説

　蒐集の愉みは人間の本性に深く根ざしている．その対象物は千差万別であるが，蝶の蒐集などは他の博物標本の場合と同じように，相当の専門的知識を必要とするし，また，結果的には学術上貢献することもあるので，蒐集趣味のうちでもすこぶる高尚な部類に属するといえる．蝶のような美しい天産物を蒐集し，その種類による驚くべき形態，色彩の変化を系統的に考察することは，われわれの自然へのあこがれと，審美的慾望とを満たすに足るものがあるのである．

　動物地理学（Zoogeography）の教えるところによると，地球の表面はその棲息する動物の種類によって大体5の地区に分けることが出来る．すなわち，東半球の温帯を含む旧北区（Palaearctic Region），アジア大陸の熱帯からその南につらなる島々，並びにオーストラリア大陸を併せたインド・オーストラリア区（Indo-Australian Region），地中海沿岸地帯を除くアフリカ大陸と所属諸島を指すエチオピア区（Aethiopian Region），北アメリカを構成する新北区（Nearctic Region），それにメキシコ以南の南アメリカ大陸及び近接諸島を含めた新熱帯区（Neotropical Region）がそれである．蝶もこれ等の各地区にそれぞれ特色のある種類が居る．

　旧北区は，西はヨーロッパから東は日本，南はインドの北部にわたっていて，この地域の蝶はわれわれに最も親しみの深い種類である．日本のギフチョウなどを含む一群は種類は少いが，誇るに足るこの地区の特産品である．

　最も特徴的な旧北区の蝶としてはウスバシロチョウの類を挙げることが出来る．この類は北アメリカに産する少数を除くと殆んど全部旧北区のもので，日本には3種しか見られないが，大陸に行くと美しい紅色紋を装った多くの種類がある．就中逸品といわれる *imperator*, *charltonius* の1群はインド北部の高山，1万数千呎の雪線附近乃至氷河地帯に産するもので，ひとたび足を踏み外したら命のないような危険な地形と，稀薄な空気のため採集にはかなり困難を伴うようである．

　ウスバシロチョウ類はあまり遠く飛ばず，局所的に分布しているため，同一種でも各地方に固定した性質を示すことが多く，非常に多数のいわゆる亜種を形成する．また同一局地における個体変異が甚しく種々の型が見られるので，地方的に固定した亜種の特徴と複雑な個体変異とを正しく見分ける試みは知的遊戯としても非常に面白い．ヨーロッパにはこの類を専門に蒐集している人も尠くなく，一時専門雑誌 " Parnassiana " が出版され，ウスバシロチョウ学（Parnassiology）といふ言葉さへ出来た位である．

　旧北区の南部はただちにインド・オーストラリア区（Indo-Australian Region）の北部に連る．日本近辺では沖縄はすでにインド・オーストラリア区に属すると見られるが，両区の境界線を屋久島と奄美大島との間にするか，後者と九州本島との間にするかが論議された．しかしこれは江崎（1926）が既に喝破したように科学的には決して重大な問題ではない．このような境界は本質的に劃然たるものでないのが当然なのである．

　インド・オーストラリア区ではアゲハチョウ科の大発達が目につく．殊にニューギニアを中心とするいわゆる表南洋の島々に特産のトリバネチョウ（俗称 *Ornithoptera*）の類はその魁偉な形態と，金色

— VII —

をちりばめた壮麗な色彩と相ひまって，世界の蝶の王座を占める観がある．RUDYARD KIPLING がその詩 "The feet of the young men" に

"Do you know the steaming stillness of the orchid-scented glade,
When the blazoned, bird-winged butterflies flap through?"

と歌っているのが正にそれである．

　この地方が蝶学的に開発されつつあった当時における各国の政事的勢力範囲の関係もあって，イギリスの女王に捧献して命名された *victoriae*, *alexandrae* を始め，*chimaera*, *meridionalis* 等の大物はイギリス人によって発見されたが，ドイツ側でも *paradiseus* や *trojanus* の如き逸品を出している．採集家としては有名な WALLACE の外，イギリス人 MEEK，ドイツ人 RIBBE，アメリカ人 DOHERTY などの名は永く記憶されるであろう．

　インド・オーストラリア区の特徴的な蝶としては，さらにツマベニチョウ（*Hebomoia*），ルリマダラ（*Euploea*）などがある．ワモンチョウ（*Stichophthalma*）の如きは色は地味であるが南米の *Morpho* に対応する東洋品である．

　エチオピア区（Aethiopian Region）の蝶は割合にインド・オーストラリア区に似ていて，フタオチョウ（*Charaxes*），リュウキュウムラサキ（*Hypolimnus*）など立派なタテハチョウ群が両地区に共通している．前翅端に紅色や紫色の斑紋のある可憐なシロチョウ *Colotis* や，翅の細長い毒蝶 *Acraea* などはこの地区に特徴的である．アフリカ蝶の王者は西アフリカの原始林地帯に産する *Druryia antimachus* と *zalmoxis* であろう．この2種はインド・オーストラリアの *Ornithoptera* に匹敵する雄大なものである．

　新北区（Nearctic Region）といわれる北アメリカの蝶は非常に旧北区のに近く，殆んど特徴がない．強いて挙げれば *Basilarchia* 属のタテハチョウ位のもので，蝶の種類から見ると，新，旧北区の別ははっきりしない．むしろ両者を合併して総北区（Holarctic Region）とした方が合理的なようである．

　北アメリカの平凡さにひきかへ，新熱帯区（Neotropical Region）の南アメリカは素晴しく特徴のある蝶の大宝庫である．その色彩は一般にすこぶる派手で，一見して他区の蝶と見分けられる位である．

　最も広く知られた代表的なものはいうまでもなく *Morpho* の一群であろう．殊に強く金属的に青く光った翅をもつ数々の種類は見る目もまばゆい程である．*Morpho* の翅が種々な工芸品の製作に利用されていることは，あまりにも周知の事実であるが，LE MOULT などはこの利用法を広めて一種の少生産事業を起し，仏領ギアナ地方の囚人に *Morpho* を採集させ，その人達の更生に資することが出来た位である．その目も眩むような美しさは，しかし，人によってはあまり感心しない．DAVID SHARP などもそのような一人で，彼は落ちついた色彩の *Caligo* の類を絶讃して "noble insects" と呼んでいる．そう云われて見るとこの巨大な蝶の色彩には確かに見れども飽かぬ趣がある．*Morpho* も *Caligo* もそれぞれ Morphidae, Brassolidae という南アメリカ特産の科を代表する蝶であるが，前者が日光の照り輝く場所に飛び，後者が昼なお暗い森林中に棲息し，その各々の色彩とよく調和した環境にいることは興味がある．

南アメリカの蝶を論じて *Agrias* に及ばないわけには行かない．*Agrias* は"最も美しい，最も変化の多い，最も稀れな"と最もづくめで呼ばれる中形のタテハチョウで，ルビーのような赤を主体に，黄，青，紫と"凡そ自然の持つ美しい色のすべてをぶちまけたような"華麗な蝶である．昔から蒐集家の第一に慾しがったもので，ドイツの標本商社などは大低定価を付けず，同一種の完全標本でも，色の新鮮さ，大きさの大小などによって相当な値段の差をつけたようである．採集者達が *Agrias* を常に第一目標にしたのも無理はない．

Agrias の飛ぶのは極めて早く，"一条の真紅の光線が空気をつらぬく"としか見えないという．普通にはすこぶる採集困難であるが，人畜の排泄物に来るので，採集者はそれを利用する．Le Moult は特に黒人の新鮮な排泄物が一番よく *Agrias* を呼ぶというので，彼は *Agrias* 採集に歩くときには，その目的のために常に数人の黒人を同伴したといっている．

その他ヒョウモンチョウに近い，色彩の派手な *Heliconius* の類が南アメリカ特産品として注目に値する．また，シジミタテハの類は極めて種類に富み色彩も華美なものが多く，すこぶる興味深い．

新熱帯区で活動した採集家としてはイギリスの BATES が有名であるが，ドイツ人 HAHNEL, FASSL, MICHAELIS などの功績も決して BATES に劣らないものがある．

以上の地理的な概論に歴史的な解説を添える意味で世界の蝶類図説に触れて見よう．

先づ極く古いところでは 1779～91 年にわたってオランダで出版された CRAMER の "Papillons exotiques" が有名で，これは補遺を合せて全5巻，442 枚の着色図版を有し，アジア，アフリカ及び南北アメリカの蝶と蛾の大集成である．しかし蝶の宝庫であるニューギニアや南アメリカ奥地の探索が殆んど出来ていない時代のものなので，今日われわれの知っている著名な華麗蝶は殆んど出ていない．

ついでイギリスで HEWITSON が "Illustrations of Diurnal Lepidoptera" を出している（1864～78）．これは全2巻，116 枚の着色図版がある．われわれにとって特に興味深いことは，その頃ようやく明かになり始めた日本の蝶もとり入れられていることで，わが国蝶オオムラサキやゴマダラチョウなども，この図説によって始めて学界に紹介されたことである．GROSE-SMITH and KIRBY の "Rhopalocera Exotica"（1887～1902）3巻はこの HEWITSON の増補として出版されたものである．

HEWITSON と覇を争ったドイツの STAUDINGER は 1881～89 に巨篇 "Exotische Schmetterlinge" を出版した．これも全2巻，100 枚の図版は色刷りである．CRAMER や HEWITSON が雑然と種々な蝶を選んでいるのに反し，STAUDINGER は分類学的な系統を重んじて各科各属の代表的な種類を網羅するよう特に留意しているのが目につく．この本で面白いことは HEWITSON に対する競争意識が露骨に表明されていることで，例えばあの最も美しいといわれる珍蝶 *Agrias* について"1876年 HEWITSON 氏は 19 匹より成る当時最大の *Agrias* 蒐集を私に見せつけた．5年後の今日，私は約 70 匹の *Agrias* を所有している"と述べ堂々 14 種を誇らかに図説している．一方 HEWITSON が記載したオオムラサキは入手出来ず，"悲しい哉私はこの美しい種を持っていない"と告白している．また，甚だ個人的な事で，ATKINSON 氏蒐集品を HEWITSON と合同で購入したが，その中に *Armandia lidderdalei* の雄が 3 匹もあったにかかわらず，自分には一つも廻して呉れず HEWITSON が全部独占してしまったと愚痴をこぼしたりしている．英独両帝国が政治，軍事などあらゆる面で張り合っていたこの時代の風潮が，

蝶類蒐集の面にも見られるような気がする.

一般に蝶の図説は一地方を対象としたものが多く，上掲の少数の例外を除くと殆んど全部が左様である. Lang の "Rhopalocera Europae" (1884), Edwards の "The Butterflies of North America" (1868～97), Distant の "Rhopalocera Malayana" (1882～86), Leech の "Butterflies from China, Japan and Corea,, (1892～94), Moore and Swinhoe の "Lepidoptera Indica" (蝶の部, 1890～1913), 等々, 有名な大図説は皆特殊地域の蝶を専門に取り扱っているのである.

この辺までのいわば群雄割拠時代がすぎて, 天下統一の観を示すに至ったのは "Seitz" の出現である. Adalbert Seitz 編 "Die Gross-Schmetterlinge der Erde" は小蛾を除く全鱗翅類の世界的総合図説として企画され, 1906年の10月に第1分冊が出て以来, 第1次世界大戦中1時中止, その後急速に分冊出版がつづけられ, 蝶の部は1928年に至って完成を見た. 絶後とはいえないが, まことに空前の大事業である. 蝶の部は次の4巻から成る (蛾の部はその3倍位の分量になるがここでは触れない).

第1巻, 旧北区 (1909年に完成), 379ページ, 図版89. 本文は Seitz, Stichel, Mabille (セセリチョウ科) などの分担執筆.

第5巻. アメリカ区, 南北アメリカを含む (1924年に完結), 1155ページ, 図版203. Jordan (アゲハチョウ科), Röber (シロチョウ科) Fruhstorfer (タテハチョウ科, Morphidae, Brassolidae, 等), Seitz (シジミタテハ科), Draudt (シジミチョウ, セセリチョウ科) などの分担執筆.

第9巻. インド・オーストラリア区 (1928年完結), 1203ページ, 図版177. Jordan (アゲハ), Seitz (セセリチョウ) 以外は殆んど全部 Fruhstorfer が書いた.

第13巻. アフリカ区 (1925年完成), 629ページ, 図版80. Aurivillius の単独執筆.

なお第1巻旧北区蝶類の追補一巻が1929～31年に出た. 360ページ, 図版16. von Rosen, Ballow, Seitz, Gaede 等の分担執筆.

本書の特徴は執筆陣に見られる世界的協力体制であるが, 本文が独, 英, 仏の3ケ国語で同時に出版されていることも亦驚異的である. このような便利でしかも権威ある参考書の出現は, 多くの新研究報告続出の機運を作るものであるが, 事実 "Seitz" 以後続々と多数の新品が発表され, 折角完成された "Seitz" も日ならずして out of date になった観がある. しかし, とにかく当時知られた世界の蝶を一応網羅するという目的は達成されたわけで, 編輯者であり企画者である Seitz その人の功績は永久に没することが出来ない.

"Seitz" 以後の傾向は, 各地域の蝶の再検とともに, 各科各属についての雄生殖器構造を主体とする根本的な研究で, Warren のベニヒカゲ (*Erebia*), Talbot のベニモンシロチョウ (*Delias*) の大業績などがその先駆をなしている.

このような精細な研究の必然的結果として, 分類は Seitz 時代の粗分主義から細分主義に転換し, 属の数が非常に増加しつつあるのが最近の著しい傾向で, 例えば俗に "*Ornithoptera*" というトリバネチョウの類は "Seitz" では *Papilio* 属, *Pharmacophagus* 亜属のうちのわづか一部分として取り扱われているが, 今日では *Troides* という独立の1属となり, しかもそれがさらに *Aetheoptera*, *Ornithoptera*, *Shoenbergia*, *Trogonoptera*, *Troides* と5個の亜属に分割されている. もちろん細

かく分けさえすればそれが分類学の進歩であるというわけではない．しかし，そこに含まれている各種の類縁関係を合理的に表示するのに役立つ限り，今日の細分主義は分類学の根本目的に適合するものとして受け入れられるべきである．

　蒐集という見地からすると，戦後は優秀な現地採集者が尠くなり，標本業も昔の中心地のドイツなどでも殆んど滅亡してしまって，1930～40年頃の黄金時代は容易に再現しないかに見える．個人で世界的蒐集を企ることは今日ではやや六ケ敷くなった．個人蒐集として世界最大を誇った Rothschild の Tring 博物館も解散し，Le Moult の大蒐集もすでにベルギー王立博物館に買いとられた．こうして蝶の蒐集は個人の手から離れて，段々と大きな博物館に集積される時代になりつつある．近代の社会情勢の変化がそうさせるのであろう．

目　　次

序

緒　　言

概　　説

　　　　　　　　　　　　　　　　　　　　　　　PL.　　　P.

図　　版 ……………………………………………132………1

解　　説 ……………………………………………14………1

　アゲハチョウ科 *Papilionidae* ……………………1………1

　シロチョウ科 *Pieridae* …………………………59……57

　マダラチョウ科 *Danaidae* ………………………72……84

　ジャノメチョウ科 *Satyridae* ……………………78……92

　フクロチョウ科 *Brassolidae* ……………………80……95

　ワモンチョウ科 *Amathusiidae* …………………85……98

　モルフォチョウ科 *Morhidae* ……………………89……101

　タテハチョウ科 *Nymphalidae* …………………103……109

　テングチョウ科 *Libytheidae* ……………………131……141

　シジミタテハ科 *Erycinidae* ……………………131……141

　シジミチョウ科 *Lycaenidae* ……………………131……141

　セセリチョウ科 *Hesperiidae* ……………………132……144

INDEX

SELECTED BUTTERFLIES OF THE WORLD
ILLUSTRATED IN COLOURS

原色　
圖鑑　世界の蝶

アゲハチョウ科　Papilionidae

PLATE 1

Troides (*Aetheoptera*) *alexandrae alexandrae* Rothschild (♂), Northeastern New Guinea………(p. 1)
アレクサンドラアゲハ (♂)

アゲハチョウ科 Papilionidae

PLATE I

Troides (Aetheoptera) alexandrae (Rothschild) Komachiro Northeastern New Guinea (♂) ....(p. 1)
アレキサンドラトリバネアゲハ (雄)

PLATE 1

PLATE 2

アゲハチョウ科 Papilionidae

PLATE 2

Troides (Aetheoptera) alexandrae alexandrae Rothschild (♀), Northeastern New Guinea ...... (p. 1)
　　アレクサンドラアゲハ（雌）

PLATE 3

1. *Bhutanitis lidderdalei lidderdalei* Atkinson (♂), Assam ...... (p. 1)
　　シボリアゲハ（雄）
2. *Bhutanitis thaidina thaidina* Blanchard (♂), West China ...... (p. 1)
　　シナシボリアゲハ（雄）
3. *Lühdorfia japonica japonica* Leech (♂), Central Japan ...... (p. 2)
　　ギフチョウ（雄）
4. *Lühdorfia puziloi inexpecta* Sheljuzhko (♂), Northern Japan ...... (p. 2)
　　ヒメギフチョウ（雄）

アゲハチョウ科 Papilionidae

PLATE 2

Troides (Aetheoptera) alexandrae Rothschild (♀), Northeastern New Guinea...... (p. 1)
アレキサンドラアゲハ (雌)

PLATE 3

1. Bhutanitis lidderdalei Atkinson (♂), Assam .... (p. 1)
   シボリアゲハ (雄)
2. Bhutanitis thaidina Blanchard (♂), West China .... (p. 1)
   シナシボリアゲハ (雄)
3. Luehdorfia japonica Leech (♂), Central Japan .... (p. 2)
   ギフチョウ (雄)
4. Luehdorfia puziloi inexpecta Sheljuzhko (♂), Northern Japan .... (p. 2)
   ヒメギフチョウ (雄)

PLATE 3

PLATE 4

1

2

3

4

5

6

7

8

アゲハチョウ科　Papilionidae

PLATE 4

1. *Lühdorfia chinensis chinensis* LEECH (♂), Central China ······ (p. 2)
   シナギフチョウ（雄）
2. *Lühdorfia puziloi puziloi* ERSCHOV (♂), Northern Korea ······ (p. 2)
   ヒメギフチョウ（雄）
3. *Zerynthia hypsipyle hypsipyle* FABRICIUS (♂), Czechoslovakia ······ (p. 2)
   タイスアゲハ（雄）
4. *Zerynthia rumina rumina* LINNÉ (♂), Spain ······ (p. 3)
   スカシタイスアゲハ（雄）
5. *Hypermnestrn helios maxima* GRUM-GRSCHIMAJLO (♂), Turkestan ······ (p. 3)
   イランアゲハ（雄）
6. *Zerynthia cerisyi ferdinandi* STICHEL (♂), Burgalia ······ (p. 3)
   シロタイスアゲハ（雄）
7. *Archon apollinus apollinus* HERBST ♀—ab. *rubra* STAIUDNGER, Syria ······ (p. 4)
   シリアアゲハ（雌）
8. *Archon apollinus bellargus* STAUDINGER (♂), Syria ······ (p. 4)
   シリアアゲア（雄）

PLATE 5

1. *Sericinus telamon montela* GRAY (♂), Central China (Summer form) ······ (p. 4)
   ホソオチョウ　中支那亜種（雄）　（夏型）
2. *Sericinus telamon telamon* DONOVAN (♂), Pekin, Northern China (Summer form) ······ (p. 4)
   ホソオチョウ　北支那亜種（雄）　（夏型）
3. *Sericinus telamon koreana* FIXSEN (♂), Southern Korea (Summer form) ······ (p. 5)
   ホソオチョウ　中南朝鮮亜種（雄）　（夏型）
4. *Sericinus telamon telamon* DONOVAN f. *telmona* GRAY (♂), Pekin (Spring form) ······ (p. 5)
   ホソオチョウ　北支那亜種（雄）　（春型）
5. *Sericinus telamon koreana* FIXSEN (♀), Central Korea (Summer form) ······ (p. 5)
   ホソオチョウ　中南朝鮮亜種（雌）　（夏型）

アゲハチョウ科 Papilionidae

PLATE 4

1. Luhdorfia chinensis Leech (♂), Central China .... (p. 2)
   ナカヤマキララ (雄)
2. Luhdorfia puziloi Erschov (♂), Northern Korea .... (p. 2)
   ヒメギフチョウ (雄)
3. Zerynthia hypsipyle hypsipyle Krauicus (♂), Czechoslovakia .... (p. 2)
   ホソオチョウ (雄)
4. Zerynthia rumina rumina Lukás (♂), Spain .... (p. 3)
   スペインホソオチョウ (雄)
5. Hypermnestra helios maxima Grum-Grschimailo (♂), Turkestan .... (p. 3)
   イランチョウ (雄)
6. Zerynthia cerisyi ferdinandi Stichel (♂), Bulgaria .... (p. 3)
   クロホソオチョウ (雄)
7. Archon apollinus Herbst ♀—ab. rubra Staudinger, Syria .... (p. 4)
   シリアチョウ (雌)
8. Archon apollinus bellargus Staudinger (♂), Syria .... (p. 4)
   シリアチョウ (雄)

PLATE 5

1. Sericinus telamon mandlia Gray (♂), Central China (Summer form) .... (p. 4)
   ホソオチョウ 中支那亜種 (雄) (夏型)
2. Sericinus telamon telamon Donovan (♂), Pekin, Northern China (Summer form) .... (p. 4)
   ホソオチョウ 北支那亜種 (雄) (夏型)
3. Sericinus telamon koreana Fixsen (♂), Southern Korea (Summer form) .... (p. 5)
   ホソオチョウ 中南鮮亜種 (雄) (夏型)
4. Sericinus telamon telamon Donovan f. telmona Gray (♂), Pekin (Spring form) .... (p. 5)
   ホソオチョウ 北支那亜種 (雄) (春型)
5. Sericinus telamon koreana Fixsen (♀), Central Korea (Summer form) .... (p. 5)
   ホソオチョウ 中南朝鮮亜種 (雌) (夏型)

PLATE 5

PLATE 6

アゲハチョウ科 Papilionidae

PLATE 6

1. *Parnassius nomion mandschuriae* OBERTHÜR (♂), Eastern Manchuria ……………… (p. 5)
   オオアカボシウスバシロチョウ（雄）
2. *Parnassius nomion richthofeni* BANG-HAAS (♂), Richthofen Mts., Kan-su, China ……… (p. 5)
   オオアカボシウスバシロチョウ（雄）
3. *Parnassius apollo apollo* LINNÉ (♂), Sweden ……………………………… (p. 5)
   アポロウスバシロチョウ（雄）
4. *Parnassius apollonius alpinus* STAUDINGER (♂), Tianshan Mts. ……………… (p. 6)
   アポロニウスウスバシロチョウ（雄）
5. *Parnassius imperator musageta* GRUM-GRSCHIMAJLO (♂), Sze-chuan, Western China ……… (p. 6)
   ミカドウスバシロチョウ（雄）

PLATE 7

1. *Parnassius smintheus smintheus* DOUBLEDAY (♂), Rocky Mts., U. S. A. …………… (p. 7)
   アメリカウスバシロチョウ（雄）
2. *Parnassius phoebus delius* ESPER (♂), Switzerland ……………………… (p. 7)
   ミヤマウスバシロチョウ（雄）
3. *Parnassius clodius clodius* MÉNÉTRIÉS (♂), Rocky Mts., U. S. A. ……………… (p. 7)
   オオアメリカウスバシロチョウ（雄）
4. *Parnassius bremeri conjuncta* STAUDINGER (♂), Northern Korea ……………… (p. 8)
   アカボシウスバシロチョウ（雄）
5. *Parnassius stubbendorfii stubbendorfii* MÉNÉTRIÉS (♂), Great Kingan Mts., Northern Manchuria
   …………………………………………………………………………………………… (p. 8)
   ヒメウスバシロチョウ（雄）
6. *Parnassius mnemosyne mnemosyne* LINNÉ (♂), Sweden ……………………… (p. 9)
   クロホシウスバシロチョウ（雄）
7. *Parnassius charltonius bryki* HAUDÉ (♂), Central Himalaya ……………… (p. 9)
   カルトンウスバシロチョウ（雄）
8. *Parnassius orleans bourboni* BANG-HAAS (♂), Richthofen Mts., Kan-su, China ……… (p. 10)
   オルレアンウスバシロチョウ（雄）

アゲハチョウ科 Papilionidae

PLATE 6

1. Parnassius nomion mandschuriae OBERTHÜR (♂), Eastern Manchuria .... (p. 5)
   オホアカモンウスバシロチョウ (雄)
2. Parnassius nomion richthofeni BANG-HAAS (♂), Richthofen Mts., Kan-su, China ...... (p. 5)
   オホアカモンウスバシロチョウ (雄)
3. Parnassius apollo apollo LINNÉ (♂), Sweden .... (p. 5)
   アポロウスバシロチョウ (雄)
4. Parnassius apollonius alpinus STAUDINGER (♂), Tienshan Mts. .... (p. 6)
   アキニシアカスバシロチョウ (雄)
5. Parnassius imperator augustus GROMM-GRSCHIMAILO (♂), Sze-chuan, Western China ...... (p. 6)
   ミカドウスバシロチョウ (雄)

PLATE 7

1. Parnassius smintheus smintheus DOUBLEDAY (♂), Rocky Mts., U.S.A. .... (p. 7)
   アメリカウスバシロチョウ (雄)
2. Parnassius phoebus delius ESPER (♂), Switzerland .... (p. 7)
   ギナウスバシロチョウ (雄)
3. Parnassius clodius MÉNÉTRIÈS (♂), Rocky Mts., U.S.A. .... (p. 7)
   キタアメリカウスバシロチョウ (雄)
4. Parnassius bremeri conjuncta STAUDINGER (♂), Northern Korea .... (p. 8)
   アカモンウスバシロチョウ (雄)
5. Parnassius stubbendorfii stubbendorfii MÉNÉTRIÈS (♂), Great Kingan Mts., Northern Manchuria .... (p. 8)
   ヒメウスバシロチョウ (雄)
6. Parnassius mnemosyne mnemosyne LINNÉ (♂), Sweden .... (p. 9)
   ウスバシロチョウ (雄)
7. Parnassius charltonius bryki HAUDE (♂), Central Himalaya .... (p. 9)
   カルトンウスバシロチョウ (雄)
8. Parnassius orleans bourbeni BANG-HAAS (♂), Richthofen Mts., Kan-su, China .... (p. 10)
   オルレアンウスバシロチョウ (雄)

PLATE 7

PLATE 8

アゲハチョウ科 Papilionidae

PLATE 8

1. *Parnassius eversmanni sasai* BANG-HAAS (♂), Northern Korea .... (p. 10)
   ウスバキチョウ（雄）
2. *Parnassius eversmanni eversmanni* MÉNÉTRIÉS (♂), Transbaikalia .... (p. 11)
   ウスバキチョウ（雄）
3. *Parnassius eversmanni daisetsuzanus* MATSUMURA (♂), Hokkaido, Northern Japan .... (p. 11)
   ウスバキチョウ（雄）
4. *Parnassius evermanni felderi* BREMER (♂), Amurland .... (p. 11)
   ウスバキチョウ（雄）
5. *Parnassius epaphus epaphus* OBERTHÜR (♂), Kashmir .... (p. 11)
   テンジクウスバシロチョウ（雄）
6. *Parnassius jacquemonti jacquemonti* BOISDUVAL (♂), Western Tibet .... (p. 11)
   ジャクエモンウスバシロチョウ（雄）
7. 8. *Parnassius tianschanicus tianschanicus* OBERTHÜR (♂), Narynsk, Turkestan .... (p. 12)
   テンザンウスバシロチョウ（雄）

PLATE 9

1. *Baronia brevicornis brevicornis* SALVIN (♂), Chilpancingo, Mexico .... (p. 12)
   ウラギンアゲハ（雄）
2. *Baronia brevicornis brevicornis* SALVIN (♀), Chilpancingo, Mexico .... (p. 12)
   ウラギンアゲハ（雌）
3. *Cressida cressida cressida* FABRICIUS (♂), Victoria, Australia .... (p. 13)
   ウスバジャコウアゲハ（雄）
4. *Cressida cressida troilus* BUTLER (♀), Southern New Guinea .... (p. 13)
   ウスバジャコウアゲハ（雌）
5. *Euryades corethrus corethrus* BOISDUVAL (♂), Argentina .... (p. 13)
   オナシキオビジャコウアゲハ（雄）
6. *Euryades corethrus corethrus* BOISDUVAL (♀), Argentina .... (p. 13)
   オナシキオビジャコウアゲハ（雌）

アゲハチョウ科　Papilionidae

PLATE 8

1. Parnassius eversmanni sasai BANG-HAAS (♂), Northern Korea ……………… (p. 10)
   ウスバキチョウ (褐)
2. Parnassius eversmanni eversmanni MÉNÉTRIÈS (♂), Transbaikalia ……………… (p. 11)
   ウスバキチョウ (褐)
3. Parnassius eversmanni daisetsuzanus MATSUMURA (♂), Hokkaido, Northern Japan ……… (p. 11)
   ウスバキチョウ (褐)
4. Parnassius eversmanni felderi BREMER (♂), Amurland ……………… (p. 11)
   ウスバキチョウ (褐)
5. Parnassius epaphus epaphus OBERTHÜR (♂), Kashmir ……………… (p. 11)
   クシシタウスバシロチョウ (褐)
6. Parnassius jacquemontii jacquemontii BOISDUVAL (♂), Western Tibet ……………… (p. 11)
   ジャクエモンウスバシロチョウ (褐)
7, 8. Parnassius tianschanicus tianschanicus OBERTHÜR (♂), Naryusk, Turkestan ……… (p. 12)
   テンザンウスバシロチョウ (褐)

PLATE 9

1. Baronia brevicornis SALVIN (♂), Chilpancingo, Mexico ……………… (p. 12)
   タネキアゲハ (褐)
2. Baronia brevicornis SALVIN (♀), Chilpancingo, Mexico ……………… (p. 12)
   タネキアゲハ (褐)
3. Cressida cressida FABRICIUS (♂), Victoria, Australia ……………… (p. 13)
   ウスバシロアゲハ (褐)
4. Cressida cressida brolius BUTLER (♀), Southern New Guinea ……………… (p. 13)
   ウスバシロアゲハ (褐)
5. Eurycus cressida BOISDUVAL (♂), Argentina ……………… (p.13)
   オナガキミジャコアゲハ (褐)
6. Eurycus cressida BOISDUVAL (♀), Argentina ……………… (p. 13)
   オナガキミジャコアゲハ (褐)

PLATE 9

1

2

3

4

5

6

PLATE 10

アゲハチョウ科 Papilionidae

PLATE 10

1. *Troides (Aetheoptera) victoriae regis* ROTHSCHILD (♂), Bougainville, Solomon Islands ⋯⋯ (p. 13)
   ビクトリアアゲハ（雄）
2. *Troides (Aetheoptera) victoriae regis* ROTHSCHILD (♀), Bougainville, Solomon Islands ⋯⋯ (p. 14)
   ビクトリアアゲハ（雌）

PLATE 11

1. *Troides (Ornithoptera) priamus priamus* LINNÉ (♂), Amboina ⋯⋯⋯⋯⋯⋯ (p. 14)
   メガネアゲハ（雄）
2. *Troides (Ornithoptera) priamus priamus* LINNÉ (♀), Amboina ⋯⋯⋯⋯⋯⋯ (p. 15)
   メガネアゲハ（雌）

アゲハチョウ科 Papilionidae

PLATE 10

1. Troides (Aetheoptera) victoriae regis Rothschild (♂), Bougainville, Solomon Islands ...... (p. 13)
   ムナグロアカアゲハ (雄)
2. Troides (Aetheoptera) victoriae regis Rothschild (♀), Bougainville, Solomon Islands ...... (p. 14)
   ムナグロアカアゲハ (雌)

PLATE 11

1. Troides (Ornithoptera) priamus priamus Linné (♂), Amboina ...... (p. 14)
   オオキアゲハ (雄)
2. Troides (Ornithoptera) priamus priamus Linné (♀), Amboina ...... (p. 15)
   オオキアゲハ (雌)

PLATE 11

1

2

PLATE 12

1

2

アゲハチョウ科 Papilionidae

PLATE 12

1. *Troides* (*Ornithoptera*) *priamus lydius* Felder (♂), Halmahera .... (p. 15)
   メガネアゲハ（雌）
2. *Troides* (*Ornithoptera*) *priamus urvillianus* Guérin (♂), New Britain .... (p. 15)
   メガネアゲハ（雌）

PLATE 13

1. *Troides* (*Schoenbergia*) *paradiseus paradiseus* Staudinger (♂), Eastern New Guinea ...... (p. 16)
   ゴクラクトリバネアゲハ（雄）
2. *Troides* (*Schoenbergia*) *paradiseus paradiseus* Staudinger (♀), Eastern New Guinea ...... (p. 16)
   ゴクラクトリバネアゲハ（雌）

アゲハチョウ科 Papilionidae

PLATE 12

1. *Troides* (*Ornithoptera*) *priamus lydius* Felder (♂), Halmahera .... (p. 15)
   メダネアゲハ (♂)

2. *Troides* (*Ornithoptera*) *priamus urvillianus* Guérin (♂), New Britain .... (p. 15)
   メダネアゲハ (♂)

PLATE 13

1. *Troides* (*Schoenbergia*) *paradiseus paradiseus* Staudinger (♂), Eastern New Guinea ...... (p. 16)
   ミカドアゲハ (♂)

2. *Troides* (*Schoenbergia*) *paradiseus paradiseus* Staudinger (♀), Eastern New Guinea ...... (p. 16)
   ミカドアゲハ (♀)

PLATE 13

1

2

PLATE 14

1

2

アゲハチョウ科 Papilionidae

PLATE 14

1. ***Troides* (*Schoenbergia*) *tithonus tithonus*** DE HAAN (♂), Nassau Mts., New Guinea .... (p. 16)
   チトヌストリバネアゲハ（雄）
2. ***Troides* (*Schoenbergia*) *chimaera chimaera*** ROTHSCHILD (♂), Finschhafen, Beasiki Mts., New Guinea .... (p. 16)
   キマエラトリバネアゲハ（雄）

PLATE 15

Troides* (*Schoenbergia*) *goliath supremus RÖBER (♂), Finschhafen, Beasiki Mts., New Guinea .... (p. 17)
ゴライアストリバネアゲハ（雄）

マダラチョウ科 Papilionidae

PLATE 14

1. Troides (Schoenbergia) tithonus tithonus De Haan (♂), Nassau Mts, New Guinea .... (p.16)
   キトメイリンベネアゲハ (雄)

2. Troides (Schoenbergia) chimaera chimaera Rothschild (♂), Pinschhafen, Bezaiki Mts, New Guinea .... (p.16)
   キニミドリンベネアゲハ (雄)

PLATE 15

Troides (Schoenbergia) goliath supremus Rösex (♂), Pinschhafen, Bezaiki Mts, New Guinea .... (p.17)
   オオイブキミドリンベネアゲハ (雄)

PLATE 15

PLATE 16

アゲハチョウ科 Papilionidae

PLATE 16

Troides(*Schoenbergia*) *tithonus tithonus* DE HAAN (♀), Nassau Mts., New Guinea .... (p. 17)
　チトヌストリバネアゲハ (雌)

PLATE 17

1. *Troides*(*Trogonoptera*) *brookianus trojanus* STAUDINGER (♂), Palawan .... (p. 17)
　アカエリトリバネアゲハ (雄)
2. *Troides*(*Trogonoptera*) *brookianus brookianus* WALLACE (♂), Borneo .... (p. 18)
　アカエリトリバネアゲハ (雄)

アゲハチョウ科 Papilionidae

PLATE 16

Troides (Schoenbergia) tithonus tithonus De Haan (♀), Nassau Mts., New Guinea .... (p. 17)
サイヌトリバネアゲハ (♀)

PLATE 17

1. Troides (Trogonoptera) brookianus trojanus Staudinger (♂), Palawan .... (p. 17)
   アカエリトリバネアゲハ (♂)
2. Troides (Trogonoptera) brookianus brookianus Wallace (♂), Borneo .... (p. 18)
   アカエリトリバネアゲハ (♂)

PLATE 17

1

2

PLATE 18

アゲハチョウ科 Papilionidae

PLATE 18

1. ***Troides* (*Troides*) *hypolitus hypolitus*** Cramer (♂), Amboina .... (p. 18)
　サビモンキシタアゲハ（雄）
2. ***Troides* (*Troides*) *hypolitus hypolitus*** Cramer (♀), Amboina .... (p. 18)
　サビモンキシタアゲハ（雌）

PLATE 19

1. ***Troides* (*Troides*) *helena helena*** Linné (♂), Java .... (p. 18)
　ヘレナキシタアゲハ（雄）
2. ***Troides* (*Troides*) *helena bouruensis*** Wallace (♂), Buru, Moluccas .... (p. 19)
　ヘレナキシタアゲハ（雄）

アゲハチョウ科 Papilionidae

PLATE 18

1. Troides (Troides) hypolitus hypolitus CRAMER (♂), Amboina .... (p. 18)
   サビモンキシタアゲハ (雄)
2. Troides (Troides) hypolitus hypolitus CRAMER (♀), Amboina .... (p. 18)
   サビモンキシタアゲハ (雌)

PLATE 19

1. Troides (Troides) helena helena LINNÉ (♂), Java .... (p. 18)
   ヘレナキシタアゲハ (雄)
2. Troides (Troides) helena buruensis WALLACE (♂), Buru, Moluccas .... (p. 19)
   ヘレナキシタアゲハ (雄)

PLATE 19

1

2

PLATE 20

1

2

アゲハチョウ科 Papilionidae

PLATE 20

1. *Troides* (*Troides*) *rhadamantus rhadamantus* Lucas (♂), Negros, Philippines .... (p. 19)
   フィリッピンキシタアゲハ (雄)
2. *Troides* (*Troides*) *rhadamantus rhadamantus* Lucas (♀), Negros, Philippines .... (p. 20)
   フィリッピンキシタアゲハ (雌)

PLATE 21

1. *Troides* (*Troides*) *aeacus aeacus* C. & R. Felder (♂), Assam, India .... (p. 20)
   キシタアゲハ (雄)
2. *Troides* (*Troides*) *rhadamantus dohertyi* Rippon (♂), Talaut Islands .... (p. 20)
   フィリッピンキシタアゲハ (雄)

アゲハチョウ科 Papilionidae

PLATE 20

1. Troides (Troides) rhadamantus rhadamantus Lucas (♂), Negros, Philippines .... (p. 19)
   フイリピンズグロアゲハ (雄)
2. Troides (Troides) rhadamantus rhadamantus Lucas (♀), Negros, Philippines .... (p. 20)
   フイリピンズグロアゲハ (雌)

PLATE 21

1. Troides (Troides) aeacus aeacus C. & R. Felder (♂), Assam, India .... (p. 20)
   キシタアゲハ (雄)
2. Troides (Troides) ri(rhadamantus doherty Rippon (♂), Talaut Islands .... (p. 20)
   フイリピンズグロアゲハ (雄)

PLATE 21

1

2

PLATE 22

1

2

アゲハチョウ科 Papilionidae

PLATE 22

1. ***Troides*** (***Troides***) ***magellanus sonani*** Matsumura (♂)　Botel-Tobago Island, Formosa ………… (p. 20)
   コウトウキシタアゲハ（雄）
2. ***Troides*** (***Troides***) ***magellanus sonani*** Matsumura (♀)　Botel-Tobago Island, Formosa ………… (p. 20)
   コウトウキシタアゲハ（雌）

PLATE 23

1. ***Troides*** (***Troides***) ***amphrysus flavicollis*** Druce (♂)　Borneo ……………………………………… (p. 21)
   アンフリススキシタアゲハ（雄）
2. ***Troides*** (***Troides***) ***amphrysus flavicollis*** Druce (♀)　Borneo ……………………………………… (p. 21)
   アンフリススキシタアゲハ（雌）

アゲハチョウ科 Papilionidae

PLATE 22

1. Troides (Troides) magellanus sonani MATSUMURA (♂) .... Botel-Tobago Island, Formosa .... (p. 20)
   コウトウキシタアゲハ (雄)
2. Troides (Troides) magellanus sonani MATSUMURA (♀) .... Botel-Tobago Island, Formosa .... (p. 20)
   コウトウキシタアゲハ (雌)

PLATE 23

1. Troides (Troides) amphrysus flavicollis DRUCE (♂) .... Borneo .... (p. 21)
   アマブリスオキスタアゲハ (雄)
2. Troides (Troides) amphrysus flavicollis DRUCE (♀) .... Borneo .... (p. 21)
   アマブリスオキスタアゲハ (雌)

PLATE 23

1

2

PLATE 24

1

2

アゲハチョウ科　Papilionidae

PLATE 24

1. ***Troides (Troides) cuneifera cuneifera*** OBERTHÜR (♂), Java ·· (p. 21)
    クサビモンキシタアゲハ（雄）
2. ***Troides (Troides) andromache andromache*** STAUDINGER (♂), Borneo ································ (p. 21)
    ボルネオキシタアゲハ（雄）

PLATE 25

1. ***Tros (Atrophaneura) horishanus horishanus*** MATSUMURA (♂), Formosa ·································· (p. 24)
    アケボノアゲハ（雄）
2. ***Tros (Atrophaneura) horishanus horishanus*** MATSUMURA (♂) (Underside), Formosa ········· (p. 24)
    アケボノアゲハ（雄）（裏面）
3. ***Tros (Atrophaneura) nox noctis*** HEWITSON (♂), Borneo ·· (p. 24)
    ニジアケボノアゲハ（雄）

アゲハチョウ科 Papilionidae

PLATE 24

1. Troides (Troides) cuneifera cuneifera OBERTHÜR (♂), Java .... (p. 21)
   タキモモキシタアゲハ (雄)
2. Troides (Troides) andromache andromache STAUDINGER (♂), Borneo .... (p. 21)
   ボルネオキンタアゲハ (雄)

PLATE 25

1. Tros (Atrophaneura) horishanus horishanus MATSUMURA (♂), Formosa .... (p. 24)
   ホリシャアゲハ (雄)
2. Tros (Atrophaneura) horishanus horishanus MATSUMURA (♂) (underside), Formosa .... (p. 24)
   ホリシャアゲハ (雄) (裏面)
3. Tros (Atrophaneura) nox noctis HEWITSON (♂), Borneo .... (p. 24)
   ニンプクロアゲハ (雄)

PLATE 25

PLATE 26

アゲハチョウ科 Papilionidae

PLATE 26

1. *Tros (Polydorus) coon coon* Fabricius (♂), Java ……………………………………… (p. 24)
   ホソバジャコウアゲハ（雄）
2. *Tros (Polydorus) aristolochiae kotzebueus* Eschscholtz (♂), Negros, Philippines ……………… (p. 25)
   ベニモンアゲハ（雄）
3. *Graphium (Iphiclides) philolaus philolaus* Boisduval (♂), Mexico ……………… (p. 25)
   メキシコオナガタイマイ（雄）
4. *Tros (Polydorus) neptunus doris* Rothschild (♂), Borneo ……………………… (p. 26)
   ベニモンホソバジャコウ（雄）

PLATE 27

1. *Tros (Byasa) philoxenus lama* Oberthür (♂), Sze-chuan, China ……………… (p. 26)
   オオベニモンアゲハ（雄）
2. *Tros (Byasa) latreillei kabrua* Tytler (♂), Assam ……………………………… (p. 26)
   ラトレイユベニモンアゲハ（雄）
3. *Tros (Byasa) philoxenus termessus* Fruhstorfer (♂), Formosa ……………… (p. 26)
   オオベニモンアゲハ（雄）
4. *Tros (Polydorus) polydorus godartianus* Lucas (♂), Northwestern New Guinea ……………… (p. 26)
   オナシベニモンアゲハ（雄）
5. *Tros (Polydorus) liris wetterensis* Rothschild (♂), Wetter Is. ……………… (p. 27)
   オビベニモンアゲハ（雄）

アゲハチョウ科 Papilionidae

PLATE 26

1. Tros (Polydorus) coon Fabricius (♂), Java .... (p. 24)
   ホソベニモンアゲハ (雄)
2. Tros (Polydorus) atistolochiae kotzebuea Eschscholtz (♂), Negros, Philippines (p. 25)
   ベニモンアゲハ (雄)
3. Graphium (Iphiclides) philolaus philolaus Boisduval (♂), Mexico .... (p. 25)
   メキシコオナガギエハ (雄)
4. Tros (Polydorus) neptunus doris Rothschild (♂), Borneo .... (p. 26)
   ベニキスソベニアゲハ (雄)

PLATE 27

1. Tros (Byasa) philoxenus lama Oberthür (♂), Sze-chuan, China .... (p. 26)
   オオベニモンアゲハ (雄)
2. Tros (Byasa) latreillei kabrua Tytler (♂), Assam .... (p. 26)
   ラリイユペニモンアゲハ (雄)
3. Tros (Byasa) philoxenus fernessius Fruhstorfer (♂), Formosa .... (p. 26)
   オオベニモンアゲハ (雄)
4. Tros (Polydorus) polydorus godartianus Lucas (♂), Northwestern New Guinea (p. 26)
   オオシロベニモンアゲハ (雄)
5. Tros (Polydorus) liris ultetrensis Rothschild (♂), Wetter Is. .... (p. 27)
   オビシロベニモンアゲハ (雄)

PLATE 27

PLATE 28

アゲハチョウ科 Papilionidae

PLATE 28

1. *Priamides* (*Hectorides*) *perrhebus damocrates* Guenée (♂), Argentina ············· (p. 27)
   ヘリボシジャコウアゲハ (雄)
2. *Priamides* (*Hectorides*) *ascanius ascanius* Cramer (♂), Brazil ·················· (p. 27)
   マエオビジャコウアゲハ (雄)
3. *Priamides* (*Priamides*) *sesostris sesostris* Cramer (♂), Colombia ············· (p. 28)
   マエモンジャコウアゲハ (雄)
4. *Priamides* (*Parides*) *arcas arriphus* Boisduval (♂), Colombia ················· (p. 28)
   アルカスジャコウアゲハ (雄)
5. *Priamides* (*Priamides*) *anchises thelios* Gray (♂), Peru ······················· (p. 28)
   アンキセスマエモンジャコウ (雄)
6. *Priamides* (*Priamides*) *lycimenes erythrus* Rothschild & Jordan (♂), Colombia ·········· (p. 29)
   リキメネスマエモンジャコウ (雄)

PLATE 29

1. *Papilio* (*Papilio*) *zelicaon zelicaon* Lucas (♂), U.S.A. ······················· (p. 29)
   アメリカキアゲハ
2. *Battus philenor philenor* Linné (♂), U.S.A. ····································· (p. 29)
   アオジャコウアゲハ (雄)
3. *Graphium* (*Iphiclides*) *lacandones diores* Rothschild & Jordan (♂), Peru ·········· (p. 29)
   ラカンドネスオナガタイマイ (雄)
4. *Papilio* (*Papilio*) *hectorides hectorides* Esper (♂), Brazil ·················· (p. 30)
   キオビアゲハ (雄)
5. *Papilio* (*Papilio*) *rutulus rutulus* Lucas (♂), U.S.A. ························ (p. 30)
   オオトラフアゲハ (雄)
6. *Papilio* (*Papilio*) *troilus troilus* Linné (♂), U.S.A. ························ (p. 30)
   クスノキアゲハ (雄)

アゲハチョウ科 Papilionidae

PLATE 28

1. Priamides (Hectorides) perrhebus democrates GUENÉE (♂), Argentina ……… (p. 27)
   リオベニヤネロアゲハ (雄)
2. Priamides (Hectorides) ascanius ascanius CRAMER (♂), Brazil ……… (p. 27)
   マミキジョロアゲハ (雄)
3. Priamides (Priamides) sesostris sesostris CRAMER (♂), Colombia ……… (p. 28)
   アヤモンジョロアゲハ (雄)
4. Priamides (Parides) arcas mylotes BOISDUVAL (♂), Colombia ……… (p. 28)
   アルカスジョロアゲハ (雄)
5. Priamides (Priamides) anchises thelios GRAY (♂), Peru ……… (p. 28)
   アマリスエキモンジョチョウ (雄)
6. Priamides (Priamides) lycimenes erythrus ROTHSCHILD & JORDAN (♂), Colombia (p. 29)
   リキメネスエモンジャウ (雄)

PLATE 29

1. Papilio (Papilio) zelicaon LUCAS (♂), U.S.A. ……… (p. 29)
   アメリカキアゲハ (雄)
2. Battus philenor LINNÉ (♂), U.S.A. ……… (p. 29)
   アヤジャコウアゲハ (雄)
3. Graphium (Iphiclides) iacundones dioxes ROTHSCHILD & JORDAN (♂), Peru (p. 29)
   ラゴムネスキオオキミアゲハ (雄)
4. Papilio (Papilio) hectorides hectorides ESPER (♂), Brazil ……… (p. 30)
   オナミアゲハ (雄)
5. Papilio (Papilio) rutulus rutulus LUCAS (♂), U.S.A. ……… (p. 30)
   キトラフアゲハ (雄)
6. Papilio (Papilio) troilus troilus LINNÉ (♂), U.S.A. ……… (p. 30)
   タヌイキアゲハ (雄)

PLATE 29

PLATE 30

アゲハチョウ科 Papilionidae

PLATE 30

1. *Papilio* (*Papilio*) *thoas brasiliensis* ROTHSCHILD & JORDAN (♂), Brazil ……………… (p. 30)
   タスキアゲハ（雄）
2. *Papilio* (*Papilio*) *androgeus laodocus* FABRICIUS (♂), Brazil ……………… (p. 31)
   フトオビアゲハ（雄）
3. *Graphium* (*Iphiclides*) *marcellus marcellus* CRAMER (♂), U.S.A. ……………… (p. 31)
   トラフタイマイ（雄）
4. *Papilio* (*Papilio*) *alexanor alexanor* ESPER (♂), Southern France ……………… (p. 31)
   トラフキアゲハ（雄）

PLATE 31

1. *Papilio* (*Papilio*) *zenobia zenobia* FABRICIUS (♂), Gana ……………… (p. 32)
   ゼノビアアゲハ（雄）
2. *Papilio* (*Papilio*) *dardanus cenea* STOLL (♀), Natal ……………… (p. 32)
   オスジロアゲハ（雌）
3. *Papilio* (*Papilio*) *nobilis nobilis* ROGENHOFER (♂), Kenya ……………… (p. 32)
   チャバネアゲハ（雄）
4. *Papilio* (*Papilio*) *dardanus dardanus* BROWN (♂), Gana ……………… (p. 32)
   オスジロアゲハ（雄）

アゲハチョウ科 Papilionidae

PLATE 30

1. *Papilio* (*Papilio*) *thoas brasiliensis* ROTHSCHILD & JORDAN (♂), Brazil .... (p. 30)
   ヌスチアゲハ (雄)
2. *Papilio* (*Papilio*) *androgeus laodocus* FABRICIUS (♂), Brazil .... (p. 31)
   フトオアゲハ (雄)
3. *Graphium* (*Iphiclides*) *marcellus marcellus* CRAMER (♂), U.S.A. .... (p. 31)
   トラフタイマイ (雄)
4. *Papilio* (*Papilio*) *alexanor alexanor* ESPER (♂), Southern France .... (p. 31)
   トラフキアゲハ (雄)

PLATE 31

1. *Papilio* (*Papilio*) *zenobia zenobia* FABRICIUS (♂), Gana .... (p. 32)
   オナガアゲハ (雄)
2. *Papilio* (*Papilio*) *dardanus cenea* STOLL (♀), Natal .... (p. 32)
   オスジロアゲハ (雌)
3. *Papilio* (*Papilio*) *nobilis nobilis* ROGENHOFER (♂), Kenya .... (p. 32)
   キバネアゲハ (雄)
4. *Papilio* (*Papilio*) *dardanus dardanus* BROWN (♂), Gana .... (p. 32)
   オスジロアゲハ (雄)

PLATE 31

PLATE 32

アゲハチョウ科　Papilionidae

PLATE 32

1. ***Papilio*** (***Papilio***) ***palamedes palamedes*** DRURY (♂), U.S.A. ……………………………… (p. 33)
    キマダラアゲハ (雄)
2. ***Graphium*** (***Iphiclides***) ***illyris hamatus*** JOICEY & TALBOT (♂), Gana ……………… (p. 33)
    ヒトスジタイマイ (雄)
3. ***Papilio*** (***Papilio***) ***phorcas phorcas*** CRAMER (♂), Gana ………………………………… (p. 33)
    フォルカスアゲハ (雄)
4. ***Papilio*** (***Papilio***) ***nireus lyaeus*** DOUBLEDAY (♂), Natal ……………………………… (p. 33)
    ニレウスアゲハ (雄)

PLATE 33

1. ***Papilio*** (***Papilio***) ***hesperus hesperus*** WESTWOOD (♂), Gana ……………………………… (p. 34)
    オオシロモンアゲハ (雄)
2. ***Papilio*** (***Papilio***) ***menestheus lormieri*** DISTANT (♂), Gana ………………………………… (p. 34)
    オオサカハチハゲハ (雄)

アゲハチョウ科 Papilionidae

PLATE 32

1. Papilio (Papilio) palamedes Drury (♂), U.S.A. .... (p. 33)
   キバタフアゲハ (裏)
2. Graphium (Iphiclides) illyris hameticus Joicey & Talbot (♂), Gana .... (p. 33)
   ギイロシロスイート (裏)
3. Papilio (Papilio) phorcas Cramer (♂), Gana .... (p. 33)
   フトルカミドリアゲハ (裏)
4. Papilio (Papilio) nireus igneus Doubleday (♂), Natal .... (p. 33)
   ニレウスアゲハ (裏)

PLATE 33

1. Papilio (Papilio) hesperus hesperus Westwood (♂), Gana .... (p. 34)
   ホオジロモンアゲハ (裏)
2. Papilio (Papilio) menestheus lormieri Distant (♂), Gana .... (p. 34)
   オオキバネアゲハ (裏)

— 32-33 —

PLATE 33

1

2

PLATE 34

アゲハチョウ科 Papilionidae

PLATE 34

1. ***Melindopsis rex rex*** OBERTHÜR (♂), Tanganyica ·················· (p. 34)
   レックスマダラアゲハ (雄)
2. ***Melindopsis rex mimeticus*** ROTHSCHILD (♂), Uganda ·················· (p. 35)
   レックスマダラアゲハ (雄)
3. ***Papilio (Papilio?) zagreus zagreus*** DOUBLEDAY (♂), Colombia ·················· (p. 35)
   キマダラマルバネアゲハ (雄)

PLATE 35

1. ***Chilasa clytia clytia*** LINNÉ f. ***panope*** LINNÉ (♂), Hainan ·················· (p. 36)
   キベリアゲハ (雄)
2. ***Chilasa clytia clytia*** LINNÉ f. ***dissimilis*** LINNÉ (♂), Southern China ·················· (p. 35)
   キベリアゲハ (雄)
3. ***Chilasa paradoxa telesicles*** FELDER (♂), Borneo ·················· (p. 36)
   オオムラサキアゲハ (雄)
4. ***Chilasa paradoxa telesicles*** FELDER (♀), Borneo ·················· (p. 36)
   オオムラサキアゲハ (雌)
5. ***Graphium pausanias pausanias*** HEWITSON (♂), Colombia ·················· (p. 36)
   ヘリコニウスタイマイ (雄)

アゲハチョウ科 Papilionidae

PLATE 34

1. **Melindopsis rex rex** OBERTHÜR (♂), Tanganyica .... (p. 34)
レックスオオアゲハ (裏)
2. **Melindopsis rex mimeticus** ROTHSCHILD (♂), Uganda .... (p. 35)
レックスオオアゲハ (裏)
3. **Papilio (Papilio?) zagreus zagreus** DOUBLEDAY (♂), Colombia .... (p. 35)
キイロタテハモドキアゲハ (裏)

PLATE 35

1. **Chilasa clytia** LINNÉ f. **panope** LINNÉ (♂), Hainan .... (p. 35)
キクロアゲハ (裏)
2. **Chilasa clytia** LINNÉ f. **dissimilis** LINNÉ (♂), Southern China .... (p. 35)
キクロアゲハ (裏)
3. **Chilasa paradoxa telesicles** FELDER (♂), Borneo .... (p. 36)
ホルネオキマダラアゲハ (表)
4. **Chilasa paradoxa telesicles** FELDER (♀), Borneo .... (p. 36)
ホルネオキマダラアゲハ (裏)
5. **Graphium panaulus panaulus** HEWITSON (♂), Colombia .... (p. 36)
ヘウィットソンタイマイ (裏)

PLATE 35

PLATE 36

1

2

3

アゲハチョウ科　Papilionidae

PLATE 36

1. ***Papilio*** (***Pyrrhosticta***) ***cleotas phaeton*** Lucas (♂), Colombia .... (p. 36)
   クレオタスアゲハ (雄)
2. ***Graphium xynias xynias*** Hewitson (♂), Peru .... (p. 37)
   マエモンタイマイ (雄)
3. ***Papilio*** (***Pyrrhosticta***) ***aristeus bitias*** Godart (♂), Ecuador .... (p. 37)
   アリステウスアゲハ (雄)

PLATE 37

1. ***Druryia*** (***Druryia***) ***antimachus antimachus*** Drury (♂), Belgian Congo .... (p. 37)
   ドルーリーオオアゲハ (雄)

アゲハチョウ科 Papilionidae

PLATE 36

1. Papilio (Pyrrhosticta) cleotas phaeton Lucas (♂), Colombia .... (p. 36)
   ラメネスアゲハ（雄）
2. Graphium xynias xynias Hewitson (♂), Peru .... (p. 37)
   マキシマオビアゲ（雄）
3. Papilio (Pyrrhosticta) orisicus bitias Godart (♂), Ecuador .... (p. 37)
   ブリアクロスアゲハ（雄）

PLATE 37

1. Druryia (Druryia) antimachus antimachus Drury (♂), Belgian Congo .... (p. 37)
   ドルーリーオオキハアゲハ（雄）

PLATE 37

PLATE 38

1

2

アゲハチョウ科　Papilionidae

PLATE 38

1. *Papilio* (*Achillides*) *krishna krishna* Moore (♂), Sikkim .... (p. 38)
   タカネクジャクアゲハ（雄）
2. *Papilio* (*Achillides*) *arcturus arcturus* Westwood (♂), Assam .... (p. 38)
   オオクジャクアゲハ（雄）

PLATE 39

1. *Papilio* (*Achillides*) *bianor kotoensis* Sonan (♂), Botel-Tobago Island, Formosa .... (p. 38)
   ルリオビアゲハ（雄）
2. *Papilio* (*Achillides*) *polyctor ganesa* Doubleday (♂), Assam .... (p. 38)
   クジャクアゲハ（雄）

アゲハチョウ科 Papilionidae

PLATE 38

1. *Papilio* (*Achillides*) *krishna* Moorr (♂), Sikkim .... (p. 38)
   クリシナキアゲハ (雄)
2. *Papilio* (*Achillides*) *arcturus* Westwood (♂), Assam .... (p. 33)
   オオクジャクアゲハ (雄)

PLATE 39

1. *Papilio* (*Achillides*) *bianor kotoensis* Sonan (♂), Botel-Tobago Island, Formosa .... (p. 38)
   ルリモンアゲハ (雄)
2. *Papilio* (*Achillides*) *polyctor ganesa* Doubleday (♂), Assam .... (p. 38)
   ウスキアゲハ (雄)

PLATE 39

1

2

PLATE 40

1

2

3

アゲハチョウ科 Papilionidae

PLATE 40

1. ***Papilio (Achillides) hoppo hoppo*** Matsumura (♂), Formosa ················ (p. 39)
   ホッポアゲハ (雄)
2. ***Papilio (Achillides) hoppo hoppo*** Matsumura (♀), Formosa ················ (p. 39)
   ホッポアゲハ (雌)
3. ***Papilio (Achillides) maackii tutanus*** Fenton (♂), Japan ················ (p. 39)
   ミヤマカラスアゲハ (雄)

PLATE 41

1. ***Papilio (Achillides) karna karna*** C. & R. Felder (♂), Java ················ (p. 39)
   カルナルリモンアゲハ (雄)
2. ***Papilio (Achillides) paris paris*** Linné (♂), Assam ················ (p. 40)
   ルリモンアゲハ (雄)

アゲハチョウ科 Papilionidae

PLATE 40

1. **Papilio** (Achillides) hoppo hoppo MATSUMURA (♂), Formosa .... (p. 39)
   ホッポアゲハ (雄)
2. **Papilio** (Achillides) hoppo hoppo MATSUMURA (♀), Formosa .... (p. 39)
   ホッポアゲハ (雌)
3. **Papilio** (Achillides) maackii tutanus FENTON (♂), Japan .... (p. 39)
   ミヤマカラスアゲハ (雄)

PLATE 41

1. **Papilio** (Achillides) karna karna C. & R. FELDER (♂), Java .... (p. 39)
   カルナルリモンアゲハ (雄)
2. **Papilio** (Achillides) paris paris LINNÉ (♂), Assam .... (p. 40)
   パリスアゲハ (雄)

PLATE 41

1

2

PLATE 42

1

2

アゲハチョウ科 Papilionidae

PLATE 42

1. *Papilio* (*Achillides*) *pallinurus daedalus* C. & R. FELDER (♂), Zamboanga, Philippines … (p. 40)
   オビクジャクアゲハ（雄）
2. *Papilio* (*Achillides*) *lorquinianus lorquinianus* FELDER (♂), Halmahera … (p. 41)
   ヘリボシオオルリアゲハ（雄）

PLATE 43

1. *Papilio* (*Achillides*) *blumei blumei* BOISDUVAL (♂), Celebes … (p. 41)
   オオルリオビアゲハ（雄）
2. *Papilio* (*Achillides*) *ulysses joësa* BUTLER (♂), Queensland … (p. 41)
   オオルリアゲハ（雄）

アゲハチョウ科 Papilionidae

PLATE 42

1. *Papilio* (*Achillides*) *palinurus daedalus* C. & R. Felder (♂), Zamboanga, Philippines .... (p. 40)
   オモナキアゲハ (♂)

2. *Papilio* (*Achillides*) *lorquinianus lorquinianus* Felder (♂), Halmahera .... (p. 41)
   ヘリボシキキメアゲハ (♂)

PLATE 43

1. *Papilio* (*Achillides*) *blumei blumei* Boisduval (♂), Celebes .... (p. 41)
   オキナワキアゲハ (♂)

2. *Papilio* (*Achillides*) *ulysses joesa* Butler (♂), Queensland .... (p. 41)
   オキナワアゲハ (♂)

PLATE 43

1

2

PLATE 44

アゲハチョウ科 Papilionidae

PLATE 44

1. *Papillio* (*Achillides*) *peranthus peranthus* Fabricius (♂), Java ……………… (p. 42)
   アオネアゲハ（雄）
2. *Papilio* (*Achillides*) *syphanius syphanius* Oberthür ab. *albomaculatus* Verity (♂), Sze-chuan, China ……………… (p. 42)
   シナカラスアゲハ（雄）
3. *Papilio* (*Achillides*) *syphanius syphanius* Oberthür (♂), Sze-chuan, China ……………… (p. 42)
   シナカラスアゲハ（雄）

PLATE 45

1. *Papilio* (*Papilio*) *maraho maraho* Shiraki & Sonan (♂), Formosa ……………… (p. 43)
   フトオアゲハ（雄）
2. *Papilio* (*Papilio*) *elwesi elwesi* Leech (♂), Nanking, Central China ……………… (p. 43)
   シナフトオアゲハ（雄）

アゲハチョウ科 Papilionidae

PLATE 44

1. **Papilio** (Achillides) **peranthus** Fabricius (♂), Java .... (p. 42)
   アオネアゲハ (雄)
2. **Papilio** (Achillides) **syphonius** Oberthür ab. **albomaculatus** Verity (♂), Sze-chuan, China .... (p. 42)
   マナカラスアゲハ (雄)
3. **Papilio** (Achillides) **syphonius** Oberthür (♂), Sze-chuan, China .... (p. 42)
   マナカラスアゲハ (雄)

PLATE 45

1. **Papilio** (Papilio) **maraho** Shiraki & Sonan (♂), Formosa .... (p. 43)
   アキアゲハ (雄)
2. **Papilio** (Papilio) **elwesi** elwesi Leech (♂), Nanking, Central China .... (p. 43)
   マラブリアゲハ (雄)

PLATE 45

1

2

PLATE 46

1

2

3

アゲハチョウ科　Papilionidae

PLATE 46

1. ***Papilio*** (***Papilio***) ***aegeus ormenus*** Guérin (♀), Waoboe, New Guinea ·············· (p. 43)
   メスアカモンキアゲハ（雌）
2. ***Papilio*** (***Papilio***) ***aegeus ormenus*** Guérin f. ***pandion*** Wallace (♂), Waoboe, New Guinea ··· (p. 44)
   メスアカモンキアゲハ（雄）
3. ***Papilio*** (***Papilio***) ***euchenor euchenor*** Guérin (♂), Roemabatoe, New Guinea ············· (p. 44)
   パプアアゲハ（雄）

PLATE 47

1. ***Papilio*** (***Papilio***) ***polymnestor polymenstor*** Cramer (♂), Southern India ············· (p. 44)
   テンジクアゲハ（雄）
2. ***Papilio*** (***Papilio***) ***memnon anceus*** Cramer (♀), Nias ························· (p. 44)
   ナガサキアゲハ（雌）

アゲハチョウ科 Papilionidae

PLATE 46

1. **Papilio** (*Papilio*) *aegeus ormenus* Guérin (♀), Waoboe, New Guinea .... (p. 43)
   メスアカオオアゲハ (雌)
2. **Papilio** (*Papilio*) *aegeus ormenus* Guérin f. *pandion* WALLACE (♂), Waoboe, New Guinea ... (p. 44)
   メスアカオオアゲハ (雄)
3. **Papilio** (*Papilio*) *euchenor euchenor* Guérin (♂), Roemabatoe, New Guinea .... (p. 44)
   ベニアアゲハ (雄)

PLATE 47

1. **Papilio** (*Papilio*) *polymnestor polymnestor* Cramer (♂), Southern India .... (p. 44)
   ナンヨウアゲハ (雄)
2. **Papilio** (*Papilio*) *memnon anceus* Cramer (♀), Nias .... (p. 44)
   ナガサキアゲハ (雌)

PLATE 47

PLATE 48

1

2

アゲハチョウ科 Papilionidae

PLATE 48

1. ***Papilio*** (***Papilio***) ***memnon memnon*** Linné (♀), Java ················ (p. 44)
   ナガサキアゲハ（雌）
2. ***Papilio*** (***Papilio***) ***rumanzovia rumanzovia*** Eschscholtz (♀), Botal-Tobago Island, Formosa
   ·· (p. 45)
   アカネアゲハ（雌）

PLATE 49

1. ***Papilio*** (***Papilio***) ***demolion demolion*** Cramer (♂), Java ················ (p. 45)
   オビモンアゲハ（雄）
2. ***Papilio*** (***Papilio***) ***nephelus nephelus*** Boisduval (♂), Java ················ (p. 46)
   シロオビモンキアゲハ（雄）
3. ***Papilio*** (***Papilio***) ***albinus albinus*** Wallace (♂), Western New Guinea ················ (p. 46)
   パプアモンキアゲハ（雄）
4. ***Papilio*** (***Papilio***) ***polytes polytes*** Linné (♂), Formosa ················ (p. 46)
   シロオビアゲハ（雄）
5. ***Papilio*** (***Papilio***) ***polytes polytes*** Linné (♀), Loo-choo Islands ················ (p. 47)
   シロオビアゲハ（雌）

アゲハチョウ科 Papilionidae

PLATE 48

1. **Papilio (Papilio) memnon memnon** LINNÉ (♀), Java .... (p. 44)
   ナガサキアゲハ (雌)
2. **Papilio (Papilio) rumanzovia** ESCHSCHOLTZ (♀), Botel-Tobago Island, Formosa ...... (p. 45)
   ヤカキアゲハ (雌)

PLATE 49

1. **Papilio (Papilio) demolion demolion** CRAMER (♂), Java .... (p. 45)
   オビモンアゲハ (雄)
2. **Papilio (Papilio) nephelus nephelus** BOISDUVAL (♂), Java .... (p. 46)
   クロモンキミアゲハ (雄)
3. **Papilio (Papilio) alphinus alphinus** WALLACE (♂), Western New Guinea ...... (p. 46)
   ベニフキンアゲハ (雄)
4. **Papilio (Papilio) polytes polytes** LINNÉ (♂), Formosa .... (p. 46)
   シロオビアゲハ (雄)
5. **Papilio (Papilio) polytes polytes** LINNÉ (♀), Loo-choo Islands .... (p. 47)
   シロオビアゲハ (雌)

PLATE 49

PLATE 50

1

2

3

アゲハチョウ科　Papilionidae

PLATE 50

1. *Papilio* (*Papilio*) *rhetenor rhetenor* Westwood (♀), Assam ···················· (p. 47)
   レテノールアゲハ（雌）
2. *Papilio* (*Papilio*) *rhetenor rhetenor* Westwood (♂), Assam ···················· (p. 47)
   レテノールアゲハ（雄）
3. *Papilio* (*Papilio*) *bootes janaka* Moore (♂), Assam ···················· (p. 47)
   ブーテスアゲハ（雄）

PLATE 51

1. *Graphium* (*Dabasa*) *gyas hercules* Blanchard (♂), Sze-chuan, China ···················· (p. 47)
   ギアスアゲハ（雄）
2. *Graphium* (*Dabasa*) *payeni evan* Doubleday (♂), Assam ···················· (p. 48)
   カギバアゲハ（雄）

アゲハチョウ科 Papilionidae

PLATE 50

1. **Papilio** (*Papilio*) *rhetenor rhetenor* Westwood (♀), Assam .... (p. 47)
   シナシールアゲハ (雌)
2. **Papilio** (*Papilio*) *rhetenor rhetenor* Westwood (♂), Assam .... (p. 47)
   シナシールアゲハ (雄)
3. **Papilio** (*Papilio*) *bootes janaka* Moore (♂), Assam .... (p. 47)
   ナラスアゲハ (雄)

PLATE 51

1. **Graphium** (*Dabasa*) *gyas hercules* Blanchard (♂), Sze-chuan, China .... (p. 47)
   ギアスアゲハ (雄)
2. **Graphium** (*Dabasa*) *payeni eous* Doubleday (♂), Assam .... (p. 48)
   ミヤマアゲハ (雄)

PLATE 51

PLATE 52

1

2

アゲハチョウ科　Papilionidae

PLATE 52

1. *Graphium (Iphiclides) androcles androcles* Boisduval (♂), Celebes ……………………… (p. 48)
   オオオナガタイマイ（雄）
2. *Druryia (Icarus) zalmoxis zalmoxis* Hewitson (♂), Gabun, Western Africa ……………… (p. 48)
   ザルモクシスオオアゲハ（雄）

PLATE 53

1. *Graphium (Graphium) weiskei weiskei* Ribbe (♂), New Guinea ……………………………… (p. 48)
   ミイロタイマイ（雄）
2. *Lamproptera curius curius* Fabricius (♂), Java ………………………………………………… (p. 49)
   シロオビスカシアゲハ（雄）
3. *Graphium (Graphium) codrus medon* Felder (♂), Waoboe, New Guinea ………………… (p. 49)
   オナガアオスジアゲハ（雄）
4. *Graphium (Iphiclides) antiphates alcibiades* Fabricius (♂), Java ……………………… (p. 49)
   オナガタイマイ（雄）
5. *Graphium (Iphiclides) agetes agetes* Westwood (♂), Assam ……………………………… (p. 50)
   アゲテスオナガタイマイ（雄）

アゲハチョウ科 Papilionidae

PLATE 52

1. Graphium (Iphiclides) androcles androcles BOISDUVAL (♂), Celebes .... (p. 48)
   オオキバネアゲハ (雄)
2. Druryia (Icarus) zalmoxis zalmoxis HEWITSON (♂), Gabun, Western Africa .... (p. 48)
   サンギョクメネアゲハ (雄)

PLATE 53

1. Graphium (Graphium) weiskei weiskei RIBBE (♂), New Guinea .... (p. 48)
   ミイロアゲハ (雄)
2. Lamproptera curius curius FABRICIUS (♂), Java .... (p. 49)
   ダイミョウハシナガアゲハ (雄)
3. Graphium (Graphium) codrus medon FELDER (♂), Waobce, New Guinea .... (p. 49)
   オオツマアベニアゲハ (雄)
4. Graphium (Iphiclides) antiphates alcibiades FABRICIUS (♂), Java .... (p. 49)
   オナガタイマイ (雄)
5. Graphium (Iphiclides) agetes agetes WESTWOOD (♂), Assam .... (p. 50)
   アララオナガタイマイ (雄)

PLATE 53

PLATE 54

アゲハチョウ科 Papilionidae

PLATE 54

1. *Graphium (Paranticopsis) xenocles xenocles* DOUBLEDAY (♂). Assam ⋯⋯⋯⋯⋯⋯⋯⋯⋯ (P. 50)
   ミズアオマダラタイマイ（雄）
2. *Graphium (Parantocopsis) deucalion deucalion* BOISDUVAL (♂), Celebes ⋯⋯⋯⋯⋯⋯⋯⋯ (P. 51)
   キマダラタイマイ（雄）
3. *Graphium (Paranticopsis) idaeoides idaeoides* HEWITSON (♂), Mindanao ⋯⋯⋯⋯⋯⋯⋯ (P. 51)
   オオゴマダラタイマイ（雄）
4. *Graphium (Paranticopsis) megarum megapenthes* FRUHSTORFER, (♂), Hainan ⋯⋯⋯⋯⋯ (P. 51)
   コモンマダラタイマイ（雄）
5. *Graphium (Paranticopsis) leucothoë leucothoë* WESTWOOD (♂), Malacca, Malaya ⋯⋯⋯⋯ (P. 51)
   ウスグロマダラタイマイ（雄）

PLATE 55

1. *Graphium (Graphium) wallacei wallacei* HEWITSON (♂), Waoboe, New Guinea ⋯⋯⋯⋯⋯ (P. 52)
   ワレスタイマイ（雄）
2. *Graphium (Graphium) agamemnon agamemnon* LINNÉ (♂), Southern China ⋯⋯⋯⋯⋯⋯ (P. 52)
   コモンタイマイ（雄）
3. *Graphium (Graphium) tynderaeus tynderaeus* FABRICIUS (♂), Gana, Western Africa ⋯⋯⋯ (P. 53)
   ウスミドリタイマイ（雄）
4. *Graphium (Graphium) sarpedon milon* FELDER (♂), Celebes ⋯⋯⋯⋯⋯⋯⋯⋯⋯⋯⋯⋯⋯ (P. 53)
   アオスジアゲハ（雄）
5. *Graphium (Iphiclides) antheum nyassae* BUTLER (♂), Nyassaland, Eastern Africa ⋯⋯⋯⋯ (p. 53)
   オナガコモンタイマイ（雄）
6. *Graphium (Graphium) latreillianum theorini* AURIVILLIUS (♂), Belgian Congo ⋯⋯⋯⋯⋯ (p. 54)
   オビモンタイマイ（雄）

アゲハチョウ科 Papilionidae

PLATE 54

1. Graphium (Paranticopsis) xenocles xenocles DOUBLEDAY (♂), Assam .... (P. 50)
   ミナミキマダラアゲハ (雄)
2. Graphium (Paranticopsis) deucalion deucalion BOISDUVAL (♂), Celebes .... (P. 51)
   キマダラアゲハ (雄)
3. Graphium (Paranticopsis) idaeoides idaeoides HEWITSON (♂), Mindanao .... (P. 51)
   オオキマダラアゲハ (雄)
4. Graphium (Paranticopsis) megarum megarentheus FRUHSTORFER (♂), Hainan .... (P. 51)
   コモンキマダラアゲハ (雄)
5. Graphium (Paranticopsis) leucothoë leucothoë WESTWOOD (♂), Malacca, Malaya .... (P. 51)
   ウスモンキマダラアゲハ (雄)

PLATE 55

1. Graphium (Graphium) wallacei wallacei HEWITSON (♂), Waoboe, New Guinea .... (P. 52)
   ウレスアゲハ (雄)
2. Graphium (Graphium) agamemnon agamemnon LINNÉ (♂), Southern China .... (P. 52)
   コモンタイマイ (雄)
3. Graphium (Graphium) tynderaeus tynderaeus FABRICIUS (♂), Gana, Western Africa .... (P. 53)
   タムニドリアゲハ (雄)
4. Graphium (Graphium) sarpedon milon FELDER (♂), Celebes .... (P. 53)
   アオスジアゲハ (雄)
5. Graphium (Iphiclides) antheus nyasae BUTLER (♂), Nyassaland, Eastern Africa .... (p. 53)
   ササニシキアゲハ (雄)
6. Graphium (Graphium) latreillianus theorini AURIVILLIUS (♂), Belgian Congo .... (p. 54)
   オビモンアゲハ (雄)

PLATE 56

1

2

3

4

アゲハチョウ科 Papilionidae

PLATE 56

1. *Graphium (Iphiclides) marchandii panamense* OBERTHÜR (♂), Colombia .... (p. 54)
   キイロオナガタイマイ（雄）
2. *Graphium (Iphiclides) telesilaus telesilaus* FELDER (♂), Ecuador .... (P. 54)
   テレシラウスオナガタイマイ（雄）
3. *Graphium (Iphiclides) columbus columbus* KOLLAR (♂), Colombia .... (p. 54)
   コロンブスオナガタイマイ（雄）
4. *Graphium (Iphiclides) leucaspis leucaspis* GODART (♂), Ecuador .... (p. 55)
   ウスグロオナガタイマイ（雄）

PLATE 57

1. *Graphium thymbraeum thymbraeum* BOISDUVAL (♂), Mexico .... (P. 55)
   ベニモンタイマイ（雄）
2. *Graphium (Iphiclides) agesilaus agesilaus* GUÉRIN & PERCHERON (♂), Colombia .... (p. 55)
   アゲシラウスオナガタイマイ
3. *Papilio laglaizei laglaizei* DEPUIS (♂), New Guinea .... (p. 55)
   ラグライズアゲハ
4. *Graphium (Paranticopsis) encelades encelades* BOISDUVAL (♂), Celebes .... (p. 56)
   シロタイマイ（雄）
5. *Graphium (Paranticopsis) leonidas leonidas* FABRICIUS (♂), Uganda .... (p. 56)
   アフリカマダラタイマイ（雄）

アゲハチョウ科 Papilionidae

PLATE 56

1. *Graphium (Iphiclides) marchandii panamense* OBERTHÜR (♂), Colombia .... (p. 54)
   キロオオキアゲハ (裏)
2. *Graphium (Iphiclides) telesilaus telesilaus* FELDER (♂), Ecuador .... (p. 54)
   テレシラスオオキアゲハ (裏)
3. *Graphium (Iphiclides) columbus columbus* KOLLAR (♂), Colombia .... (p. 54)
   コロンブスオオキアゲハ (裏)
4. *Graphium (Iphiclides) leucaspis leucaspis* GODART (♂), Ecuador .... (p. 55)
   タテジロオオキアゲハ (裏)

PLATE 57

1. *Graphium thyambreum thyambreum* BOISDUVAL (♂), Mexico .... (p. 55)
   ベニモンタイマイ (裏)
2. *Graphium (Iphiclides) agesilaus agesilaus* GUÉRIN & PERCHERON (♂), Colombia .... (p. 55)
   アギシラスオオキアゲハ
3. *Papilio laglaizei* DEPUIS (♂), New Guinea .... (p. 55)
   ララヌイズアゲハ
4. *Graphium (Paranticopsis) encelades encelades* BOISDUVAL (♂), Celebes .... (p. 56)
   シロオビタイマイ (裏)
5. *Graphium (Paranticopsis) leonidas leonidas* FABRICIUS (♂), Uganda .... (p. 56)
   アフリカシロオビタイマイ (裏)

PLATE 57

PLATE 58

アゲハチョウ科 Papilionidae
シロチョウ科 Pieridae

PLATE 58

1. *Teinopalpus imperialis imperialis* Hope (♂), Assam .... (p. 56)
   テングアゲハ（雄）
2. *Teinopalpus imperialis imperialis* Hope (♀), Assam .... (p. 56)
   テングアゲハ（雌）

PLATE 59

1. *Aporia (Metaporia) leucodice soracta* Moore (♂), Simla, Himalaya .... (p. 57)
   ヒマラヤシロチョウ（雄）
2. *Pieris extensa extensa* Poujade (♂), Sze-chuan, China .... (p. 57)
   オオスジグロチョウ（雄）
3. *Aporia (Metaporia) delavayi delavayi* Oberthür (♂), Yunnan, China .... (p. 57)
   ホソバシロチョウ（雄）
4. *Aporia (Metaporia) lotis lotis* Leech (♂), Sze-chuan, China .... (p. 57)
   クロホソバシロチョウ（雄）
5. *Aporia (Metaporia) agathon phryxe* Boisduval (♂), Western Himalaya .... (p. 57)
   タカムクチョウ（雄）
6. *Aporia (Metaporia) goutelli goutelli* Oberthür (♂), Sze-chuan, China .... (p. 58)
   シナミヤマシロチョウ（雄）
7. *Ascia buniae buniae* Hübner (♂), Brazil .... (p. 58)
   ブラジルオオモンシロチョウ（雄）
8. *Pieris naganum karumii* Ikeda (♂), Formosa .... (p. 58)
   カルミモンシロチョウ（雄）

アゲハチョウ科 Papilionidae
シロチョウ科 Pieridae

PLATE 58

1. Teinopalpus imperialis Hope (♂), Assam .... (p. 56)
   キンアゲハ (雄)
2. Teinopalpus imperialis Hope (♀), Assam .... (p. 56)
   キンアゲハ (雌)

PLATE 59

1. Aporia (Metaporia) leucodice soracta MOORE (♂), Simla, Himalaya .... (p. 57)
   ヒマラヤシロチョウ (雄)
2. Pieris extensa POUJADE (♂), Sze-chuan, China .... (p. 57)
   オオスジシロチョウ (雄)
3. Aporia (Metaporia) delavayi delavayi OBERTHÜR (♂), Yunnan, China .... (p. 57)
   ホソシロチョウ (雄)
4. Aporia (Metaporia) lotis lotis LEECH (♂), Sze-chuan, China .... (p. 57)
   タニホソシロチョウ (雄)
5. Aporia (Metaporia) agathon phryxe BOISDUVAL (♂), Western Himalaya ...... (p. 57)
   オオムネアカシロチョウ (雄)
6. Aporia (Metaporia) goutelli goutelli OBERTHÜR (♂), Sze-chuan, China ...... (p. 58)
   ツマキイマシロチョウ (雄)
7. Ascia bunine HÜBNER (♂), Brazil .... (p. 58)
   ブラジルキモスジシロチョウ (雄)
8. Pieris napponum karumii LEECH (♂), Formosa .... (p. 58)
   タイワンモンシロチョウ (雄)

PLATE 59

PLATE 60

シロチョウ科 Pieridae

PLATE 60

1. *Delias* (*Delias*) *aglaia aglaia* LINNÉ (♂), Assam .... (p. 58)
   アカネシロチョウ (雄)
2. *Delias* (*Delias*) *lativitta formosana* MATSUMURA (♂), Formosa .... (p. 59)
   ゴマダラシロチョウ (雄)
3. *Delias* (*Delias*) *subnubila subnubila* LEECH (♂), Sze-chuan, China .... (p. 59)
   クロマダラシロチョウ (雄)
4. *Delias* (*Delias*) *wilemani wilemani* JORDAN (♂), Formosa .... (p. 59)
   ワイルマンシロチョウ (雄)
5. *Perrhybris lorena luteifera* FRUHSTORFER (♂), Peru .... (p. 59)
   ツマグロシロチョウ (雄)
6. *Pereute callinira callinira* STAUDINGER (♀), Peru .... (p. 59)
   ベニオビシロチョウ (雌)
7. *Prioneris autothisbe autothisbe* HÜBNER (♂), Java .... (p. 60)
   アカネマダラシロチョウ (雄)
8. *Delias* (*Delias*) *wilemani wilemani* JORDAN (♀), Formosa .... (p. 60)
   ワイルマンシロチョウ (雌)

PLATE 61

1. *Delias* (*Cathaemia*) *mysis mysis* FABRICIUS (♂), Queensland .... (p. 60)
   ベニヘリシロチョウ (雄)
2. *Delias* (*Cathaemia*) *hyparethe hyparethe* LINNÉ (♂), Java .... (p. 60)
   ベニモンシロチョウ (雄)
3. *Delias* (*Cathaemia*) *periboea periboea* GODART (♂), Java .... (p. 61)
   ジャバベニモンシロチョウ (雄)
4. *Delias* (*Cathaemia*) *eucharis eucharis* DRURY (♂), Assam .... (p. 61)
   スジグロベニモンシロチョウ (雄)
5. *Delias* (*Delias*) *aganippe aganippe* DONOVAN (♂), Southern Australia .... (p. 61)
   ベニモンゴマダラシロチョウ (雄)
6. *Delias* (*Cathaemia*) *argenthona argenthona* FABRICIUS (♀), Victoria, Australia .... (p. 61)
   アルゲントーナベニモンシロチョウ (雌)
7. *Delias* (*Delias*) *belisama belisama* CRAMER (♂), Java .... (p. 61)
   ウラクロシロチョウ (雄)
8. *Delias* (*Delias*) *harpalyce harpalyce* DONOVAN (♂), Southern Australia .... (p. 62)
   ベニマダラシロチョウ (雄)

シロチョウ科 Pieridae

PLATE 60

1. Delias (Delias) aglaia aglaia LINNÉ (♂), Assam .... (p. 58)
   アカネマダラシロチョウ (雄)
2. Delias (Delias) latiofita formosana MATSUMURA (♂), Formosa .... (p. 59)
   タイワンミダラシロチョウ (雄)
3. Delias (Delias) subnubila subnubila LEECH (♂), Sze-chuan, China .... (p. 59)
   シナミダラシロチョウ (雄)
4. Delias (Delias) wilemani JORDAN (♂), Formosa .... (p. 59)
   ウイルマンミダラシロチョウ (雄)
5. Perrhybris lorena lutetfera BRUNSTORKER (♂), Peru .... (p. 59)
   マダラシロチョウ (雄)
6. Pereute callinira STAUDINGER (♀), Peru .... (p. 59)
   ペルベニシロチョウ (雌)
7. Prioneris autothisbe HÜBNER (♂), Java .... (p. 60)
   アカネミダラシロチョウ (雄)
8. Delias (Delias) wilemani JORDAN (♀), Formosa .... (p. 60)
   ウイルマンミダラシロチョウ (雌)

PLATE 61

1. Delias (Catnaemia) mysis mysis FABRICIUS (♂), Queensland .... (c. 60)
   ミシスシロチョウ (雄)
2. Delias (Catnaemia) hyparethe hyparethe LINNÉ (♂), Java .... (p. 60)
   ベニオマダラシロチョウ (雄)
3. Delias (Catnaemia) periboea GODART (♂), Java .... (p. 61)
   リンペニミダラシロチョウ (雄)
4. Delias (Catnaemia) eucharis DRURY (♂), Assam .... (p. 61)
   キシタベニマダラシロチョウ (雄)
5. Delias (Delias) aganippe aganippe DONOVAN (♂), Southern Australia .... (p. 61)
   ベニモンマダラシロチョウ (雄)
6. Delias (Catnaemia) argenthona argenthona FABRICIUS (♀), Victoria, Australia .... (p. 61)
   アルゼストーナミダラシロチョウ (雌)
7. Delias (Delias) belisama CRAMER (♂), Java .... (p. 61)
   ククニシロチョウ (雄)
8. Delias (Delias) harpalyce harpalyce DONOVAN (♂), Southern Australia .... (p. 62)
   ベニタマシロチョウ (雄)

— 60・61 —

PLATE 61

PLATE 62

シロチョウ科 Pieridae

PLATE 62

Undersides of pl. 61 ·· (p. 62)

PLATE 63

1. ***Colias heos heos*** Herbst (♂), Korea ································ (p. 63)
   ベニモンキチョウ (雌)
2. ***Colias electo chinensis*** Verity (♂), Sze-chuan, China ········ (p. 63)
   エレクトモンキチョウ (雄)
3. ***Colias myrmidone balcanica*** Rebel (♂), Bosnia, Balcan ········ (p. 63)
   ミルミドーネモンキチョウ (雄)
4. ***Colias romanovi romanovi*** Grum-Grshimajro (♂), Turkestan ····· (p. 64)
   ロマノフモンキチョウ (雄)
5. ***Colias aurorina heldreichi*** Staudinger (♂), Greece ··············· (p. 64)
   コベニモンキチョウ (雄)
6. ***Colias hecla sulitelma*** Aurivillius (♂), Lapland ················ (p. 64)
   ツンドラモンキチョウ (雄)
7. ***Colias behri behri*** Edwards (♂), U.S.A. ······················ (p. 64)
   ミドリモンキチョウ (雄)
8. ***Colias electo electo*** Linné (♂), Southern Africa ··············· (p. 64)
   エレクトモンキチョウ (雄)
9. ***Colias eurytheme eurytheme*** Boisduval (♂), U.S.A. ············ (p. 65)
   オオアメリカモンキチョウ (雄)
10. ***Colias palaeno palaeno*** Linné (♂), Finland ···················· (p. 65)
    ヤマモンキチョウ (雄)
11. ***Colias philodice philodice*** Godart (♂), U.S.A. ················ (p. 65)
    アメリカモンキチョウ (雄)
12. ***Colias phicomone phicomone*** Esper (♂), Austria ·············· (p. 66)
    ヘリモンモンキチョウ (雄)
13. ***Colias hyale hyale*** Linné (♂), Germany ······················ (p. 66)
    モトモンキチョウ (雄)
14. ***Colias nastes moina*** Strecker (♀), Canada ···················· (p. 66)
    クモマモンキチョウ (雌)
15. ***Colias erate erate*** Esper (♂), Turkestan ······················ (p. 67)
    モンキチョウ (雄)
16. ***Colias vautieri vautieri*** Guérin (♂), Chile ···················· (p. 67)
    ボーチエルモンキチョウ (雄)
17. ***Colias chrysotheme chrysotheme*** Esper (♂), Moravia, Czechoslovakia ········ (p. 67)
    クリソテーメモンキチョウ (雄)

シロチョウ科 Pieridae

PLATE 62

Undersides of pl. 61 .... (p. 62)

PLATE 63

1. Colias hecla Herbst (♂), Korea .... (p. 63)
   ヘニモンキチョウ (♂)
2. Colias electo chinensis Verity (♂), Sze-chuan, China .... (p. 63)
   エルデモンキチョウ (♂)
3. Colias myrmidone balcanica Rebel (♂), Bosnia, Balcan .... (p. 63)
   バルカーネルモンキチョウ (♂)
4. Colias romanovi romanovi Grum-Grshimailo (♂), Turkestan .... (p. 64)
   ロマノフモンキチョウ (♂)
5. Colias aurorina heldreichi Staudinger (♂), Greece .... (p. 64)
   ユルモンキチョウ (♂)
6. Colias hecla sulitelma Aurivillius (♂), Lapland .... (p. 64)
   ツンドラモンキチョウ (♂)
7. Colias behri Edwards (♂), U.S.A. .... (p. 64)
   イロリソモンキチョウ (♂)
8. Colias electo electo Linné (♂), Southern Africa .... (p. 64)
   エンアフリカモンキチョウ (♂)
9. Colias eurytheme eurytheme Boisduval (♂), U.S.A. .... (p. 65)
   オオアメリカモンキチョウ (♂)
10. Colias palaeno palaeno Linné (♂), Finland .... (p. 65)
    ヤマモンキチョウ (♂)
11. Colias philodice philodice Godart (♂), U.S.A. .... (p. 65)
    アメリカモンキチョウ (♂)
12. Colias phicomone phicomone Esper (♂), Austria .... (p. 66)
    ツリスモンキチョウ (♂)
13. Colias hyale hyale Linné (♂), Germany .... (p. 66)
    モイラモンキチョウ (♂)
14. Colias nastes moina Strecker (♀), Canada .... (p. 66)
    ダチモイソモンキチョウ (♀)
15. Colias erate erate Esper (♂), Turkestan .... (p. 67)
    モンキチョウ (♂)
16. Colias vautieri vautieri Guérin (♂), Chile .... (p. 67)
    ボーチエルモンキチョウ (♂)
17. Colias chrysotheme chrysotheme Esper (♂), Moravia, Czechoslovakia .... (p. 67)
    クリソターメモンキチョウ (♂)

PLATE 63

PLATE 64

シロチョウ科 Pieridae

PLATE 64

1. *Appias (Saletara) panda panda* Godart (♂), Java ······ (p. 69)
   ウスキトガリシロチョウ（雄）
2. *Tatochila autodice autodice* Hübner (♂), Brazil ······ (p. 69)
   アンデススジグロチョウ（雄）
3. *Appias (Appias) epaphia orbona* Boisduval (♂), Kenya, Eastern Africa ······ (p. 69)
   アフリカトガリシロチョウ（雄）
4. *Appias (Saletara) liberia corinna* Wallace (♂), Waoboe, New Guinea ······ (p. 69)
   アオトガリシロチョウ（雄）
5. *Appias (Appias) nero nero* Fabricius (♂), Java ······ (p. 70)
   ベニシロチョウ（雄）
6. *Aoa affinis affinis* Snellen van Vollenhoven (♀), Celebes ······ (p. 70)
   ウスグロシロチョウ（雌）
7. *Appias (Appias) albina semperi* Moore (♂), Formosa ······ (p. 70)
   カワカミシロチョウ（雄）
8. *Appias (Appias) leptis leptis* C. & R. Felder (♂), Java ······ (p. 71)
   ウラジロジャバシロチョウ（雄）
9. *Leodonta dysoni zenobia* Felder (♂) (Underside), Peru ······ (p. 71)
   ウラマダラシロチョウ（雄）
10. *Appias (Appias) pandione pandione* Hübner (♂), Java ······ (p. 71)
    ジャバシロチョウ（雄）

PLATE 65

1. *Valeria jobaea luceria* Fruhstorfer (♂), Waoboe, New Guinea ······ (p. 71)
   ヘリグロアサギシロチョウ（雄）
2. *Valeria valeria persides* Fruhstorfer (♂), Hainan ······ (p. 71)
   アサギシロチョウ（雄）
3. *Valeria tritaea tritaea* C. & R. Felder (♂), Celebes ······ (p. 72)
   オオアサギシロチョウ（雄）
4. *Dercas verhuelli verhuelli* Hoeven (♂), Sze-chuan, China ······ (p. 72)
   トガリキチョウ（雄）
5. *Valeria valeria valeria* Cramer (♀), Java ······ (p. 72)
   アサギシロチョウ（雌）

シロテフ科 Pieridae

PLATE 64

1. Appias (Saletara) panda panda GODART (♂), Java .... (p. 69)
   スキイロシロテフ (裏)
2. Tatochila autodice autodice HÜBNER (♂), Brazil .... (p. 69)
   アマゾンシロテフ (裏)
3. Appias (Appias) epaphia epaphia BOISDUVAL (♂), Kenya, Eastern Africa .... (p. 69)
   アフリカシロテフ (裏)
4. Appias (Saletara) liberia corinna WALLACE (♂), Waeboe, New Guinea .... (p. 69)
   マキイロシロテフ (裏)
5. Appias (Appias) nero nero FABRICIUS (♂), Java .... (p. 70)
   ベニシロテフ (裏)
6. Aoa affinis affinis SNELLEN VAN VOLLENHOVEN (♀), Celebes .... (p. 70)
   ススシロテフ (裏)
7. Appias (Appias) albina semperi MOORE (♂), Formosa .... (p. 70)
   カラスシロテフ (裏)
8. Appias (Appias) lagela lagela C. & R. FELDER (♂), Java .... (p. 71)
   ササシロオビシロテフ (裏)
9. Leodonta dysoni dysoni FELDER (♂) (Underside), Peru .... (p. 71)
   ウラマダラシロテフ (裏)
10. Appias (Appias) pandione pandione HÜBNER (♂), Java .... (p. 71)
    ジャバシロテフ (裏)

PLATE 65

1. Valeria jobaea lucerta FRUHSTORFER (♂), Waeboe, New Guinea .... (p. 71)
   ベリカラキシロテフ (裏)
2. Valeria valeria persides FRUHSTORFER (♂), Hainan .... (p. 71)
   アサギシロテフ (裏)
3. Valeria tritaea tritaea C. & R. FELDER (♂), Celebes .... (p. 72)
   ホソアサギシロテフ (裏)
4. Dercas verhuelli HOEVEN (♂), Sze-chuan, China .... (p. 72)
   トガリキテフ (裏)
5. Valeria valeria valeria CRAMER (♀), Java .... (p. 72)
   アサギシロテフ (裏)

PLATE 65

PLATE 66

シロチョウ科 Pieridae

PLATE 66

1. ***Mylothris rhodope rhodope*** Fabricius (♂), Uganda (p. 72)
   ネキシロチョウ (雄)
2. ***Mylothris agathina agathina*** Cramer (♂), Natal (p. 72)
   ウアカシロチョウ (雄)
3. ***Cepora aspasia hester*** Snellen van Vollenhoven (♂), Manokwari, New Guinea (p. 72)
   キシタシロチョウ (雄)
4. ***Ixias balice balice*** Boisduval (♂), Java (p. 73)
   メスキシロチョウ (雄)
5. ***Nepheronia usambara usambara*** Aurivillius (♂), Uganda (p. 73)
   ウサンバラシロチョウ (雄)
6. ***Eronia leda leda*** Boisduval (♂), Natal (p. 73)
   レーダシロチョウ (雄)
7. ***Leptophobia eleusis eleusis*** Lucas (♂), Peru (p. 73)
   トガリバシロチョウ (雄)
8. ***Dismorphia thermesia thermesia*** Godart (♂), Brazil (p. 73)
   ヒメコバネシロチョウ (雄)
9. ***Belenois calypso dentigera*** Butler (♂), Cameroon (p. 74)
   カリプソシロチョウ (雄)

PLATE 67

1. ***Colotis eupompe eupompe*** Klug (♂), Kenya, Easteru Africa (p. 74)
   ツマアカシロチョウ (雄)
2. ***Colotis erone erone*** Angas (♂), Natal (p. 74)
   ツマムラサキシロチョウ (雄)
3. ***Colotis evenina evenina*** Wallengren (♂), Kenya, Eastern Africa (p. 74)
   コツマアカシロチョウ (雄)
4. ***Leptidea duponcheli duponcheli*** Staudinger (♂), France (p. 75)
   デュポンシェルヒメシロチョウ (雄)
5. ***Colotis (Teracolus) eris eris*** Klug (♂), Kenya, Eastern Africa (p. 75)
   ナカグロシロチョウ (雄)
6. ***Leptosia alcesta alcesta*** Stoll (♂), Kenya, Eastern Africa (p. 75)
   アフリカヒメシロチョウ (雄)
7. ***Anthocaris cardamines cardamines*** Linné (♂), Finland (p. 75)
   クモマツマキチョウ (雄)
8. ***Anthocaris damone damone*** Boisduval (♂), France (p. 76)
   キイロツマキチョウ (雄)
9. ***Anthocaris sara sara*** Boisduval (♂), California (p. 76)
   メスキツマキチョウ (雄)
10. ***Leptophobia eleone eleone*** Doubleday & Hewitson (♂), Colombia (p. 76)
    キイロトガリバシロチョウ (雄)
11. ***Terias (Abaeis) nicippe nicippe*** Cramer (♂), U.S.A. (p. 76)
    アカキチョウ (雄)
12. ***Terias (Terias) tilaha tilaha*** Horsfield (♂), Java (p. 76)
    アトグロキチョウ (雄)
13. ***Terias (Eurema) jucunda jucunda*** Boisduval & Le Conte (♂), U.S.A. (p. 77)
    フェアリーキチョウ (雄)
14. ***Nathalis jole jole*** Boisduval (♂), U.S.A. (p. 77)
    チビキチョウ (雄)
15. ***Terias (Eurema) albula albula*** Cramer (♂), Guatemala (p. 77)
    シロキチョウ (雄)
16. ***Dismorphia theugenis theugenis*** Doubleday (♂), Peru (p.77)
    キイロコバネシロチョウ (雄)
17. ***Dismorphia nemesis nemesis*** Latreille (♂), Colombia (p. 77)
    マエグロコバネシロチョウ (雄)

シロチョウ科 Pieridae

PLATE 66

1. **Mylothris rhodope** Fabricius (♂), Uganda ……………………… (p. 72)
   ネキシロチョウ (雄)
2. **Mylothris agathina** Cramer (♂), Natal ……………………… (p. 72)
   ウスキシロチョウ (雄)
3. **Cepora aspasia** Aster Snellen van Vollenhoven (♂), Manokwari, New Guinea ……………………… (p. 73)
   キスネシロチョウ (雄)
4. **Ixias balice balice** Boisduval (♂), Java ……………………… (p. 73)
   ベキシロチョウ (雄)
5. **Nepheronia usambara** Aurivillius (♂), Uganda ……………………… (p. 73)
   ウサンバラシロチョウ (雄)
6. **Eronia leda leda** Boisduval (♂), Natal ……………………… (p. 73)
   レーダシロチョウ (雄)
7. **Leptophobia eleasis eleasis** Lucas (♂), Peru ……………………… (p. 73)
   イリバシロチョウ (雄)
8. **Dismorphia thermesia** Godart (♂), Brazil ……………………… (p. 73)
   ヒメコネシロチョウ (雄)
9. **Belenois calypso denisjera** Butler (♂), Cameroon ……………………… (p. 74)
   カリプソシロチョウ (雄)

PLATE 67

1. **Colotis euippe euippe** Krug (♂), Kenya, Eastern Africa ……………………… (p. 74)
   アマツカシロチョウ (雄)
2. **Colotis erone erone** Angas (♂), Natal ……………………… (p. 74)
   ウスアサギシロチョウ (雄)
3. **Colotis evenina evenina** Wallengren (♂), Kenya, Eastern Africa ……………………… (p. 74)
   コマダラシロチョウ (雄)
4. **Lepidea duponcheli duponcheli** Staudinger (♂), France ……………………… (p. 75)
   デュポンシェルシロチョウ (雄)
5. **Colotis (Teracolus) eris eris** Klug (♂), Kenya, Eastern Africa ……………………… (p. 75)
   サカトシロチョウ (雄)
6. **Leptosia alcesta alcesta** Stoll (♂), Kenya, Eastern Africa ……………………… (p. 75)
   アフリカヒメシロチョウ (雄)
7. **Anthocaris cardamines cardamines** Linné (♂), Finland ……………………… (p. 75)
   クモマツマキチョウ (雄)
8. **Anthocaris damone damone** Boisduval (♂), France ……………………… (p. 76)
   キイロツマキチョウ (雄)
9. **Anthocaris sara sara** Boisduval (♂), California ……………………… (p. 76)
   ベニチアマキチョウ (雄)
10. **Leptophobia eleone eleone** Doubleday & Hewitson (♂), Colombia ……………………… (p. 76)
    オオトリバネシロチョウ (雄)
11. **Terias (Abaeis) nicippe nicippe** Cramer (♂), U.S.A. ……………………… (p. 76)
    アカキチョウ (雄)
12. **Terias (Terias) tilaha tilaha** Horsfield (♂), Java ……………………… (p. 76)
    アリバキチョウ (雄)
13. **Terias (Eurema) jucunda jucunda** Boisduval & Le Conte (♂), U.S.A. ……………………… (p. 77)
    ジョクンダキチョウ (雄)
14. **Nathalis iole iole** Boisduval (♂), U.S.A. ……………………… (p. 77)
    ヒメキチョウ (雄)
15. **Terias (Eurema) albula albula** Cramer (♂), Guatemala ……………………… (p. 77)
    シロキチョウ (雄)
16. **Dismorphia theugenis theugenis** Doubleday (♂), Peru ……………………… (p. 77)
    ナイロンスジシロチョウ (雄)
17. **Dismorphia nemesis nemesis** Latreille (♂), Colombia ……………………… (p. 77)
    ナミダスジシロチョウ (雄)

PLATE 68

シロチョウ科 Pieridae

PLATE 68

1. *Anteos menippe menippe* Hübner (♂), Colombia ......(p. 77)
   ツマベニヤマキチョウ (雄)
2. *Gonepteryx amintha amintha* Blanchard (♂), Sze-chuan. China ......(p. 78)
   タイワンヤマキチョウ (雄)
3. *Gonepteryx mahaguru taiwana* Paravicini (♂), Formosa ......(p. 78)
   タイワンコヤマキチョウ (雄)
4. *Anteos maerula maerula* Fabricius (♂), Colombia ......(p. 78)
   オオヤマキチョウ (雄)
5. *Anteos clorinde clorinde* Godart (♂), Bolivia ......(p. 79)
   マエモンオオヤマキチョウ (雄)
6. *Gonepteryx cleopatra cleopatra* Linné (♂), France ......(p. 79)
   ベニヤマキチョウ (雄)

PLATE 69

1. *Dismorphia orise denigrata* Rosenberg & Talbott (♂), Peru ......(p. 79)
   トンボシロチョウ (雄)
2. *Dismorphia lygdamis lygdamis* Hewitson (♂), Peru ......(p. 79)
   コバネシロチョウ (雄)
3. *Dismorphia cubana cubana* Herr.-Schäffer (♂), Cuba ......(p. 79)
   ベニコバネシロチョウ (雄)
4. *Pinacopteryx eriphia eriphia* Godart (♂), Natal ......(p. 80)
   ミスジシロチョウ (雄)
5. *Anapheis creona severina* Stoll (♂), Kenya, Eastern Africa ......(p. 80)
   アフリカシロチョウ (雄)
6. *Zerene caesonia caesonia* Stoll (♂), Arizona, U.S.A. ......(p. 80)
   イヌモンキチョウ (雄)
7. *Catopsilia pomona pomona* Fabricius (♂), Java ......(p. 80)
   ウスキシロチョウ (雄)
8. *Colotis puniceus puniceus* Butler (♂), Kenya, Eastern Africa ......(p. 81)
   スジグロツマムラサキシロチョウ (雄)

シロチョウ科 Pieridae

PLATE 68

1. Anteos menippe menippe Hübner (♂), Colombia .... (p. 77)
   マメジロサマキチョウ (雄)
2. Gonepteryx amintha amintha Blanchard (♂), Sze-chuan, China ...... (p. 78)
   タイワンヤマキチョウ (雄)
3. Gonepteryx maderara taiwana Paravicini (♂), Formosa .... (p. 78)
   タイワンニオイヤマキチョウ (雄)
4. Anteos maerula maerula Fabricius (♂), Colombia .... (p. 78)
   ホソサマキチョウ (雄)
5. Anteos clorinde Godart (♂), Bolivia .... (p. 79)
   フニオイオオサマキチョウ (雄)
6. Gonepteryx cleopatra Linné (♂), France .... (p. 79)
   ベニヤマキチョウ (雄)

PLATE 69

1. Dismorphia orise desimata Rosenberg & Talbot (♂), Peru .... (p. 79)
   トンボシロチョウ (雄)
2. Dismorphia lygdamis lygdamis Hewitson (♂), Peru .... (p. 79)
   コバネシロチョウ (雄)
3. Dismorphia cubana cubana Herr.-Schäffer (♂), Cuba .... (p. 79)
   ベニスヂシロチョウ (雄)
4. Pinacopteryx eriphia eriphia Godart (♂), Natal .... (p. 80)
   イシタシロチョウ (雄)
5. Anaphaeis creona severina Stoll (♂), Kenya, Eastern Africa .... (p. 80)
   アフリカシロチョウ (雄)
6. Zerene caesonia Stoll (♂), Arizona, U.S.A. .... (p. 80)
   イヌモンチョウ (雄)
7. Catopsilia pomona pomona Fabricius (♀), Java .... (p. 80)
   ウスキシロチョウ (雄)
8. Colotis puniceus Butler (♂), Kenya, Eastern Africa .... (p. 81)
   ヘリジロアカマキシロチョウ (雄)

PLATE 69

PLATE 70

シロチョウ科 Pieridae

PLATE 70

1. *Phoebis avellaneda avellaneda* Herr.-Schäffer (♂), Cuba .... (p. 81)
   ベニオオキチョウ（雄）
2. *Phoebis cipris neocipris* Hübner (♀) Brazil .... (p. 81)
   コツバメオオキチョウ（雄）
3. *Phoebis sennae eubule* Linné (♂), Texas, U. S. A. .... (p. 81)
   ワタリオオキチョウ（雄）
4. *Phoebis philea philea* Linné (♂), Panama .... (p. 82)
   ベニモンオオキチョウ（雄）
5. *Phoebis rurina rurina* Felder (♂), Colombia .... (p. 82)
   ツバメオオキチョウ（雄）
6. *Phoebis agarithe maxima* Newman (♂), Florida, U. S. A. .... (p. 82)
   アメリカオオキチョウ（雄）

PLATE 71

1. *Hebomoia glaucippe liukiuensis* Fruhstorfer (♂), Okinawa .... (p. 82)
   ツマベニチョウ（雄）
2. *Hebomoia glaucippe liukiuensis* Fruhstorfer (♀), Okinawa .... (p. 83)
   ツマベニチョウ（雌）

マロチュラ科 Piezidae

PLATE 70

1. Phoebis avellaneda avellaneda HERR.-SCHÄFFER (♂), Cuba .... (p. 81)
   ベニオオキチョウ (裏)
2. Phoebis cipris neocipris HÜBNER (♀), Brazil .... (p. 81)
   コシベニオオキチョウ (裏)
3. Phoebis sennae eubule LINNÉ (♂), Texas, U.S.A. .... (p. 81)
   ウラギンオオキチョウ (裏)
4. Phoebis philea LINNÉ (♂), Panama .... (p. 82)
   ベニモンオオキチョウ (裏)
5. Phoebis rurina rurina FELDER (♂), Colombia .... (p. 82)
   ウスベニオオキチョウ (裏)
6. Phoebis agarithe maxima NEWMAN (♂), Florida, U.S.A. .... (p. 82)
   アメリカオオキチョウ (裏)

PLATE 71

1. Hebomoia glaucippe liukiuensis FRUHSTORFER (♂), Okinawa .... (p. 82)
   ツマベニチョウ (裏)
2. Hebomoia glaucippe liukiuensis FRUHSTORFER (♀), Okinawa .... (p. 83)
   ツマベニチョウ (裏)

PLATE 71

1

2

PLATE 72

1

2

マダラチョウ科 Danaidae

PLATE 72

1. *Idea* (*Hestia*) *logani mevaria* Fruhstorfer (♂), Java .... (p. 84)
   ホソバオオゴマダラ（雄）
2. *Idea* (*Idea*) *idea d'urvillei* Fruhstorfer (♂), Manokwari, New Guinea .... (p. 84)
   クロオビオオゴマダラ（雄）

PLATE 73

1. *Idea* (*Idea*) *hypermnestra belia* Westwood (♂), Java .... (p. 84)
   コガタオオゴマダラ（雄）
2. *Amauris* (*Cadytis*) *vashti vashti* Butler (♂), Nigeria .... (p. 84)
   コモンシロマダラ（雄）
3. *Danaus* (*Radena*) *juventa doreyana* Joicey & Talbot (♂), Western New Guinea .... (p. 85)
   ジャバコモンアサギマダラ（雄）
4. *Danaus* (*Rabadeba*) *shenkii kirbyi* Grose-Smith (♂), Waoboe, New Guinea .... (p. 85)
   ウスキマダラ（雄）

マダラチョウ科 Danaidae

PLATE 72

1. *Idea* (*Hestia*) *jasonia mearsia* FRUHSTORFER (♂), Java .... (p. 84)
   ホンオオゴマダラ (雄)
2. *Idea* (*Idea*) *d'urvillei* FRUHSTORFER (♂), Manokwari, New Guinea .... (p. 84)
   ダオオオゴマダラ (雄)

PLATE 73

1. *Idea* (*Idea*) *hypermnestra belia* WESTWOOD (♂), Java .... (p. 84)
   コガタオオゴマダラ (雄)
2. *Amauris* (*Cadytis*) *cashii cashii* BUTLER (♂), Nigeria .... (p. 84)
   コチャマダラ (雄)
3. *Danaus* (*Radena*) *juventa dorygatra* JOICEY & TALBOT (♂), Western New Guinea .... (p. 85)
   タトニエリアヤマダラ (雄)
4. *Danaus* (*Rahadena*) *alexhii kirbyi* GROSE-SMITH (♂), Waoboe, New Guinea .... (p. 85)
   ウスキマダラ (雄)

PLATE 73

1

2

3

4

PLATE 74

マダラチョウ科 Danaidae

PLATE 74

1. *Danaus* (*Danaus*) *plexippus plexippus* Linné (♂), U.S.A. ……………………………… (p. 85)
   オオカバマダラ (雄)
2. *Danaus* (*Lymnas*) *chrysippus dorippus* Klug (♂), Kenya, Eastern Africa ……………… (p. 85)
   カバマダラ (雄)
3. *Danaus* (*Danaida*) *genutia sumatranns* Moore (♀), Sumatra ……………………………… (p. 86)
   スジグロカバマダラ (雌)
4. *Amauris* (*Amauris*) *niavius dominicanus* Trimen (♂), Kenya, Eastern Africa ………… (p. 86)
   シロモンマダラ (雄)
5. *Danaus* (*Ravadeba*) *cleonus shelfordi* Fruhstrofer (♀), Borneo ……………………… (p. 86)
   ウスキヒメアサギマダラ (雌)

PLATE 75

1. *Tithorea regalis ragalis* Stichel (♂), Colombia ……………………………………………… (p. 87)
   モンミスジマダラ (雄)
2. *Pteronymia lincera lincera* H.-Schaeffer (♂), Trinidad ……………………………………… (p. 87)
   スカシマダラ (雄)
3. *Ithomia drymo pellucida* Hübner (♂), ………………………………………………………… (p. 87)
   マルバネスカシマダラ (雄)
4. *Hyposcada adelphina virginiana* Hewitson (♂), Honduras ………………………………… (p. 87)
   チャイロトンボマダラ (雄)
5. *Danaus* (*Melinda*) *mercedonia mercedonia* Karsch (♂), Uganda ……………………… (p. 87)
   コモンウスグロマダラ (雄)
6. *Aprotopos psidii ino* Felder (♂), Peru ………………………………………………………… (p. 88)
   トンボマダラ (雄)
7. *Tellervo zoilus nedusia* Hübner (♂), Western New Guinea ……………………………… (p. 88)
   シロモンチビマダラ (雄)
8. *Lycorea cleobaea cleobaea* Godart (♂), Trinidad …………………………………………… (p. 88)
   トラフマダラ (雄)
9. *Mechanitis nessaea lysimnia* Fabricius (♂), Brazil …………………………………………… (p. 88)
   キオビマダラ (雄)

マダラチョウ科 Danaidae

PLATE 74

1. Danaus (Danaus) plexippus plexippus Linné (♂), U.S.A. .... (p. 85)
   オオカバマダラ (雄)
2. Danaus (Limnas) chrysippus dorippus KLUG (♂), Kenya, Eastern Africa .... (p. 85)
   カバマダラ (雄)
3. Danaus (Danida) genutia sumatrana MOORE (♀), Sumatra .... (p. 86)
   スマトラカバマダラ (雌)
4. Amauris (Amauris) niavius dominicanus TRIMEN (♂), Kenya, Eastern Africa .... (p. 86)
   タイワンマダラ (雄)
5. Danaus (Ranadeb) cleona shelfordi FRUHSTORFER (♀), Borneo .... (p. 86)
   ウスキモエアオキマダラ (雌)

PLATE 75

1. Tithorea regalis STICHEL (♂), Colombia .... (p. 87)
   モンリスマダラ (雄)
2. Pteronymia linoera H.-SCHAEFFER (♂), Trinidad .... (p. 87)
   オカンマダラ (雄)
3. Ithomia drymo pellucida HÜBNER (♂), ... (p. 87)
   オハハスケスケマダラ (雄)
4. Hyposcada adelphina virginiana HEWITSON (♂), Honduras .... (p. 87)
   キャロンスケマダラ (雄)
5. Danaus (Melinda) mercedonia KARSCH (♂), Uganda .... (p. 87)
   コモンカバマダラ (雄)
6. Aprotopos psidii ino FELDER (♂), Peru .... (p. 88)
   トンボマダラ (雄)
7. Tellervo zoilus nedusia HÜBNER (♂), Western New Guinea .... (p. 88)
   ヌカモンマダラ (雄)
8. Lycorea cleobaea cleobaea GODART (♂), Trinidad .... (p. 88)
   イシツマダラ (雄)
9. Mechanitis nesaea lysimnia FABRICIUS (♂), Brazil .... (p. 88)
   キスジマダラ (雄)

PLATE 75

PLATE 76

マダラチョウ科 Danaidae

PLATE 76

1. *Euploea (Euploea) callithoe callithoe* Boisduval (♂), Waoboe, New Gunea .... (p. 88)
    オオルリマダラ（雄）
2. *Euploea (Tripsichrois) mulciber basilissa* Cramer (♂), Java .... (p. 89)
    ツマムラサキマダラ（雄）
3. *Euploea (Tripsichrois) mulciber basilissa* Cramer (♀), Java .... (p. 89)
    ツマムラサキマダラ（雌）
4. *Euploea (Adigama) malayica stolli* Weymer (♂), Java .... (p. 89)
    マレームラサキマダラ（雄）

PLATE 77

1. *Euploea (Salpinx) treitschkei ursula* Butler (♂), Admirality Is. .... (p. 89)
    ウスグロマダラ（雄）
2. *Euploea (Salpinx) diocletianus alcidice* Godart (♂), Java .... (p. 90)
    シロモンルリマダラ（雄）
3. *Euploea (Crastia) eleutho eleutho* Quoy & Gaimard (♂), Saipan, Micronesia .... (p. 90)
    サイパンマダラ（雄）
4. *Euploea (Adigama) wallacei catana* Fruhstorfer (♀), Waoboe, New Guinea .... (p. 90)
    ボカシマダラ（雌）
5. *Euploea (Calliploea) visenda visenda* Butmer (♂), Timor-Laut .... (p. 91)
    シロオビヒメマルバネマダラ（雄）
6. *Euploes (Salpinx) treitschkei ursula* Butler (♀), Admirality Is. .... (p. 91)
    ウスグロマダラ（雄）
7. *Euploea (Stictoploea) immaculata immaculata* Bulter (♂), Waoboe, New Guinea .... (p. 91)
    オオウスグロマダラ（雄）
8. *Euploea (Crastia) core core* Cramar (♂), Bombay, India .... (p. 91)
    ウスグロシロオビマダラ（雄）

マダラチョウ科 Danaidae

PLATE 76

1. Euploea (Euploea) callithoe Boisduval (♂), Waeboe, New Guinea ﾎｼﾙﾘﾏﾀﾞﾗ (雄) ……………………… (p. 88)
2. Euploea (Tripsichrois) mulciber basilissa Cramer (♂), Java ﾏｴﾐｽｷﾏﾀﾞﾗ (雄) ……………………… (p. 89)
3. Euploea (Tripsichrois) mulciber basilissa Cramer (♀), Java ﾏｴﾐｽｷﾏﾀﾞﾗ (雌) ……………………… (p. 89)
4. Euploea (Adigama) maujicca stolli Wymes (♂), Java ﾏﾙｰﾝｳｻｷﾏﾀﾞﾗ (雄) ……………………… (p. 89)

PLATE 77

1. Euploea (Salpinx) treitschkei urania Butler (♂), Admiralty Is. ｳｻﾏﾀﾞﾗ (雄) ……………………… (p. 89)
2. Euploea (Salpinx) diocletianus nicifoe Godart (♂), Java ｸｱﾓﾝｳｻｷﾏﾀﾞﾗ (雄) ……………………… (p. 90)
3. Euploea (Crastia) eleutho eleutho Quoy & Gaimard (♂), Saipan, Micronesia ｻｲﾊﾟﾝﾏﾀﾞﾗ (雄) ……………………… (p. 90)
4. Euploea (Adigama) unifasci culcua Fruhstorfer (♀), Waeboe, New Guinea ﾀﾞｲｶﾞﾂｷﾏﾀﾞﾗ (雌) ……………………… (p. 90)
5. Euploea (Calliploea) oisanda oisanda Butler (♂), Timor-Laut ﾀｷﾓﾙｳﾁｼﾛｽｼﾞﾈｸﾛﾏﾀﾞﾗ (雄) ……………………… (p. 91)
6. Euploea (Salpinx) treitschkei urania Butler (♀), Admiralty Is. ｳｻﾏﾀﾞﾗ (雌) ……………………… (p. 91)
7. Euploea (Stictoploea) immaculata immaculata Butler (♂), Waeboe, New Guinea ﾎｼﾅｼｽｼﾞｸﾛﾏﾀﾞﾗ (雄) ……………………… (p. 91)
8. Euploea (Crastia) core core Cramer (♂), Bombay, India ﾀﾞｲｱｿﾞｳｼﾖｸﾋﾏﾀﾞﾗ (雄) ……………………… (p. 91)

PLATE 77

PLATE 78

ジャノメチョウ科　Satyridae
タテハチョウ科　Nymphalidae

PLATE 78

1. *Isodema adelma latifasciata* LATHY (♂), Sze-chuan, China ············ (p. 92)
   シロオビゴマダラヒカゲ（雄）
2. *Rhaphicera dumicola dumicola* OBERTHÜR (♂), Sze-chuan, China ········ (p. 92)
   シナマダラヒカゲ（雄）
3. *Rhaphicera satricus satricus* DOUBLEDAY (♂), Sze-chuan, China ········ (p. 92)
   アカマダラヒカゲ（雄）
4. *Loxerebia polyphemus polyphemus* OBERTHÜR (♂), Sze-chuan, China ········ (p. 92)
   オオウラナミベニヒカゲ（雄）
5. *Pararge praeusta praeusta* LEECH (♂), Sze-chuan, China ············ (p. 92)
   キオビウラジャノメ（雄）
6. *Neorina crishna crishna* WESTWOOD (♂), Java ························ (p. 93)
   オナガシロオビオオヒカゲ（雄）
7. *Tishiphone abeona abeona* DONOVAN (♂), Southern Australia ··········· (p. 93)
   ベニモンクロヒカゲ（雄）
8. *Amnosia decora decora* DOUBLEDAY (♀), Java ························ (p. 93)
   アオオビジャノメタテハ（雌）

PLATE 79

1. *Zethera incerta incerta* HEWITSON (♂), Northern Celebes ··············· (p. 93)
   オオゴマダラヒカゲ（雄）
2. *Haetera piera piera* LINNÉ (♂), Brazil ····························· (p. 93)
   スカシジャノメ（雌）
3. *Pierella nereis nereis* DRURY (♀), Brazil ························· (p. 93)
   シロオビコバネジャノメ（雌）
4. *Pierella lena lena* LINNÉ (♂), Amazon ····························· (p. 94)
   コバネジャノメ（雌）
5. *Taygetis albinotata albinotata* BUTLER (♂), Bolivia ················· (p. 94)
   シロホシジャノメ（雄）

ジャノメチョウ科 Satyridae
タテハチョウ科 Nymphalidae

PLATE 78

1. Isodema adelma latifasciata LATHY (♂), Sze-chuan, China .... (p. 92)
   ツバキジャノメ5ミカメ (雄)
2. Rhaphicera dumicola OBERTHÜR (♂), Sze-chuan, China .... (p. 92)
   タテハモドキ5ミカメ (雄)
3. Rhaphicera satricus DOUBLEDAY (♂), Sze-chuan, China .... (p. 92)
   アルマモドキ5ミカメ (雄)
4. Lexerebia polyphemus OBERTHÜR (♂), Sze-chuan, China .... (p. 92)
   キオビタナイムラジャノメ (雄)
5. Pararge procesta LECCI (♂), Sze-chuan, China .... (p. 93)
   キオビクロジャノメ (雄)
6. Neorina crishna WESTWOOD (♂), Java .... (p. 93)
   オオコマキモドキジャノメ (雄)
7. Tisiphone abeona DONOVAN (♂), Southern Australia .... (p. 93)
   ベニモンジャノメ (雄)
8. Amnosia decora DOUBLEDAY (♀), Java .... (p. 93)
   アオホシジャノメ5ミカメ (雌)

PLATE 79

1. Zethera incerta HEWITSON (♂), Northern Celebes .... (p. 93)
   キオビニギジャノメ (雄)
2. Haetera piera LINNÉ (♂), Brazil .... (p. 93)
   スケルジャノメ (雄)
3. Pierella nereis DRURY (♀), Brazil .... (p. 93)
   クロキヒメスジャノメ (雌)
4. Pierella lena lena LINNÉ (♂), Amazon .... (p. 94)
   レナスジャノメ (雄)
5. Taygetis albinotata BUTLER (♂), Bolivia .... (p. 94)
   クロホシジャノメ (雄)

PLATE 79

PLATE 80

フクロチョウ科　Brassolidae

PLATE 80

1. ***Caligo brasiliensis brasiliensis*** Felder (♂)(Underside), Brazil .... (p. 95)
    フクロチョウ（雄，裏面）

PLATE 81

1. ***Caligo prometheus prometheus*** Kollar (♂), Colombia .... (p. 95)
    コフクロチョウ（雄）
2. ***Caligo martia martia*** Godart (♀), Brazil .... (p. 95)
    マエモンフクロチョウ（雄）

ブラソチョウ科 Brassolidae

PLATE 80

1. Caligo brasiliensis brasiliensis FELDER (♂) (Underside), Brazil .... (p. 95)
   ブラソチョウ (♂, 裏面)

PLATE 81

1. Caligo prometheus prometheus KOLLAR (♂), Colombia .... (p. 95)
   コブラロチョウ (♂)
2. Caligo martia GODART (♀), Brazil .... (p. 95)
   ニセマノブラロチョウ (♀)

PLATE 81

1

2

PLATE 82

1

2

フクロチョウ科 Brassolidae

PLATE 82

1. *Penetes pamphanis pamphanis* DOUBLEDAY (♂), Brazil .... (p. 96)
   カバイロモルフォモドキ（雄）
2. *Caligo atreus atreus* KOLLAR (♂), Colombia .... (p. 96)
   キオビフクロチョウ（雄）

PLATE 83

1. *Opsiphanes tamarindi sikyon* FRUHSTORFER (♂), Colombia .... (p. 96)
   シロオビヒメフクロチョウ（雄）
2. *Caligo beltrao beltrao* ILLIGER (♂), Brazil .... (p. 96)
   ツマキフクロチョウ（雄）

ブラソリヰダ科 Brassolidae

PLATE 82

1. Penetes pamphanis pompbanis Doubleday (♂), Brazil .... (p. 96)
   カバイロマルメキドリ (雄)
2. Caligo atreus atreus Kollar (♂), Colombia .... (p. 96)
   オオビノメキチョウ (雄)

PLATE 83

1. Opsiphanes tamarindi tamarindi Fruhstorfer (♀), Colombia .... (p. 96)
   タマリンドメキチョウ (雄)
2. Caligo beltrao beltrao (♂), Brazil .... (p. 96)
   マキワンメキチョウ (雄)

PLATE 83

1

2

PLATE 84

1

2

フクロチョウ科 Brassolidae
ワモンチョウ科 Amathusiidae

PLATE 84

1. ***Eryphanis polyxena amphimedon*** C. & R. Felder (♀), Brazil ················· (p. 97)
   ムラサキフクロチョウ (雄)
2. ***Caligopis seleucida seleucida*** Hewitson (♀), Brazil ······················· (p. 97)
   ナミスジフクロチョウ (雌)

PLATE 85

1. ***Taenaris hyperbola automola*** Kirsch (♂), Waoboe, New Guinea ············ (p. 98)
   メダマチョウ (雄)
2. ***Taenaris dimona dinora*** Grose-Smith & Kirby (♂), Miei, New Guinea ······ (p. 98)
   アオメダマチョウ (雄)
3. ***Taenaris catops westwoodi*** Staudinger (♂), Wati, New Guinea ············ (p. 98)
   ウスイロメダマチョウ (雌)

フクロキョウ科 Brassolidae
ウキンチョウ科 Amathusiidae

PLATE 84

1. Brypbania polyxena amphiraedon C. & R. Felder (♀), Brazil .... (p. 97)
   ムラサキフクロキョウ (雌)
2. Caligopia selenida selenida Hewitson (♀), Brazil .... (p. 97)
   オミスジフクロキョウ (雌)

PLATE 85

1. Taenaris hyperbola automola Kirsch (♂), Waoboe, New Guinea .... (p. 98)
   メダマキョウ (雄)
2. Taenaris dimona dimora Grose-Smith & Kirby (♂), Mrfi, New Guinea .... (p. 98)
   フタメダマキョウ (雄)
3. Taenaris catops caelicoeli Staudinger (♂), Wafi, New Guinea .... (p. 98)
   タメロメダマキョウ (雄)

PLATE 85

PLATE 86

1

2

ワモンチョウ科　Amathusiidae

PLATE 86

1. *Stichophthalma nourmahal nourmahal* WESTWOOD (♂), Sikkim ······ (p. 99)
   チャイロワモンチョウ（雄）
2. *Stichophthalma camadeva nicévillei* RÖBER (♂), Assam ······ (p. 99)
   ムラサキワモンチョウ（雄）

PLATE 87

1. *Stichophthalma sparta sparta* NICÉVILLE (♂), Assam ······ (p. 99)
   ワモンチョウ（雄）
2. *Stichophthalma howqua suffusa* LEECH (♂), Sze-chuan, China ······ (p. 99)
   ワモンチョウ（雄）

アマチュシダ科 Amathusiidae

PLATE 86

1. *Stichophtalma nourmahal nourmahal* Westwood (♂), Sikkim .... (p. 99)
   キイロアマモンチョウ (雄)
2. *Stichophtalma camadeva nicevillei* Rőber (♂), Assam .... (p. 99)
   ムラサキワモンチョウ (雄)

PLATE 87

1. *Stichophtalma sparta sparta* Nicéville (♂), Assam .... (p. 99)
   マモンチョウ (雄)
2. *Stichophtalma howqua suffusa* Leech (♂), Sze-chuan, China .... (p. 99)
   マモンチョウ (雄)

PLATE 87

PLATE 88

1

2

ワモンチョウ科　Amathusiidae
モルフォチョウ科　Morphidae

PLATE 88

1. *Zeuxidia luxerii luxerii* Hübner (♂), Java ･･ (p. 100)
   トガリバワモンチョウ（雄）
2. *Thaumantis odana odana* Godart (♂), Java ･･ (p. 100)
   クロワモンチョウ（雄）

PLATE 89

1. *Morpho (Iphimedeia) hecuba hecuba* Linné (♀), French Guiana ･･･････････････････････ (p. 101)
   太陽蝶（雌）

タテハモドキョウ科 Amathusiidae
モルフォチョウ科 Morphidae

PLATE 88

1. Zeuxidia luxerii Hübner (♂), Java .... (p. 100)
   トカリベニマラキョウ (裏)
2. Thaumantis odana Godart (♂), Java .... (p. 100)
   タウマンキョウ (裏)

PLATE 89

1. Morpho (Iphimedeia) hecuba hecuba Linné (♀), French Guiana .... (p. 101)
   太陽蝶 (裏)

PLATE 89

PLATE 90

1

2

モルフォチョウ科 Morphidae

PLATE 90

1. *Morpho* (*Iphimedeia*) *theseus fruhstorferi* Röber (♂), Ecuador ········· (p. 101)
   テセウスモルフォ (雄)
2. *Morpho* (*Iphimedeia*) *perseus lilianae* Le Moult (Paratype) (♂), Venezuela ········· (p. 102)
   ペルセウスモルフォ (雄)

PLATE 91

1. *Morpho* (*Morpho*) *polyphemus polyphemus* Doubleday & Hewitson (♂), Mexico ········· (p. 102)
   シロモルフォ (雄)
2. *Morpho* (*Morpho*) *catenarius catenarius* Perry (♂), Brazil ········· (p. 102)
   ミズアオモルフォ (雄)

モルフォチョウ科 Morphidae

PLATE 30

1. **Morpho (Iphimedeia) thessus fruhstorferi** Röber (♂), Ecuador .... (p. 101)
   テツオスモルフォ (雄)
2. **Morpho (Iphimedeia) perseus lilinae** Le Moult (Paratype) (♂), Venezuela .... (p. 102)
   ペルセウスモルフォ (雄)

PLATE 31

1. **Morpho (Morpho) polyphemus polyphemus** Doubleday & Hewitson (♂), Mexico .... (p. 102)
   シロモルフォ (雄)
2. **Morpho (Morpho) catenarius catenarius** Perry (♂), Brazil .... (p. 102)
   ミスアキモルフォ (雄)

PLATE 91

1

2

PLATE 92

1

2

モルフォチョウ科 Morphidae

PLATE 92

1. *Morpho* (*Morpho*) *achilles aguiros* Le Moult (♂), Venezuela ················ (p. 102)
   アキレスモルフォ（雄）
2. *Morpho* (*Morpho*) *achillaena violaceus* Fruhstorfer (♂), St. Catharina, Brazil ············ (p. 103)
   アキレナモルフォ（雄）

PLATE 93

1. *Morpho* (*Morpho*) *peleides peleides* Kollar (♂), Colombia ················ (p. 103)
   ペレイデスモルフォ（雄）
2. *Morpho* (*Morpho*) *deidamia deidamia* Hübner (♂), Guiana ················ (p. 103)
   デイダミアモルフォ（雄）

モルフォチョウ科 Morphidae

PLATE 92

1. *Morpho (Morpho) achilles eguirosi* LE MOULT (♂), Venezuela .... (p. 102)
   アキレスモルフォ (雄)
2. *Morpho (Morpho) achillaena violacea* FRUHSTORFER (♂), St. Catharina, Brazil .... (p. 103)
   アケリナモルフォ (雄)

PLATE 93

1. *Morpho (Morpho) peleides peleides* KOLLAR (♂), Colombia .... (p. 103)
   ペレイデスモルフォ (雄)
2. *Morpho (Morpho) deidamia deidamia* HÜBNER (♂), Guiana .... (p. 103)
   ダイダミアモルフォ (雄)

PLATE 93

1

2

モルフォチョウ科 Morphidae

PLATE 94

1. *Morpho* (*Morpho*) *aega aega* Hübner (♂), Southern Brazil ⋯⋯⋯⋯⋯⋯⋯⋯ (p. 104)
   エガーモルフォ（雄）
2. *Morpho* (*Morpho*) *aega aega* Hübner (♀), Southern Brazil ⋯⋯⋯⋯⋯⋯⋯⋯ (p. 104)
   エガーモルフォ（雌）
3. *Morpho* (*Morpho*) *sulkowskyi sirene* Niepelt (♂), Ecuador ⋯⋯⋯⋯⋯⋯⋯⋯ (p. 104)
   スルコウスキーモルフォ（雄）
4. *Morpho* (*Morpho*) *portis portis* Hübner (♂), Southern Brazil ⋯⋯⋯⋯⋯⋯ (p. 104)
   ポルチスモルフォ（雄）
5. *Morpho* (*Morpho*) *portis portis* Hübner (♂) (Underside), Brazil ⋯⋯⋯⋯ (p. 104)
   ポルチスモルフォ（雄裏面）

PLATE 95

1. *Morpho* (*Morpho*) *rhetenor rhetenor* Cramer (♂), French Guiana ⋯⋯⋯⋯ (p. 104)
   レテノールモルフォ（雄）
2. *Morpho* (*Morpho*) *rhetenor rhetenor* Cramer (♀), French Guiana ⋯⋯⋯⋯ (p. 105)
   レテノールモルフォ（雌）

モルフォチョウ科 Morphidae

PLATE 94

1. *Morpho* (*Morpho*) *aega aega* Hübner (♂), Southern Brazil .... (p. 104)
   エガ―モルフォチョウ (雄)
2. *Morpho* (*Morpho*) *aega aega* Hübner (♀), Southern Brazil .... (p. 104)
   エガ―モルフォチョウ (雌)
3. *Morpho* (*Morpho*) *sulkowskyi sirena* Niepelt (♂), Ecuador .... (p. 104)
   スルコウスキーモルフォチョウ (雄)
4. *Morpho* (*Morpho*) *portis portis* Hübner (♂), Southern Brazil .... (p. 104)
   ポルチスモルフォチョウ (雄)
5. *Morpho* (*Morpho*) *portis portis* Hübner (♂) (Underside), Brazil .... (p. 104)
   ポルチスモルフォチョウ (翅裏面)

PLATE 95

1. *Morpho* (*Morpho*) *rhetenor rhetenor* Cramer (♂), French Guiana .... (p. 104)
   レテノールモルフォチョウ (雄)
2. *Morpho* (*Morpho*) *rhetenor rhetenor* Cramer (♀), French Guiana .... (p. 105)
   レテノールモルフォチョウ (雌)

PLATE 95

1

2

PLATE 96

1

2

モルフォチョウ科 Morphidae

PLATE 96

1. *Morpho* (*Morpho*) *rhetenor augustinae* Le Cerf (♂), Venezuela .... (p. 105)
   レテノールモルフォ（雄）
2. *Morpho* (*Morpho*) *rhetenor helena* Staudinger (♂), Peru .... (p. 105)
   レテノールモルフォ（雄）

PLATE 97

1. *Morpho* (*Morpho*) *cypris cypris* Westwood (♂), Colombia .... (p. 105)
   キプリスモルフォ（雄）
2. *Morpho* (*Morpho*) *cypris cypris* Westwood (♀), Colombia .... (p. 105)
   キプリスモルフォ（雌）

キプアゲハモドキ科 Morphidae

PLATE 96

1. **Morpho (Morpho) rhetenor augustinae** Le Cerf (♂), Venezuela .... (p. 105)
   レテノールモルフォ (雄)
2. **Morpho (Morpho) rhetenor helena** Staudinger (♂), Peru .... (p. 105)
   レテノールモルフォ (雄)

PLATE 97

1. **Morpho (Morpho) cypris cypris** Westwood (♂), Colombia .... (p. 105)
   キプリスモルフォ (雄)
2. **Morpho (Morpho) cypris cypris** Westwood (♀), Colombia .... (p. 105)
   キプリスモルフォ (雌)

PLATE 97

1

2

PLATE 98

1

2

モルフォチョウ科 Morphidae

PLATE 98

1. *Morpho* (*Morpho*) *anaxibia anaxibia* Esper (♂), Southern Brazil ················ (p. 105)
   アナクシビアモルフォ (雄)
2. *Morpho* (*Morpho*) *anaxibia anaxibia* Esper (♀), Southern Brazil ················ (p. 106)
   アナクシビアモルフォ (雌)

PLATE 99

1. *Morpho* (*Morpho*) *menelaus nakaharai* Le Moult subsp. nov. (♂), Obidos, Brazil ········ (p. 106)
   メネラウスモルフォ (雄)
2. *Morpho* (*Morpho*) *menelaus melacheilus* Staudinger (♂), Iquitos, Peru ·············· (p. 107)
   メネラウスモルフォ (雄)

キマダラモルフォ科 Morphidae.

PLATE 98

1. **Morpho** (*Morpho*) *anaxibia anaxibia* Esper (♂), Southern Brazil .... (p. 105)
   アナシビアモルフォ (雄)
2. **Morpho** (*Morpho*) *anaxibia anaxibia* Esper (♀), Southern Brazil .... (p. 106)
   アナシビアモルフォ (雌)

PLATE 99

1. **Morpho** (*Morpho*) *menelaus nakaharai* La Mourr subsp. nov. (♂), Obidos, Brazil ...... (p. 106)
   メネラウスモルフォ (雄)
2. **Morpho** (*Morpho*) *menelaus melachelus* Staudinger (♂), Iquitos, Peru .... (p. 107)
   メネラウスモルフォ (雄)

PLATE 99

1

2

PLATE 100

モルフォチョウ科　Morphidae

PLATE 100

1. *Morpho* (*Morpho*) *menelaus nestira* Hübner (♀), Brazil .... (p. 107)
   メネラウスモルフォ（雌）

PLATE 101

1. *Morpho* (*Morpho*) *godarti godarti* Guerin (♂), Bolivia .... (p. 107)
   ゴダートモルフォ（雄）
2. *Morpho* (*Morpho*) *menelaus nakaharai* Le Moult (♂) (Underside), Obidos, Brazil .... (p. 107)
   メネラウスモルフォ（雄, 裏面）

モンフォチョウ科 Morphidae

PLATE 100

1. Morpho (Morpho) menelaus nestira HÜBNER (♀), Brazil .... (p. 107)
   メネラウスモルフォ (♀)

PLATE 101

1. Morpho (Morpho) godarti godarti GUÉRIN (♂), Bolivia .... (p. 107)
   ゴダートモルフォ (♂)
2. Morpho (Morpho) menelaus nakaharai LE MOULT (♀) (Underside), Obidos, Brazil .... (p. 107)
   メネラウスモルフォ (♀, 裏面)

PLATE 101

PLATE 102

モルフォチョウ科 Morphidae
タテハチョウ科 Nymphalidae

PLATE 102

1. ***Morpho* (*Morpho*) *didius didius* H**opffer** (♂), Peru ……………………………… (p. 107)
   デイデイウスモルフォ (雄)
2. ***Morpho* (*Morpho*) *amathonte julanthiscus* F**ruhstrofer** (♂), Ecuador ……………… (p. 108)
   アマトンテモルフォ (雄)

PLATE 103

1. ***Heliconius charithonius charithonius* L**inné** (♂) Florida, U.S.A. ………………… (p. 109)
   キジマドクチョウ (雄)
2. ***Heliconius sapho leuce* D**oubleday** (♂), Honduras ……………………………… (p. 109)
   シロモンドクチョウ (雄)
3. ***Heliconius wallacei wallacei* R**eakirt** (♂), Colombia ………………………… (p. 109)
   モンキドクチョウ (雄)
4. ***Heliconius cydno cydnides* S**taudinger** f. ***epicydnides* S**taudinger** (♂), Colombia ………… (p. 110)
   シロオビドクチョウ (雄)
5. ***Heliconius heurippa heurippa* H**ewitson** (♂), Colombia ……………………… (p. 110)
   アトグロドクチョウ (雄)
6. ***Heliconius erato amazonus* S**taudinger** (♂), Amazon ………………………… (p. 110)
   アカスジドクチョウ (雄)
7. ***Heliconius cyrbia cyrbia* G**odart** (♂), Ecuador ……………………………… (p. 110)
   シロヘリドクチョウ (雄)
8. ***Heliconius schulzi schulzi* R**iffarth** (♂), Brazil ……………………………… (p. 111)
   キマダラドクチョウ (雄)

キリスキチョウ科 Morphidae
タテハチョウ科 Nymphalidae

PLATE 102

1. **Morpho (Morpho) didius** HOPFFER (♂), Peru .... (p. 107)
   ディディオスモルフォ (雄)
2. **Morpho (Morpho) amathonte julanthiscus** FRUHSTORFER (♂), Ecuador .... (p. 108)
   フォインテモルフォ (雄)

PLATE 103

1. **Heliconius charithonius charithonius** LINNÉ (♂), Florida, U.S.A. .... (p. 109)
   キシマドクチョウ (雄)
2. **Heliconius sapho** DOUBLEDAY (♂), Honduras .... (p. 109)
   クロキンドクチョウ (雄)
3. **Heliconius nallacei** REAKIRT (♂), Colombia .... (p. 109)
   モンキドクチョウ (雄)
4. **Heliconius cydno cydnides** STAUDINGER f. **epicydnides** STAUDINGER (♂), Colombia ... (p. 110)
   マメキドクチョウ (雄)
5. **Heliconius heurippa heurippa** HEWITSON (♂), Colombia .... (p. 110)
   フタクロドクチョウ (雄)
6. **Heliconius erato anaconus** STAUDINGER (♂), Amazon .... (p. 110)
   アカオビドクチョウ (雄)
7. **Heliconius cydia cydia** GODART (♂), Ecuador .... (p. 110)
   シンベニドクチョウ (雄)
8. **Heliconius schulzi schulzi** RIFFARTH (♂), Brazil .... (p. 111)
   キマダラドクチョウ (雄)

PLATE 103

PLATE 104

タテハチョウ科 Nymphalidae

PLATE 104

1. *Heliconius narcaea narcaea* GODART (♂), Southern Brazil ……………………… (p. 111)
   キオビドクチョウ（雄）
2. *Miyana meyeri meyeri* KIRSCH (♂), New Guinea ……………………… (p. 111)
   スカシバクロホソチョウ（雄）
3. *Acraea perenna perenna* DOUBLEDAY (♂), Uganda ……………………… (p. 111)
   アカマダラホソチョウ（雄）
4. *Acraea natalica pseudegina* WESTWOOD (♂), Gold Coast ……………………… (p. 111)
   チャマダラホソチョウ（雄）
5. *Telchinia violae violae* FABRICIUS (♂), India ……………………… (p. 111)
   ヘリグロホソチョウ（雄）
6. *Acraea asboloplintha asboloplintha* KARSCH (♂), Kenya ……………………… (p. 112)
   アトキホソチョウ（雄）
7. *Acraea rogersi rogersi* HEWITSON (♂), Cameroon ……………………… (p. 112)
   ゴマダラホソチョウ（雄）

PLATE 105

1. *Colaenis julia julia* FABRICIUS (♂), Brazil ……………………… (p. 112)
   チャイロドクチョウ（雄）
2. *Dione juno juno* CRAMER (♂), Colombia ……………………… (p. 112)
   ウラギンドクチョウ（雄）
3. *Dione vanillae vanillae* LINNÉ (♂), Florida, U.S.A. ……………………… (p. 112)
   ヒョウモンドクチョウ（雄）
4. *Argynnis childreni childreni* GRAY (♂), Sikkim ……………………… (p. 113)
   オオヤマミドリヒョウモン（雄）

タテハチョウ科 Nymphalidae

PLATE 104

1. **Heliconius narcaea** GODART (♂), Southern Brazil .... (p. 111)
   キベリドクチョウ (雄)
2. **Migona meyeri** KIRSCH (♂), New Guinea .... (p. 111)
   スミジペアカマダラチョウ (雄)
3. **Acraea perenna** DOUBLEDAY (♂), Uganda .... (p. 111)
   アカマダラキチョウ (雄)
4. **Acraea natalica pseudegina** WESTWOOD (♂), Gold Coast .... (p. 111)
   チャマダラキチョウ (雄)
5. **Telchinia violae** FABRICIUS (♂), India .... (p. 111)
   ツマアカマダラ (雄)
6. **Acraea caecolopluetha asboloplintha** KARSCH (♂), Kenya .... (p. 112)
   アトキマダラ (雄)
7. **Acraea rogersi** HEWITSON (♂), Cameroon .... (p. 112)
   コマダラキマダラ (雄)

PLATE 105

1. **Colaenis julia** FABRICIUS (♂), Brazil .... (p. 112)
   キハイロドクチョウ (雄)
2. **Dione juno** CRAMER (♂), Colombia .... (p. 112)
   ウラギンドクチョウ (雄)
3. **Dione vanillae** LINNÉ (♂), Florida, U.S.A. .... (p. 112)
   ヒョウモンドクチョウ (雄)
4. **Argynnis childreni** GRAY (♂), Sikkim .... (p. 113)
   オオウライロヒョウモン (雄)

PLATE 105

1

2

3

4

PLATE 106

タテハチョウ科　Nymphalidae

PLATE 106

1. *Marpesia petreus petreus* CRAMER (♂), Brazil ……………………………………………… (p. 113)
   ホソオツルギタテハ（雄）
2. *Megalura chiron chiron* FABRICIUS (♂), Brazil ……………………………………………… (p. 113)
   タテジマツルギタテハ（雄）
3. *Protogonius hippona quadridentatus* BUTLER (♂), Bolivia ……………………………… (p. 113)
   カナエタテハ（雄）
4. *Metamorpha dido wernickei* RÖBER (♂), Brazil ……………………………………………… (p. 114)
   アサギタテハ（雄）

PLATE 107

1. *Cyrestis nivea nivea* ZINKEN-SOMMER (♂), Java ……………………………………………… (p. 114)
   ツマグロイシガキチョウ（雄）
2. *Cyrestis lutea lutea* ZINKEN-SOMMER (♂), Java ……………………………………………… (p. 114)
   メスジロイシガキチョウ（雄）
3. *Victorina* (*Amphirene*) *superba superba* BATES (♂), Mexico ……………………………… (p. 114)
   シロオビタテハ（雄）
4. *Cethosia penthesilea penthesilea* CRAMER (♂), Java ……………………………………… (p. 114)
   ハレギチョウ（雄）
5. *Rhinopalpa polynice elpinice* FELDER (♂), Java ……………………………………………… (p. 115)
   ソトグロカバタテハ（雄）

タテハチョウ科 Nymphalidae

PLATE 106

1. Marpesia petreus Cramer (♂), Brazil .... (p. 113)
   キドクメスメダラン (裏)
2. Megalure chiron Fabricius (♂), Brazil .... (p. 113)
   タテジマメスメダラン (裏)
3. Protogonius hippona quadridentatus Butler (♂), Bolivia .... (p. 113)
   カニメダラン (裏)
4. Metamorpha dido nervickei Röber (♂), Brazil .... (p. 114)
   アオヤギタテ (裏)

PLATE 107

1. Cyrestis nivea Zinken-Sommer (♂), Java .... (p. 114)
   マメジロイシガキチョウ (裏)
2. Cyrestis lutea luteus Zinken-Sommer (♂), Java .... (p. 114)
   メスジロイシガキチョウ (裏)
3. Victorina (Amphirene) superba superba Bates (♂), Mexico .... (p. 114)
   ミナミヒョウタテ (裏)
4. Cethosia penthesilea penthesilea Cramer (♂), Java .... (p. 114)
   ハナドクチョウ (裏)
5. Rhinopalpa polynice eiphnice Fruhr. (♂), Java .... (p. 115)
   ウラタカハシタテン (裏)

PLATE 107

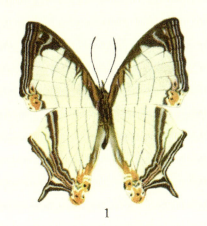

1

2

3

4

5

PLATE 108

1

2

タテハチョウ科　Nymphalidae

PLATE 108

1. *Hypolimnas salmacis platydema* ROTHSCHILD & JORDAN (♂), Uganda ……………………… (p. 115)
   サザナミムラサキ（雄）
2. *Hypolimnas dexithea dexithea* HEWITSON (♂), Madagascar ……………………… (p. 115)
   ハガタムラサキ（雄）

PLATE 109

1. *Hypolimnas alimena heteromorpha* RÖBER (♂), Key Is. ……………………… (p. 116)
   ルリオビムラサキ（雄）
2. *Hypolimnas antilope anomala* WALLACE (♂), Java ……………………… (p. 116)
   ヤエマムラサキ（雄）
3. *Hypolimnas dubia mima* TRIMEN (♂), Natal ……………………… (p. 116)
   シロムラサキ（雄）
4. *Hypolimnas bolina iphigenia* CRAMER (♂), Java ……………………… (p. 117)
   リュウキュウムラサキ（雄）

タテハチョウ科 Nymphalidae

PLATE 108

1. **Hypolimnas salmacis platydema** ROTHSCHILD & JORDAN (♂), Uganda .... (p. 115)
   サナエミスジサキ (雄)
2. **Hypolimnas dexithea** HEWITSON (♂), Madagascar .... (p. 115)
   ベニスミスジサキ (雄)

PLATE 109

1. **Hypolimnas alimena heteromorpha** RÖBER (♂), Key Is. .... (p. 116)
   ホソミスジサキ (雄)
2. **Hypolimnas antilope anomala** WALLACE (♂), Java .... (p. 116)
   ナミミスジサキ (雄)
3. **Hypolimnas dubia mima** TRIMEN (♂), Natal .... (p. 116)
   ツマスミスジサキ (雄)
4. **Hypolimnas bolina iphigenia** CRAMER (♂), Java .... (p. 117)
   リュウキュウミスジサキ (雄)

PLATE 109

PLATE 110

タテハチョウ科　Nymphalidae

PLATE 110

1. *Precis lavinia lavinia* Cramer (♂), Brazil ……………………………………… (p. 117)
    アメリカタテハモドキ（雄）
2. *Precis hierta hierta* Fabricius (♂), Southern China ……………………………… (p. 117)
    ルリボシタテハモドキ（雄）
3. *Yoma algina odilia* Fruhstorfer (♂), Fergusson Is. ………………………………… (p. 118)
    パプアキオビコノハ（雄）
4. *Salamis parhassus parhassus* Drury (♂), Cameroon ……………………………… (p. 118)
    ウスアオシンジュタテハ（雄）
5. *Salamis anacardii duprei* Vins. (♂), Madagascar …………………………………… (p. 118)
    トガリシンジュタテハ（雄）

PLATE 111

1. *Catagramma pastazza pastazza* Staudinger (♂) Peru ……………………………… (p. 118)
    ムラサキウズマキタテハ（雄）
2. *Catagramma excelsior pastazza* Staudinger (♂) (Underside) ……………………… (p. 118)
    ムラサキウズマキタテハ（裏面）
3. *Catagramma sorana sorana* Godart (♂), Brazil …………………………………… (p. 119)
    ハガタウズマキタテハ（雄）
4. *Catagramma sorana sorana* Godart (♂) (Underside) ……………………………… (p. 119)
    ハガタウズマキタテハ（裏面）
5. *Callithea leprieuri leprieuri* Feisth. (♂), Amazon ………………………………… (p. 119)
    アカネタテハ（雄）
6. *Perisama saussurei saussurei* Guérin (♂), Brazil ………………………………… (p. 119)
    マエルリウラスジタテハ（雄）
7. *Callicore neglecta neglecta* Salvin (♂), Brazil …………………………………… (p. 119)
    ウラモジタテハ（雄）
8. *Callicore neglecta neglecta* Salvin (♂) (Underside) ……………………………… (p. 119)
    ウラモジタテハ（裏面）
9. *Perisama humboldtii humboldtii* Guérin (♂), Colombia …………………………… (p. 119)
    キイロウラスジタテハ（雄）
10. *Catagramma hydaspes hydaspes* Drury (♂), Brazil ……………………………… (p. 120)
    ヒメウズマキタテハ（雄）
11. *Perisama humboldtii humboldtii* Guérin (♂) (Underside) ………………………… (p. 120)
    キイロウラスジタテハ（裏面）
12. *Perisama euriclea euriclea* Doubleday & Hewitson (♂), Colombia ……………… (p. 120)
    シロウラスジタテハ（雄）
13. *Catagramma hydaspes hydaspes* Drury (♂) (Underside) ………………………… (p. 120)
    ヒメウズマキタテハ（裏面）
14. *Perisama euriclea euriclea* Doubleday & Hewitson (♂) (Underside) …………… (p. 120)
    シロウラスジタテハ（裏面）

タテハチョウ科 Nymphalidae

PLATE 110

1. **Precis lactata lactata** CRAMER (♂), Brazil ················ (p. 117)
   アメリカタテハモドキ (雄)
2. **Precis hierta hierta** FABRICIUS (♂), Southern China ················ (p. 117)
   ルリホシタテハモドキ (雄)
3. **Yoma algina odilia** FRUHSTORFER (♂), Ferguson Is. ················ (p. 118)
   スマタキモミヒョウ (雄)
4. **Salamis parhassus parhassus** DRURY (♂), Cameroon ················ (p. 118)
   ウスマダラシンジュタテハ (雄)
5. **Salamis anacardii duprei** VINS. (♂), Madagascar ················ (p. 118)
   トカリシンジュタテハ (雄)

PLATE 111

1. **Catagramma pastazza pastazza** STAUDINGER (♂), Peru ················ (p. 118)
   メサラキャスミタテハ (雄)
2. **Catagramma excelsior pastazza** STAUDINGER (♂) (Underside) ················ (p. 118)
   メサラカスミタテハ (裏面)
3. **Catagramma sorana sorana** GODART (♂), Brazil ················ (p. 119)
   ベニダスミタテハ (雄)
4. **Catagramma sorana sorana** GODART (♂) (Underside) ················ (p. 119)
   ベニダスミタテハ (裏面)
5. **Callithea leprieuri leprieuri** FEISTH. (♂), Amazon ················ (p. 119)
   アオネタテハ (雄)
6. **Perisama sansarei sansarei** GUÉRIN (♂), Brazil ················ (p. 119)
   サンサレウスミタテハ (雄)
7. **Callicore neglecta neglecta** SALVIN (♂), Brazil ················ (p. 119)
   ウラチイタテハ (雄)
8. **Callicore neglecta neglecta** SALVIN (♂) (Underside) ················ (p. 119)
   ウラチイタテハ (裏面)
9. **Perisama humboldtii humboldtii** GUÉRIN (♂), Colombia ················ (p. 119)
   オイトウラスミタテハ (雄)
10. **Catogramma hydaspes hydaspes** DRURY (♂), Brazil ················ (p. 120)
    ヒメスミタテハ (雄)
11. **Perisama humboldtii humboldtii** GUÉRIN (♂) (Underside) ················ (p. 120)
    オイトウラスミタテハ (裏面)
12. **Perisama euriclea euriclea** DOUBLEDAY & HEWITSON (♂), Colombia ················ (p. 120)
    タロウスミタテハ (雄)
13. **Catogramma hydaspes hydaspes** DRURY (♂) (Underside) ················ (p. 120)
    ヒメスミタテハ (裏面)
14. **Perisama euriclea euriclea** DOUBLEDAY & HEWITSON (♂) (Underside) ················ (p. 120)
    タロウスミタテハ (裏面)

PLATE 111

PLATE 112

1

2

3

4

5

タテハチョウ科 Nymphalidae

PLATE 112

1. *Batesia hypochlora hypochlora* FELDER (♂), Amazon ……… (p. 120)
   ベーツタテハ（雄）
2. *Catonephele numillia penthia* HEWITSON (♂), Brazil ……… (p. 120)
   ミツボシタテハ（雄）
3. *Didonis biblis biblis* FABRICIUS (♂), Brazil ……… (p. 121)
   アカヘリタテハ
4. *Siderone thebais thebais* FELDER (♂), Colombia ……… (p. 121)
   ベニコノハ（雄）
5. *Ageronia (Peridromia) arethusa arethusa* CRAMER (♂), Amazon ……… (p. 121)
   カスリタテハ（雄）

PLATE 113

1. *Prepona pheridamas pheridamas* CRAMER (♂), Guiana ……… (p. 121)
   ルリオビプレポナ（雄）
2. *Prepona chromus xenarchus* FRUHSTORFER (♂), Peru ……… (p. 122)
   ヘリボシプレポナ（雄）
3. *Prepona antimache andicola* FRUHSTORFER (♂), Peru ……… (p. 122)
   オオルリオビプレポナ（雄）

タテハチョウ科 Nymphalidae

PLATE 112

1. Batesia hypochlora Felder (♂), Amazon .... (p. 120)
   ベニスアマ (雄)
2. Catonephele numillia penthia Hewitson (♂), Brazil .... (p. 120)
   ミズタマタテハ (雄)
3. Didonis biblis Fabricius (♂), Brazil .... (p. 121)
   アカハジタテハ
4. Siderone thebais Felder (♂), Colombia .... (p. 121)
   ベニシバ (雄)
5. Ageronia (Peridromia) arethusa arethusa Cramer (♂), Amazon .... (p. 121)
   カスリタテハ (雄)

PLATE 113

1. Prepona pheridamas pheridamas Cramer (♂), Guiana .... (p. 121)
   ペリキミスアゲハ (雄)
2. Prepona chromus xenoclus Reinstorfer (♂), Peru .... (p. 122)
   ヘリホンアゲハ (雄)
3. Prepona antimache andicola Reinstorfer (♂), Peru .... (p. 122)
   ホソハリアミスアゲハ (雄)

PLATE 113

PLATE 114

タテハチョウ科　Nymphalidae

PLATE 114

1. *Ageronia (Ageronia) guatemalana marmarice* Fruhstorfer (♂), Mexico ……………… (p. 122)
   シモフリタテハ
2. *Megalura marcella marcella* Felder (♂), Ecuador ……………………………………… (p. 123)
   ムラサキツルギタテハ (雄)
3. *Historis orion orion* Fabricius (♂), Brazil …………………………………………… (p. 123)
   オリオンタテハ (雄)
4. *Polygrapha cyanea cyanea* Godman & Salvin (♂), Peru ……………………………… (p. 123)
   ルリフタオチョウ (雄)
5. *Gynaecia dirce dirce* Linné (♂), Colombia …………………………………………… (p. 123)
   ウラナミタテハ (雄)

PLATE 115

1. *Charaxes durnfordi staudingeri* Rothschild (♂), Java ……………………………… (p. 123)
   ヘリボシフタオチョウ (雄)
2. *Charaxes polyxena baya* Moore (♂), Java ……………………………………………… (p. 123)
   ツマグロチャイロフタオチョウ (雄)
3. *Charaxes harmodius harmodius* Felder (♂), Java ……………………………………… (p. 124)
   チャイロフタオチョウ (雄)
4. *Polyura dolon magniplaga* Rothschild (♂), Assam ……………………………………… (p. 124)
   ウスイロフタオチョウ (雄)
5. *Polyura athamas attalus* Felder (♂), Java ……………………………………………… (p. 124)
   オビモンフタオチョウ (雄)

タテハチョウ科 Nymphalidae

PLATE 114

1. Ageronia (Ageronia) guatemalena marmorice Fruhstorfer (♂), Mexico .... (p. 122)
   タテフリタテハ
2. Megalura marcella marcella Felder (♂), Ecuador .... (p. 123)
   ムラサキリバネタテハ (裏)
3. Historis orion orion Fabricius (♂), Brazil .... (p. 123)
   オリオンタテハ (裏)
4. Polygrapha cyanea cyanea Godman & Salvin (♂), Peru .... (p. 123)
   ルリマダラタテハ (裏)
5. Gynaecia dirce Linné (♂), Colombia .... (p. 123)
   タテスヂタテハ (裏)

PLATE 115

1. Charaxes durnfordi staudingeri Rothschild (♂), Java .... (p. 123)
   ベリオンスヂタテハ (裏)
2. Charaxes polyxena baya Moore (♂), Java .... (p. 123)
   マレヒロオビトラフタテハ (裏)
3. Charaxes harmodius harmodius Felder (♂), Java .... (p. 124)
   チャイロタテハ (裏)
4. Polyura dolon magniplaga Rothschild (♂), Assam .... (p. 124)
   ダイトウタテハ (裏)
5. Polyura athamas uralus Felder (♂), Java .... (p. 124)
   オビジャタテハ (裏)

PLATE 116

タテハチョウ科　Nymphalidae

PLATE 116

1. ***Charaxes lucretius lucretius*** CRAMER (♂), Gold Coast ······ (p. 124)
   キオビフタオチョウ（雄）
2. ***Charaxes etheocles hollandi*** BUTLER (♂), Congo ······ (p. 125)
   スルスミフタオチョウ（雄）
3. ***Charaxes eupale delutus*** ROTHSCHILD (♂), Kenya ······ (p. 125)
   アオフタオチョウ（雄）
4. ***Charaxes tiridates tiridates*** CRAMER (♂), Kenya ······ (p. 125)
   カスリフタオチョウ（雄）
5. ***Charaxes candiope candiope*** GODART (♂), Kenya ······ (p. 125)
   オナガフタオチョウ（雄）
6. ***Pyrrhogyra catharinae catharinae*** STAUDINGER (♂), Bolivia ······ (p. 125)
   シロモンタテハ（雄）

PLATE 117

1. ***Kallima paralekta paralekta*** HORSFIELD (♂), Java ······ (p. 126)
   ムラサキコノハチョウ（雄）
2. ***Doleschallia bisaltide bisaltide*** CRAMER (♂), Java ······ (p. 126)
   イワサキコノハ（雄）
3. ***Zaretes isidora strigosa*** STAUDINGER (♂), Brazil ······ (p. 126)
   マドコノハ（雄）
4. ***Salamis augustina augustina*** BOISDUVAL (♂), Madagascar ······ (p. 127)
   カバイロコノハ（雄）
5. ***Anaea electra electra*** WESTWOOD (♂), Colombia ······ (p. 127)
   トガリバキノハ（雄）

タテハチョウ科 Nymphalidae

PLATE 116

1. Charaxes lucretius lucretius Cramer (♂), Gold Coast .... (p. 124)
   キピアフタテハ (裏)
2. Charaxes etheocles hollandi Butler (♂), Congo .... (p. 125)
   スルスアフタテハ (裏)
3. Charaxes eupale dilatus Kotesch111 (♂), Kenya .... (p. 126)
   アオアフタテハ (裏)
4. Charaxes tiridates tiridates Cramer (♂), Kenya .... (p. 125)
   ムラリアフタテハ (裏)
5. Charaxes candiope candiope Godart (♂), Kenya .... (p. 125)
   オオアフタテハ (裏)
6. Pyrrhogyra catharinae catharinae Staudinger (♂), Bolivia .... (p. 125)
   タテカンスタテハ (裏)

PLATE 117

1. Kallima paralekta paralekta Horsfield (♂), Java .... (p. 126)
   ムラサキコノハチョウ (裏)
2. Doleschallia bisaltide bisaltide Cramer (♂), Java .... (p. 126)
   イロカモコノハ (裏)
3. Bacetes isidora strigosa Staudinger (♂), Brazil .... (p. 126)
   ナミコノハ (裏)
4. Salamis augustina Boisduval (♂), Madagascar .... (p. 127)
   ルイナミジャノ (裏)
5. Anaea electra Westwood (♂), Colombia .... (p. 127)
   アカリパネハ (裏)

PLATE 117

PLATE 118

タテハチョウ科 Nymphalidae

PLATE 118

1. *Hestinalis nama nama* Doubleday (♂), Assam ·················· (p. 127)
   カバシタゴマダラ（雄）
2. *Euripus halitherses halitherses* Doubleday (♂), Assam ·················· (p. 127)
   エグリゴマダラタテハ（雄）
3. *Neurosigma doubledayi doubledayi* Westwood (♂), Assam ·················· (p. 127)
   テンジクゴマダラ（雄）
4. *Sephisa princeps cauta* Leech (♂), Sze-chuan, Western China ·················· (p. 128)
   カバイロゴマダラ（雄）
5. *Stibochiona coaesia coaesia* Hübner (♂), Java ·················· (p. 128)
   ルリモンスミナガシ（雄）
6. *Dichorragia nesimachus pelurius* Fruhstorfer (♂), Celebes ·················· (p. 128)
   スミナガシ（雄）
7. *Euthalia lubentina indica* Fruhstorfer (♂), Assam ·················· (p. 128)
   アカホシイナズマ（雄）

PLATE 119

1. *Nessaea obrinus obrinus* Linné (♂), Guiana ·················· (p. 129)
   アケボノタテハ（雄）
2. *Nessaea obrinus obrinus* Linné (♀), Colombia ·················· (p. 129)
   アケボノタテハ（雌）
3. *Smyrna blomfildia blomfildia* Fabricius (♂), Colombia ·················· (p. 129)
   オオカバタテハ（雄）
4. *Cymothoe caenis caenis* Drury (♂), Cameroon ·················· (p. 129)
   ウスキタテハ（雄）
5. *Anaea glauce glauce* Felder (♂), Colombia ·················· (p. 129)
   アオキノハタテハ（雄）
6. *Parthenos sylvia sylvia* Godart (♂), Java ·················· (p. 129)
   トラフタテハ（雄）
7. *Panacea procilla procilla* Hewitson (♂) Colombia ·················· (p. 130)
   ウラベニタテハ（雄）

タテハチョウ科 Nymphalidae

PLATE 118

1. Neptinelis nana nana Doubleday (♂), Assam .... (p. 127)
   ホソタテハモドキ (雄)
2. Eurypus halitherses Doubleday (♂), Assam .... (p. 127)
   ハリトヘルセスタテハ (雄)
3. Neurosigma doubledayi doubledayi Westwood (♂), Assam .... (p. 127)
   ダブルダイタテハ (雄)
4. Sephisa princeps cauta Leech (♂), Sze-chuan, Western China .... (p. 128)
   カイドウタテハ (雄)
5. Stibochiona coresia coresia Hübner (♂), Java .... (p. 128)
   ルリモンミスジタテハ (雄)
6. Dichorragia nesimachus pelirius Fruhstorfer (♂), Celebes .... (p. 128)
   スミナガシ (雄)
7. Euthalia lubentina indica Fruhstorfer (♂), Assam .... (p. 128)
   アカホシイナズマ (雄)

PLATE 119

1. Nessaea obrinus obrinus Linné (♂), Guiana .... (p. 129)
   アオホシタテハ (雄)
2. Nessaea obrinus obrinus Linné (♀), Colombia .... (p. 129)
   アオホシタテハ (雌)
3. Smyrna blomfildia Fabricius (♂), Colombia .... (p. 129)
   キキマダラタテハ (雄)
4. Cymothoe caenis caenis Drury (♂), Cameroon .... (p. 129)
   ウスキタテハ (雄)
5. Anaea glauce Fabricius (♂), Colombia .... (p. 129)
   アキキハネタテハ (雄)
6. Parthenos sylvia sylvia Godart (♂), Java .... (p. 129)
   トラフタテハ (雄)
7. Panacea procilla Hewitson (♂), Colombia .... (p. 130)
   ウラニタテハ (雄)

PLATE 119

タテハチョウ科　Nymphalidae

PLATE 120

1. *Euthalia duda duda* Staudinger (♂), Sikkim ……………………………………… (p. 130)
   ニジオビイナズマ（雄）
2. *Limenitis daraxa daraxa* Moore (♂), Assam ……………………………………… (p. 130)
   アオオビイチモンジ（雄）
3. *Euthalia franciae rajah* Felder (♂), Assam ……………………………………… (p. 130)
   キオビイナズマ（雄）
4. *Limenitis procris neutra* Fruhstorfer (♂), Java ………………………………… (p. 131)
   チャイロイチモンジ（雄）
5. *Limenitis dudu dudu* Westwood (♂), Assam ……………………………………… (p. 131)
   ムラサキイチモンジ（雄）
6. *Euthalia kardama kardama* Moore (♂), Sze-chuan, China ……………………… (p. 131)
   マダライナズマ（雄）
7. *Limenitis albomaculata albomaculata* Leech (♂), Sze-chuan, China ………… (p. 131)
   モンシロイチモンジ（雄）

PLATE 121

1. *Euthalia japis boettgeri* Fruhstorfer (♂), Java ………………………………… (p. 132)
   ヘリオビイナズマ（雄）
2. *Euthalia teuta teuta* Moore (♂), Assam …………………………………………… (p. 132)
   イチモンジイナズマ（雄）
3. *Euthalia monina salia* Moore (♂), Java …………………………………………… (p. 132)
   ハガタイナズマ（雄）
4. *Parathyma nefte nefte* Cramer (♂), Java ………………………………………… (p. 132)
   ネフテミスジ（雄）
5. *Limenitis sinensium sinensium* Oberthür (♂), Sze-chuan, China …………… (p. 133)
   キボシイチモンジ（雄）
6. *Euthalia dunya mahara* Fruhstorfer (♂), Java …………………………………… (p. 133)
   ホシオビイナズマ（雄）
7. *Limenitis libnites libnites* Hewitson (♂), Celebes ……………………………… (p. 133)
   トラフイチモンジ（雄）
8. *Parathyma larymna larymna* Doubleday (♂) Java ……………………………… (p. 133)
   ラリムナミスジ（雄）

タテハチョウ科 Nymphalidae

PLATE 120

1. Euthalia duda duda STAUDINGER (♂), Sikkim ……………………………… (p. 130)
   シッキイシナミスアゲハ (雄)
2. Limenitis daraxa daraxa MOORE (♂), Assam ……………………………… (p. 130)
   アキナキイチキマン (雄)
3. Euthalia francine rajna FRUHE (♂), Assam ……………………………… (p. 130)
   サザビイスアゲハ (雄)
4. Limenitis procris neutro FRUHSTORFER (♂), Java ……………………………… (p. 131)
   チャイロイチキマン (雄)
5. Limenitis dudu dudu WESTWOOD (♂), Assam ……………………………… (p. 131)
   ムラサキイチキマン (雄)
6. Euthalia kardama kardama MOORE (♂), Sze-chuan, China ……………………………… (p. 131)
   メダライスアゲハ (雄)
7. Limenitis albomaculata albomaculata LEECH (♂), Sze-chuan, China ……………………………… (p. 131)
   モンシロイチキマン (雄)

PLATE 121

1. Euthalia japis boeligeri FRUHSTORFER (♂), Java ……………………………… (p. 132)
   ハリビイシスアゲハ (雄)
2. Euthalia teuta teuta MOORE (♂), Assam ……………………………… (p. 132)
   イラチベンイスアゲハ (雄)
3. Euthalia monina salia MOORE (♂), Java ……………………………… (p. 132)
   ベリイスアゲハ (雄)
4. Parathyma nefte nefte CRAMER (♂), Java ……………………………… (p. 132)
   ネフテミスアゲハ (雄)
5. Limenitis sinensium sinensium OBERTHÜR (♂), Sze-chuan, China ……………………………… (p. 133)
   チギンイチキマン (雄)
6. Euthalia dunya makara FRUHSTORFER (♂), Java ……………………………… (p. 133)
   ホマグイスアゲハ (雄)
7. Limenitis libnites libnites HEWITSON (♂), Celebes ……………………………… (p. 133)
   トラブイチキマン (雄)
8. Parathyma laryana laryana DOUBLEDAY (♂), Java ……………………………… (p. 133)
   ラリアミイスアゲハ (雄)

PLATE 121

PLATE 122

タテハチョウ科 Nymphalidae

PLATE 122

1. *Adolias dirtea boisduvalii* Boisduval (♂), Java ……………………………………… (p. 133)
   オオイナズマ（雄）
2. *Adolias dirtea boisduvalii* Boisduval (♀), Java ……………………………………… (p. 134)
   オオイナズマ（雌）
3. *Sasakia charonda charonda* Hewitson (♂), Japan ……………………………………… (p. 134)
   オオムラサキ（雄）

PLATE 123

1. *Limenitis zayla zayla* Doubleday (♂), Assam ……………………………………… (p. 134)
   オオチャイロイチモンジ（雄）
2. *Basilarchia astyanax astyanax* Fabricius (♂), U. S. A. ……………………………… (p. 134)
   アオイチモンジ（雄）
3. *Basilarchia archippus floridensis* Strecker (♂), U. S. A. ……………………………… (p. 134)
   カバイチモンジ（雄）
4. *Heterochroa bredowi californica* Butler (♂), California ……………………………… (p. 135)
   ツマキイチモンジ（雄）
5. *Basilarchia arthemis arthemis* Drury (♀), Canada ……………………………………… (p. 135)
   シロオビアオイチモンジ（雌）

タテハチョウ科 Nymphalidae

PLATE 122

1. *Adolias dirtea boisduvalii* Boisduval (♂), Java .... (p. 133)
   オオイナズマ (裏)
2. *Adolias dirtea boisduvalii* Boisduval (♀), Java .... (p. 134)
   オオイナズマ (裏)
3. *Sasakia charonda* Hewitson (♂), Japan .... (p. 134)
   オオムラサキ (裏)

PLATE 123

1. *Limenitis zayla* Doubleday (♂), Assam .... (p. 134)
   オオキイロイチモンジ (裏)
2. *Basilarchia astyanax astyanax* Fabricius (♂), U.S.A. .... (p. 134)
   アメイチモンジ (裏)
3. *Basilarchia archippus floridensis* Strecker (♂), U.S.A. .... (p. 134)
   カバイチモンジ (裏)
4. *Heterochron bredoui californica* Butler (♂), California .... (p. 135)
   ウスキイチモンジ (裏)
5. *Basilarchia arthemis* Drury (♀), Canada .... (p. 135)
   タテガアスキイチモンジ (裏)

PLATE 123

PLATE 124

1

2

3

4

5

6

タテハチョウ科 Nymphalidae

PLATE 124

1. *Euphaedra spatiosa spatiosa* Mabille (♂), Cameroon .... (p. 135)
   オオボカシタテハ（雄）
2. *Euphaedra medon medon* Linné (♂), Cameroon .... (p. 135)
   ウスアオボカシタテハ（雄）
3. *Euphaedra eleus eleus* Drury (♂), Cameroon .... (p. 135)
   ヘリボシボカシタテハ（雄）
4. *Euphaedra themis themis* Hübber (♂), Gold Coast .... (p. 135)
   ヨイロボカシタテハ（雄）
5. *Victorina (Amphirene) epaphus epaphus* Latreille (♂), Colombia .... (p. 136)
   ツマアカシロオビタテハ（雄）
6. *Clothilda numida pantherata* Martin (♂), Cuba .... (p. 136)
   ゴマダラヒヨウモンダマシ（雄）

PLATE 125

1. *Bremeria ambica ambica* Kollar (♂), Sikkim .... (p. 136)
   イチモンジコムラサキ（雄）
2. *Chlorippe cyane reducta* Röber (♂), Colombia .... (p. 136)
   アメリカコムラサキ（雄）
3. *Dilipa fenestra takacukai* Seok (♂), Korea .... (p. 137)
   マドタテハ（雄）
4. *Dilipa fenestra takacukai* Seok (♀), Korea .... (p. 137)
   マドタテハ（雌）
5. *Bremeria chevana leechi* Moore (♂), Sze-chuan, China .... (p. 137)
   ミスジコムラサキ（雄）
6. *Helcyra superba takamukui* Matsumura (♂), Formosa .... (p. 137)
   シロタテハ（雄）

タテハチョウ科 Nymphalidae

PLATE 124

1. Eupbaedra spatiosa MABILLE (♂), Cameroon .... (p. 135)
   ホソオビスタラン (雄)
2. Euphaedra medon LINNÉ (♂), Cameroon .... (p. 135)
   ウスキホホシスタラン (雄)
3. Euphaedra eleus DRURY (♂), Cameroon .... (p. 135)
   ベリオビホシスタラン (雄)
4. Euphaedra themis HÜBNER (♂), Gold Coast .... (p. 135)
   ミドリホシスタラン (雄)
5. Victorina (Amphirene) epaphus epaphus LATREILLE (♂), Colombia .... (p. 136)
   アマゾンロホキスタラン (雄)
6. Clothilda numida panitterata MARTIN (♂), Cuba .... (p. 136)
   コマダラモヨウモンチョウ (雄)

PLATE 125

1. Erreseria ambica KOLLAR (♂), Sikkim .... (p. 136)
   イチモンジヒメスタハ (雄)
2. Chlorippe cyane reducta RÖBER (♂), Colombia .... (p. 136)
   アメリカムラサキ (雄)
3. Dilipa fenestra takeuchii SEOK (♂), Korea .... (p. 137)
   キドラン (雄)
4. Dilipa fenestra takeuchii SEOK (♀), Korea .... (p. 137)
   キドラン (雌)
5. Erreseria chaseana leechi MOORE (♂), Sze-chuan, China .... (p. 137)
   ミツジヒメスタハ (雄)
6. Helcyra superba takamukui MATSUMURA (♂), Formosa .... (p. 137)
   タカムクラン (雄)

PLATE 125

1

2

3

4

5

6

PLATE 126

1

2

3

タテハチョウ科　Nymphalidae

PLATE 126

1. *Agrias sardanaparus sardanaparus* Bates (♂), Amazon ……………………………… (p. 137)
   サルダナパルスアグリアス（雄）
2. *Agrias sardanaparus sardanaparus* Bates (♀), Amazon ……………………………… (p. 137)
   サルダナパルスアグリアス（雌）
3. *Agrias sardanaparus brunhilda* Fassl (♀), Amazon ……………………………… (p. 138)
   サルダナパルスアグリアス（雌）

PLATE 127

1. *Agrias claudianus claudianus* Staudinger (♂), Southern Brazil ……………………… (p. 138)
   クラウディアヌスグリアス（雄）
2. *Agrias claudianus claudianus* Staudinger (♀), Southern Brazil ……………………… (p. 138)
   クラウディアヌスアグリアス（雌）
3. *Prepona praeneste confusa* Niepelt (♂), Peru ……………………………………… (p. 138)
   ミイロプレポナ（雄）

タテハチョウ科 Nymphalidae

PLATE 126

1. Agrias sardanapaurs sardanaparus BATES (♂), Amazon .... (p. 137)
   サルダナパルスアマゾリス (雄)
2. Agrias sardanaparus sardanaparus BATES (♀), Amazon .... (p. 137)
   サルダナパルスアマゾリス (雌)
3. Agrias sardanaparus brumhildo FRUHS. (♀), Amazon .... (p. 138)
   サルダナパルスアマゾリス (雌)

PLATE 127

1. Agrias claudianus claudianus STAUDINGER (♂), Southern Brazil .... (p. 138)
   クラウディアヌスアマゾリス (雄)
2. Agrias claudianus claudianus STAUDINGER (♀), Southern Brazil .... (p. 138)
   クラウディアヌスアマゾリス (雌)
3. Prepona praeneste confusa NIEPELT (♂), Peru .... (p. 138)
   ミナミプレポナ (雄)

PLATE 127

1

2

3

PLATE 128

1

2

3

タテハチョウ科 Nymphalidae

PLATE 128

1. ***Agrias phalcidon phalcidon*** Hewitson (♂), Amazon ······ (p. 138)
   ファルキドンアグリアス（雄）
2. ***Agrias pericles ferdinandi*** Fruhstorfer (♂), Bolivia ······ (p. 138)
   ペリクレスアグリアス（雄）
3. ***Agrias beata beata*** Staudinger (♂), Peru ······ (p. 139)
   ベアタアグリアス（雄）

PLATE 129

1. ***Agrias claudia claudia*** Schulz (♂), Amazon ······ (p. 139)
   クラウディアアグリアス（雄）
2. ***Agrias narcissus narcissus*** Staudinger (♂), Guiana ······ (p. 139)
   ナルキッススアグリアス（雄）
3. ***Agrias narcissus obidonus*** Saudinger (♀), Amazon ······ (p. 139)
   ナルキッススアグリアス（雌）

タテハチョウ科 Nymphalidae

PLATE 128

1. Agrias pholcidon Hewitson (♂), Amazon .... (p. 138)
   マツキドアマアゲリアス (雄)
2. Agrias pericles ferdinandi Fruhstorfer (♂), Bolivia .... (p. 138)
   ペリクレスアゲリアス (雄)
3. Agrias beata Staudinger (♂), Peru .... (p. 139)
   ベアタアゲリアス (雄)

PLATE 129

1. Agrias claudia claudia Schulz (♂), Amazon .... (p. 139)
   クラウディアアゲリアス (雄)
2. Agrias narcissus Staudinger (♂), Guiana .... (p. 139)
   ナルキッススアゲリアス (雄)
3. Agrias narcissus obidonus Staudinger (♀), Amazon .... (p. 139)
   ナルキッススアゲリアス (雌)

PLATE 129

1

2

3

PLATE 130

1

2

3

タテハチョウ科 Nymphalidae
テングチョウ科 Libytheidae
シジミタテハ科 Erycinidae
シジミチョウ科 Lycaenidae

PLATE 130

1. *Agrias amydon zenodorus* HEWITSON (♂), Peru ... (p. 139)
   アミドンアグリアス（雄）
2. *Agrias amydon amydon* HEWITSON (♂), Colombia ... (p. 140)
   アミドンアグリアス（雄）
3. *Agrias amydon muzoensis* FRUHSTORFER (♂), Colombia ... (p. 140)
   アミドンアグリアス（雄）

PLATE 131

1. *Libythea (Libythea) geoffroy geoffroy* GODART (♂), Timor ... (p. 141)
   ムラサキテングチョウ（雄）
2. *Libythea (Hypatus) carineata carineata* CRAMER (♂), Brazil ... (p. 141)
   アメリカテングチョウ（雄）
3. *Diorina dysonii dysonii* SAUNDERS (♂), Bolivia ... (p. 141)
   ツバメタテハ（雄）
4. *Eumaeus minyas minyas* HÜBNER (♂), Mexico ... (p. 141)
   マルバネシジミ（雄）
5. *Diorina arcius thia* MORRIS (♂), Mexico ... (p. 142)
   オナガツバメタテハ（雄）
6. *Lymnas cephise cephise* MÉNÉTRIÉS (♂), Mexico ... (p. 142)
   ツマジロシジミタテハ（雄）
7. *Necyria duellona duellona* WHYTEL (♂), Ecuador ... (p. 142)
   オナシツバメシジミタテハ（雄）
8. *Lymnas pixe pixe* BOISDUVAL (♂), Mexico ... (p. 142)
   ツマキシジミタテハ（雄）
9. *Dodona ouida ouida* MOORE (♂), Assam ... (p. 142)
   トラフシジミタテハ（雄）
10. *Libythea (Libythea) myrrha rama* MOORE (♂), Ceylon ... (p. 143)
    キオビテングチョウ（雄）
11. *Abisara echerius erilda* FRUHSTORFER (♂), Java ... (p. 143)
    オキナワシジミタテハ（雄）
12. *Curetis santana santana* MOORE (♂), Java ... (p. 143)
    アカウラギンシジミ（雄）
13. *Helicopis cupido cupido* LINNÉ (♂) Brazil ... (p. 143)
    ミツオシジミタテハ（雄）
14. *Loxura atymnus matienus* FRUHSTORFER (♂), Java ... (p. 144)
    オナガアカシジミ（雄）

タテハチョウ科 Nymphalidae
テングチョウ科 Libytheidae
タテシジミ科 Erycinidae
シジミチョウ科 Lycaenidae

PLATE 130

1. *Agrias amydon xenodorus* HEWITSON (♂), Peru .... (p. 139)
   アミドンアグリアス (雄)
2. *Agrias amydon amydon* HEWITSON (♂), Colombia .... (p. 140)
   アミドンアグリアス (雄)
3. *Agrias amydon mazoensis* FRUHSTORFER (♂), Colombia .... (p. 140)
   マミドンマゾアグリアス (雄)

PLATE 131

1. *Libythea (Libythea) geoffroy geoffroy* GODART (♂), Timor .... (p. 141)
   ムナサキテングチョウ (雄)
2. *Libythea (Hypatus) certhaesia carinenta* CRAMER (♂), Brazil .... (p. 141)
   アメリカテングチョウ (雄)
3. *Diorina dysonii* SAUNDERS (♂), Bolivia .... (p. 141)
   ジソンタテハ (雄)
4. *Eunaeus mingus* HÜBNER (♂), Mexico .... (p. 141)
   ミンゴスタテハ (雄)
5. *Diorina arcius thia* MOESCH (♂), Mexico .... (p. 142)
   キアオジシミタテハ (雄)
6. *Lymnas cephise cephise* MÉNÉTRIÉS (♂), Mexico .... (p. 142)
   ダイダイオビシミタテハ (雄)
7. *Nepyria duellona duellona* WHYTER (♂), Ecuador .... (p. 142)
   オビジロシジミタテハ (雄)
8. *Lymnas pixe pixe* BOISDUVAL (♂), Mexico .... (p. 142)
   マナカシジミタテハ (雄)
9. *Dodona ouida ouida* MOORE (♂), Assam .... (p. 142)
   ドウナシジミタテハ (雄)
10. *Libythea (Libythea) myrrha rama* MOORE (♂), Ceylon .... (p. 143)
    キベリテングチョウ (雄)
11. *Abisara echerius erlida* FRUHSTORFER (♂), Java .... (p. 143)
    キオビツマベニタテハ (雄)
12. *Curetis santana santana* MOORE (♂), Java .... (p. 143)
    アカタテハシジミ (雄)
13. *Helicopis cupido cupido* LINNÉ (♂), Brazil .... (p. 143)
    シタオシジミタテハ (雄)
14. *Loxura atymnus matiensis* FRUHSTORFER (♂), Java .... (p. 144)
    キオビアカシジミ (雄)

PLATE 131

PLATE 132

シジミチョウ科 Lycaenidae
セセリチョウ科 Hesperiidae

PLATE 132

1. *Phocides lilea lilea* REAKIRT (♂), Mexico ……………………………………………… (p. 144)
   シロヘリセセリ（雄）
2. *Pentila telesippe telesippe* GRÜNBERG (♂), Cameroon ……………………………… (p. 144)
   コケシジミ（雄）
3. *Sarbia damippe damippe* MABILLE & BOULL (♂), Brazil …………………………… (p. 144)
   キオビオオセセリ（雄）
4. *Deudorix epijarbas cinnabarus* FRUHSTORFER (♂), Java …………………………… (p. 144)
   ヒイロシジミ（雄）
5. *Proteides idas idas* CRAMER (♂), Argentina ………………………………………… (p. 145)
   オオナガバセセリ（雄）
6. *Poritia erycinoides erycinoides* FELDER (♂), Java …………………………………… (p. 145)
   キララシジミ（雄）
7. *Astraptes fulgerator fulgerator* WALCH. (♂), Mexico ………………………………… (p. 145)
   アオネオオセセリ（雄）
8. *Thecla (Chrysozephyrus) esakii esakii* SONAN (♂), Formosa ……………………… (p. 145)
   エサキミドリシジミ（雄）
9. *Erionota thrax thrax* LINNÉ (♂), Southern India …………………………………… (p. 145)
   オオマエキセセリ（雄）
10. *Chiodes albofasciatus albofasciatus* HEWITSON (♂), Mexico ……………………… (p. 145)
    シロスジオナガセセリ（雄）
11. "*Thecla*" *massyas massyas* LINNÉ (♂), Brazil ……………………………………… (p. 145)
    オオルリフタオシジミ（雄）
12. *Epargyreus exadeus exadeus* CRAMER (♂), Brazil …………………………………… (p. 146)
    ブラジルオオチヤバネセセリ（雄）

シジミチョウ科 Lycaenidae
セセリチョウ科 Hesperiidae

PLATE 132

1. **Phocides lilea** RIAKIRT (♂), Mexico .... (p. 144)
   タクシベニセセリ (雄)
2. **Pardia telesippe telesippe** GABRREE (♂), Cameroon .... (p. 144)
   ホシシジミ (雄)
3. **Sarbia danipipe danipipe** MABILLA & BOULI. (♂), Brazil .... (p. 144)
   オキヒオキセセリ (雄)
4. **Deudorix epijarbas cinnabarus** REHATOREFR (♂), Java .... (p. 144)
   ヒイロシジミ (雄)
5. **Proteides idas idas** CRAMER (♂), Argentina .... (p. 145)
   オオサカベセセリ (雄)
6. **Pardia erycinoides erycinoides** FELDER (♂), Java .... (p. 145)
   キララシジミ (雄)
7. **Astraptes fulgerator fulgerator** WATCH. (♂), Mexico .... (p. 145)
   アオホシセセリ (雄)
8. **Hecla (Chrysozephyrus) esakii esakii** SONAN (♂), Formosa .... (p. 145)
   エサキミドリシジミ (雄)
9. **Erionota thrax thrax** LINNE (♂), Southern India .... (p. 145)
   オオマンキンセリ (雄)
10. **Chioides albofasciatus albofasciatus** HEWITSON (♂), Mexico .... (p. 146)
    シロスジナガセセリ (雄)
11. **"Thecla" massaya massaya** LINNE (♂), Brazil .... (p. 146)
    オオルリスカシシジミ (雄)
12. **Epargyreus exadens exadens** CRAMER (♂), Brazil .... (p. 146)
    ブラジルキンキナベセセリ (雄)

解説

―アゲハチョウ科 Papilionidae―

【Plate 1】
    Troides (*Aetheoptera*) *alexandrae alexandrae* ROTHSCHILD （♂）
    アレクサンドラアゲハ（雄）

雌雄の変化著しく，雄(Pl. 1)は写真のように体と翅の均衡がない畸型のような形をしているが，雌(Pl. 2)は著しく大きく，世界最大の蝶で，前翅長 135 mm に達するものがある．老熟幼虫は 120 mm にもなり，黒色，深紅色の突起があり，クリーム色の帯がある．英領ニューギニア東北部（NE. British New Guinea）の余り高くない地方に産し，密林の梢高く飛ぶ．最初の記載に用いられた標本は，鉄砲で射落した雌であるという．種名はイギリスのアレクサンドラ女王を記念してつけられたものである．地方変化は余りない．

【Plate 2】
    Troides (*Aetheoptera*) *alexandrae alexandrae* ROTHSCHILD （♀）
    アレクサンドラアゲハ（雌）

【Plate 3】
  1. *Bhutanitis lidderdalei lidderdalei* ATKINSON （♂）　シボリアゲハ（雄）

雌雄大差なく，雌は雄に比べて僅かに翅の面積が広く，円味が強い程度である．斑紋は一見甚しく異なるように見えるが，根本的にギフチョウと大差ない．このことは本種とギフチョウとの間に次種を置いて考えると一層明瞭である．習性もギフチョウに似ているが，春から9月頃まで見られるという．幼虫は恐らくウマノスズクサ類（*Aristolochia*）を食べるものと推定される．2亜種あり原亜種はヒマラヤ地方東部（E. Himalaya），アッサム地方（Assam）および北ビルマ（N. Burma）に分布し，他の亜種 *spinosa* STICHEL は西部支那（W. China）に産する．

  2. *Bhutanitis thaidina thaidina* BLANCHARD （♂）　シナシボリアゲハ（雄）

ギフチョウによく似た斑紋をしている．成虫は6 7月頃に出現するというが，幼虫は全く判っていない．西部支那（W. China）の揚子江上流地方に産する．

Plates 3～4

この属には上記2種の他に *B. ludlowi* GABRIEL がブータン(Bhutan)から，*B. mansfieldi* RILEY が雲南省(Yunnan)から知られているが，共に極めて珍しい種類で，今まで僅かの標本が採れているだけである．

3. *Lühdorfia japonica japonica* LEECH （♂）　ギフチョウ（雄）

日本(Japan)特産種．恐らく中支那の *L. chinensis*(Pl. 4, fig. 1)が西から日本に入ってできた種類と考えられる．

4. *Lühdorfia puziloi inexpecta* SHELJUZHKO （♂）　ヒメギフチョウ（雄）

本種も上記 *chinensis* が北方に拡ってできた種類と考えられる．地方変異が多く，原亜種 *puziloi* ERSCHOV(Pl. 4, fig. 2)はアムール(Amurland)，ウッスリー(Ussuri)，満洲東部(E. Manchuria)および北朝鮮(N. Korea)の高地に，*koreana* MATSUMURA は北朝鮮の低地から南朝鮮(N. & S. Korea)に，*jessoensis* ROTHSCHILD は北海道(Hokkaido, Japan)に，図の *inexpecta* SHELJUZHKO(Pl. 3, fig 4)は本州中北部(NC. Honshu, Japan)に産する．

【Plate 4】

1. *Lühdorfia chinensis chinensis* LEECH （♂）　シナギフチョウ（雄）

ギフチョウおよびヒメギフチョウの祖先型とも考えられる種類で，翅の形や斑紋はヒメギフチョウに似ているが，腹端の毛はギフチョウに似て黒い．中支那(C. China)の山地に広く分布し，原産地は湖北省(Hu-peh)の長陽(Chang-yang)であるが，揚子江(Yang-tse-kiang)南岸の山地に広く分布するらしく，写真は南京(Nan-king)付近産のものであり，杭州(Hang-chau)付近からも記録がある．

2. *Lühdorfia puziloi puziloi* ERSCHOV （♂）　ヒメギフチョウ（雄）

わが国に産するヒメギフチョウの原型である．本州産の *inexpecta* よりは小型で黒色部が多い．一見北海道の *jessoensis* に似るが，尾状突起が明らかに長い．朝鮮の *coreana* はこの原型よりも更に黒色部が多く，黄色部が更に濃色である．（Pl. 3, fig. 4参照）．

3. *Zerynthia hypsipyle hypsipyle* SCHULZ （♂）　タイスアゲハ（雄）

雌雄大差なく，雌は雄より僅かに大きい．幼虫はウマノスズクサ類(*Aristolochia*)を食べ，5～7月頃見られる．成虫は年1回45月に発生することはわが国のギフチョウと同様である．個体変化および地方変化が多く，かなりの異常型が知られている．原亜種は中

— 2 —

部ヨーロッパ(C. Europe)に広く分布し，亜種 *cassandra* HÜBNER はフランス南部(S. France)，イタリー(Italy)，ダルマチヤ地方(Dalmatia)，ギリシャ(Greece)，小亜細亜(Asia Minor)，南ロシヤ(S. Russia)，コーカサス(Caukasus)等に広く分布するが，*cassandra* をフランス産のものだけに当て，他地方のものを更に細かく幾つかの亜種に分けることもある．

4. *Zerynthia rumina rumina* LINNÉ (♂)　　スカシタイスアゲハ(雄)

雌雄大差ない．成虫は２，３月頃に出現．ギフチョウに似た飛び方をする．幼虫はウマノスズクサ類(*Aristolochia*)を食べ，５，６月頃に見られる．変化が多く，原亜種はスペイン(Spain)とポルトガル(Portugal)の産，南フランス(S. France)産のものは亜種 *mediscaste* ILLIGER に属し，体は小さいが赤紋が大きい．この中赤紋が特に著しく拡大し，後翅はで太い帯状になるものを ab. *honnorati* BOISDUVAL という．北アフリカ(N. Africa)産は亜種 *africana* STICHEL に属し，明るく，赤紋の数が多い．

5. *Hypermnestra helios maxima* GRUM-GRSCHIMAJLO (♂)　　イランアゲハ(雄)

一見ギフチョウ類に似ているが，ウスバシロチョウ類に最も近く，飛び方も緩やかで，蛹化する時には，浅く地中に入って，ウスバシロチョウ類同様に薄い繭を作る．成虫は年１回４月に出現，幼虫は緑色で頭部に２本の鉤を持ち，*Zygophyllum* 属(ハマビシ科に属しわが国にはない)を食べ，５月頃に見られる．３亜種に分けられ，原亜種 *helios* NICKERL はアフガニスタン(Afganistan)，イラン(Iran)等に分布し，写真に示した亜種 *maxima* は大型で，イラン北東部(NE. Iran)からトルケスタン(Turkestan)にかけて分布する．他に亜種 *balucha* MOORE がバルチスタン(Baluchistan)に産する．

6. *Zerynthia cerisyi ferdinandi* STICHEL (♂)　　シロタイスアゲハ(雄)

雌は雄に比し黒紋が多く個体変化が著しい．この属の中では後翅外縁の凹凸が最も著しく，やや尾状を呈するものもある．成虫は３，４月頃出現，幼虫は５，６月頃見られ，ウマノスズクサ類(*Aristolochia*)を食べる．幾つかの地方型に分けられているが，何れも中間型で連続する．原亜種 *cerisyi* GODART は小アジア(Asia Minor)に産し，写真の亜種はブルガリア(Bulgaria)，アルバニア(Albania)およびギリシャ(Greece)等バルカン半島南部(S. Balkan)に分布し，黒色部が多い．亜種 *caucasica* LEDERER はアルメニア(Armenia)に産し後翅外縁の凹凸が著しく弱く，亜種 *deyrollei* OBERTHÜR はシリア(Syria)およびパレスチナ(Palestina)に産し，逆に後翅外縁の凹凸が強く，３本の尾状突起様に突出する．この他クレタ島(Creta)に *cretica* REBEL，キプロス島(Cyprus)に *cypria* STICHEL，イラン西部(W. Iran)に *louristana* LE CERF 等の亜種がある．

Plates 4〜5

7. *Archon apollinus apollinus* HERBST ♀-ab. *rubra* STAUDINGER　　シリアアゲハ(雌)

8. *Archon apollinus bellargus* STAUDINGER （♂）　　シリアアゲハ(雄)

ウスバシロチョウ類に最も近く，飛び方や幼虫も似ているが，ウマノスズクサ類(*Aristolochia*)を食べる．雌は雄より黒味が強く，時に赤味の強いものがあり，これを ab. *rubra* STAUDINGER(Pl. 4, fig. 8)という．若干の地方変化があり，原亜種 *apollinus* HERBST はシリア(Syria)および小アジア(Asia Minor)を中心とした地方に分布し，写真に示した亜種 *bellargus* STUDINGER は原亜種より黒色部が多くシリア(Syria)とパレスチナ(Palestine)に分布する．またクルジスタン(Kurdistan)からアルメニア(Armenia)にかけて *amasina* STAUDINGER, *apollinaris* STAUDINGER, *armeniaca* SHELJUZHKO 等の亜種が知られ，ヨーロッパ，トルコ，ギリシャ北東部からブルガリア南部に亘るトラキア地方(Thracia)には亜種 *thracica* BURESCH を産する．

[Plate 5]

1. *Sericinus telamon montela* GRAY （♂）（Summer form）
　　ホソオチョウ　中支那亜種(雄)（夏型)

マンシュウアゲハともいう．雌雄は全く異なり，雌は黒く，ギフチョウに似た斑紋をしている．幼虫はウマノスズクサ類(*Aristolochia*)を食べ，*Zerynthia* 属に似て小突起がある．蛹もやはり細長い枯枝状．年2回春夏に発生，ゆるやかに飛ぶ．春型は夏型より小型で尾状突起が短い．地方変化が多く原亜種 *telamon* DONOVAN(figs. 2. 4)は北京(Pekin)を中心とした北支那(N. China)から満洲(Manchuria)にかけて分布し，最も黒色部が少ない．亜種 *montela* GRAY(fig. 1)は上海(Shang-hai)を中心とした揚子江(Yantse-kiang)下流地方に，亜種 *leechi* ROTHSCHILD は漢口(Han-kau)を中心とした揚子江中流地方に産し，共に大型で黒色部が多く，鮮明である．亜種 *amurensis* STAUDINGER は北満洲(N. Manchuria)，北朝鮮(N. Korea)およびアムール(Amurland)に分布し，原亜種より僅かに黒色部が多い．亜種 *koreana* FIXSEN(figs.3, 4)は朝鮮中南部(C. & S. Korea)に産し，黒色部が多いが，暗褐色で，中支那産のもののように鮮明でない．

2. *Sericinus telamon telamon* DONOVAN （♂）（Summer form）
　　ホソオチョウ　北支那亜種(雄)（夏型)

Plates 5~6

3. *Sericinus telamon koreana* FIXSEN （♂）（Summer form）
　　ホソオチョウ　中南朝鮮亜種（雄）（夏型）

4. *Sericinus telamon telamon* DONOVAN f. *telmona* GRAY （♂）（Spring form）
　　ホソオチョウ　北支那亜種（雄）（春型）

5. *Sericinus telamon koreana* FIXSEN （♀）（Summer form）
　　ホソオチョウ　中南朝鮮亜種（雌）（夏型）

【Plate 6】

1. *Parnassius nomion mandschuriae* OBERTHÜR （♂）
　　オオアカボシウスバシロチョウ（雄）

　東アジアに於ける赤紋を持ったウスバシロチョウ類の代表種である．幼虫はベンケイソウ類（*Sedum*）を食べる．年1回6~8月頃発生．地方変化多く，東部のもの程大型で，赤色部が少なく，西部のもの程翅の円味が強く，赤色部多く，鮮かになる．原亜種 *nomion* FISCHER DE WALDHEIM は稍小型で，バイカル地方（Baikal）からアムール（Amurland）および北満（N. Manchuria）にかけて，写真に示した亜種 *mandchuriae* OBERTHÜR は原亜種より大型で，満洲東部（E. Manchuria），ウッスリー（Ussuri）および北朝鮮（N. Korea）に分布する．また赤紋の多い亜種 *anna* BRYK は満洲西部（W. Manchuria）から蒙古（Mongolia）にかけて，更に赤紋の多く翅の円味の強い亜種 *richthofeni* BANG-HAAS（fig. 2）は甘粛省西北部（NW. Kansu）に，また地色が白く黒紋の鮮明で赤紋の大きな亜種 *nomius* GRUM-GRSCHIMAJLO が青海省（Kuku-nor）に産する．この他アラスカ（Alaska）の *minor* OBERTHÜR，アフガニスタン北部（N. Afganistan）の *titan* FRUHSTORFER 等若干の亜種がある．

2. *Parnassius nomion richthofeni* BANG-HAAS （♂）
　　オオアカボシウスバシロチョウ（雄）

3. *Parnassius apollo apollo* LINNÉ （♂）　　アポロウスバシロチョウ（雄）
　ヨーロッパ（Europe）産ウスバシロチョウ類の代表種として有名である．幼虫はベンケイソウ類（*Sedum*）およびユキノシタ類（*Saxifraga*）を食べ，幼虫で越冬，成虫は6，7月に出現する．ヨーロッパ（Europe）の殆ど全域の山地（南部では高山）から中央アジア（C.

Asia)までの地域に広く分布し，極めて多くの地方型と異常型に分けられている．原亜種は北欧(N. Europe)，主としてスカンジナビア半島(Scandinavia)に産するが，その他に西ドイツ(W. Germany)の *vinningensis* STICHEL，チェコスロヴァキア(Czechoslovakia)の *carpathicus* REBEL & ROGENHOFER，南フランス(S. France)の *provincialis* KHEIL，南スペイン(S. Spain)の *nevadensis* OBERTHÜR，ロシア(Russia)の *democratus* KRULIKOWSKY，イタリア(Italy)の *apenninus* STICHEL，天山地方(Tianshan)の *mongolicus* STAUDINGER，アルタイ(Altai)からサヤン山地(Sajan Mts.)にかけての *sibiricus* NORDMANN 等々極めて多くの地方型や異常型が知られている．一般に南欧のものは白っぽく，*sibiricus* は大型なことで有名である．

4. *Parnassius apollonius alpinus* STAUDINGER (♂)
アポロニウスウスバシロチョウ(雄)

雌は雄より黒く，翅はより透明の感がある．幼虫はマツムシソウ類(*Scabiosa*)を食べ，成虫は5〜7月に発生するという．雄は透明の感じが殆どない特異な種類で，他種に比較し，産地も局限され，地方変化も少ない．原亜種 *apollonius* EVERSMANN はトルケスタン(Turkestan)から蒙古西部(W. Mongolia)かにけて分布する．写真の亜種 *alpinus* は北フェルガナ(N. Fergana)に産し，小型で淡色，前翅端の外縁が黒い．またアレクサンダー山地(Alexander Mts.)に産する亜種 *gloriosus* FRUHSTORFER は大型で濃色，赤紋も濃く美しい．

5. *Parnassius imperator musageta* GRUM-GRSCHIMAJLO (♂)
ミカドウスバシロチョウ(雄)

ウスバシロチョウ類の最貴重種である．一般に雌は雄より黒いが，必ずしも常にそうとは限らない．成虫は6,7月頃に発生，幼虫はエンゴサク類(*Corydalis*)を食べる．原亜種 *imperator* OBERTHÜR は西部支那(W. China)の打箭炉(Ta-tsien-lu)附近の産，最も大型で黒味が強い．写真に示した亜種 *musageta* GRUM-GRSCHIMAJLO は青海省(Kuku-nor)西寧(Sining)附近の産，大型で白っぽい．亜種 *imperatrix* ALPHERAKY は青海省北部(N. Kuku-nor)の南山山地(Nan-shan)に産し，稍々小型で，黒色部が鮮明で，地色は明るい白色．亜種 *augustus* FRUHSTORFER はチベット南部(S. Tibet)とヒマラヤ(Himalaya)の高地の産で，黒色部が多い．

【Plate 7】

1. *Parnassius smintheus smintheus* DOUBLEDAY (♂)
　　アメリカウスバシロチョウ(雄)

　北米のウスバシロチョウ類の代表種である．雌は雄より外縁部の黒帯が発達する．幼虫はベンケイソウ類(*Sedum*)およびユキノシタ類(*Saxifraga*)を食べ，卵または蛹で越冬．成虫は5〜9月頃に見られるが，特に7月に多い．ヨーロッパからシベリアに広く分布する *P. phoebus* FABRICIUS (fig. 2) のアメリカに於ける代表と考えられ，同一種として扱はれることもある．北米(N. America)のロッキー山地(Rocky Mts.)に産し，数亜種に分けられる．原亜種はワイオミング(Wyoming)およびコロラド(Colorado)両州に産し，その南には黒味の強い亜種 *hermodur* EDWARDS があり，北には大型で赤紋の大きい亜種 *sayii* EDWARDS がある．その他カナダ(Canada)に亜種 *nanus* NEUMOGEN, *behrii* EDWARDS, *magnus* WRIGHT 等があり，最北はアラスカ(Alaska)の亜種 *apricatus* STICHEL となっている．

2. *Parnassius phoebus delius* ESPER (♂)　　ミヤマウスバシロチョウ(雄)

　雌は雄より黒鱗が発達する．幼虫はユキノシタ類(*Saxifraga*)を食べ，成虫は6〜8月に発生する．ヨーロッパ中部(C. Europe)からシベリア(Siberia)を経てカムチャッカ(Kamtchatka)まで広く分布し，多くの亜種に分けられる．原亜種 *phoebus* FABRICIUS はシベリア中部(C. Siberia)およびアルタイ山地(Altai Mts.)に産し，北アメリカの *smintheus* DOUBLEDAY (fig. 1)に似た斑紋をしている．写真に示す亜種 *delius* ESPER はスイス(Switzerland)およびオーストリア(Austria)の高地に産し，翅に円味が強く亜外縁の黒帯が弱い．この他ウラル山脈(Ural Mts.)に *uralensis* MÉNÈTRIÉS, 西シベリア(W. Siberia)に *intermedius* MÉNÈTRIÉS, カムチャッカ(Kamtchatka)に *corybas* FISCHER DE WALDHEIM 等の亜種がある．

3. *Parnassius clodius clodius* MÉNÈTRIÉS (♂)　　オオアメリカウスバシロチョウ

　雌は雄よりも黒鱗が発達する．幼虫はベンケイソウ類(*Sedum*)を食べる．北米(N. America)西部の高山地帯に産し，若干の亜種に分けられるが，その変化は *smintheus* 程著しくない．シベリア中部(C. Siberia)に産する *P. clarius* EVERSMANN に酷似し，その亜種として扱はれることもある．原亜種はオレゴン(Oregon)およびカリフォルニア(California)両州に産し，ワシントン州(Washington)からカナダ(Canada)にかけて大きく，外縁の黒帯の発達した亜種 *claudianus* STICHEL, シエラネバダ山地(Sierra

Nevada) には黒帯の発達が弱い亜種 *baldur* EDWARDS を産する.

4. ***Parnassius bremeri conjuncta*** STAUDINGER （♂）
　アカボシウスバシロチョウ（雄）

極めて個体変化の多い種類で極東地方に限って産する. 雌は雄より黒帯が発達し, 赤紋が大きい. 幼虫はベンケイソウ類（*Sedum*）を食べ, 成虫は5〜7月に発生する. 原亜種 *bremeri* C. & R. FELDER はアムール（Amurland）からウッスリー（Ussuri）および北朝鮮（N. Korea）の高地に産し, 赤紋が小さく, 前翅亜外縁の黒帯が弱い. 写真に示した亜種 *conjuncta* はウッスリー（Ussuri）から朝鮮（Korea）の低山地にかけて分布し, 赤紋が大きく鮮明, 暗色部が多く, 特に雌は暗色で, 地色の黄色のものもある. 亜種 *graeseri* HONRATH はヤブロノイ山地（Jablonoi Mts.）に産し, 前翅に赤斑があり, 亜外縁の黒帯は顕著である. 北満洲（N. Manchuria）に産する *solonensis* BANG-HAAS もよく似た亜種である. 最も西に産する亜種 *jaetensis* BANG-HAAS は外バイカル地方（Transbaikal）に産し, 小型で, 雄の黒紋が小さい.

5. ***Parnassius stubbendorfii stubbendorfii*** MÉNÉTRIÉS （♂）
　ヒメウスバシロチョウ（雄）

ヨーロッパの *P. mnemosyne* LINNÉ に代って東亜に広く分布する種類である. 幼虫はエンゴサク類（*Corydalis*）を食べ, 卵で越冬, 成虫は5〜7月に発生する. 地方変化極めて多く, 写真に示した原亜種はアムール（Amurland）から北満（N. Manchuria）にかけて産し, 小型である, 最も西に産する亜種はアルタイ地方（Altai）に産する *typica* BRYK で, チベット（Tibet）の *tartarus* AUSTANT と共にに更に小型で前翅亜外縁の黒帯が発達する. また四川省北部（N. Sze-chuan）には *funkei* BANG-HAAS を産する. 原亜種より東部の亜種としては, ウッスリー地方（Ussuri）に *koreana* VERITY を産し, 大型で斑紋が鮮明, 満洲（Manchuria）に産する亜種 *siegfriedi* BRYK は更に明るい白色, または朝鮮の亜種 *koreae* BRYK は僅かに黄灰色を帯びる. 外に黒竜江（Amur River）河口附近産の *standfussi* BRYK, 樺太（Saghalien）の *esakii* NAKAHARA, 北道海（Hokkaido, Japan）の *hoenei* SCHWEITZER, 南千島（S. Kurile Is.）の *doii* MATSUMURA 等がある. 一方中支那（C. China）の浙江省（Che-kiang）, 江蘇省（Kiang-su）から江西省（Kiang-si）に至る低山地に産する *nankingi* BANG-HAAS は我国（Japan）のウスバシロチョウ *glacialis* BUTLER に酷似し, 大型で腹側の毛が黄色い. 山東省（Shan-tung）に産する *tsingtaua* BANG-HAAS もよく似ていて腹毛が黄色い. これ等は熱河省（Jehol）に産する *jeholi* BANG-HAAS を通じて *stubbendorfii* に連続する. 従って我国のヒメウスバシ

ロチョウ *hoenei* とウスバシロチョウ *glacialis* は大陸の *stubbendorfii* が北から侵入したものが *hoenei* となり，西から侵入したものが *glacialis* となったもので，我国では別種の様に見えるが，本質的には同一種の極端な2型と考えられる．

6. *Parnassius mnemosyne mnemosyne* LINNÉ （♂）
　　クロホシウスバシロチョウ（雄）

雌は雄に比し黒鱗が発達する．幼虫はエンゴサク類（*Corydalis*）を食べ，卵で越冬，成虫は暖地では4月下旬から，寒地では5 6月に出現し，平地には見られないで，低山地に産する等，その生活史と生活圏は我国のウスバシロチョウ *P. glacialis* と全く等しい．然し幼虫は稍々異なり，黒色で橙色の側線がない．顕著な地方変化は殆どないが，微細な地域的な変化があり，1910年頃まではピレネー山地（Pyrenees）やイラン（Iran）等の分布の周辺地方のものにきり亜種名がつけられてなかったが，1910～1930年に FRUHSTORFER や BRYK 等の諸研究家によってヨーロッパ（Europe）内でも極めて多くの亜種が命名され細分された．このような細分を我国のウスバシロチョウにも適用すれば，恐らく多くの亜種に分けられるであろう．分布はヨーロッパ全域（Europe）より小アジア（Asia Minor），イラン（Iran），トルケスタン（Turkestan），アフガニスタン（Afganistan）にまで及び，トルケスタン（Turkestan）と西シベリア（W. Siberia）に於いてヒメウスバシロチョウ *P. stubbendorfii* と接触している．

7. *Parnassius charltonius bryki* HAUDE （♂）　　カルトンウスバシロチョウ（雄）

ウスバシロチョウ類では最も特化した種類で *Kailasius* MOORE という別属に分けられることもある．生活史は未知，成虫は4000～5000mの高地に6～8月に発生，草地の地表近くをかなり早く飛ぶという．ヒマラヤ山地（Himalaya）からパミール高原（Pamir）に至る地域の特産，原亜種 *charltonius* GRAY はネパール（Nepal）とチベット（Tibet）の国境地方からクマオン地方（Kumaon）にかけての産，大型で黒帯が発達し，紋は橙色，写真の亜種 *bryki* は小型で中部ヒマラヤ（C. Himalaya）の産，亜種 *deckerti* VERITY はカシミル（Kashmir）の産で，最も美しく，赤紋は大きく血赤色，地色は青白色．亜種 *romanovi* GRUM-GRSCHIMAJLO はパミル高原（Pamir）の産，黒帯が細く，赤紋は美しい血赤色．またパミル高原のダルバス（Darvas）地方に産する亜種 *vaporosus* AVINOV は更に黒斑が小さく，赤紋が大きい．亜種 *ducalis* BOULLET & LE CERF は地色が灰色で黒斑が鮮明，鮮紅色の紋があり，カシミル（Kashmir）のチトラル地方（Chitral）に産する．一方ダルバス（Darvas）地方に産し，本種の異常型または型とされていた *autocrator* AVINOV は暗黒色で，後翅亜外縁の青色円紋の内側に接し大きな赤橙色の帯紋があり，

Plates 7〜8

他のウスバシロチョウ類とは全く異なった感がある．現在では著しく特化した全くの独立種と見做す人が多い．

8. *Parnassius orleans bourboni* BANG-HAAS （♂）
オルレアンウスバシロチョウ（雄）

ウスバシロチョウ *Parnassius* 属中の特異な種類で，雌は袋状の交尾後附属物が出来，後翅に赤紋や青紋があるが，この附属物の形状から見ると我国のウスバシロチョウ *P. glacialis* やウスバキチョウ *P. eversmanni* に近く，オオアカボシウスバシロチョウ *P. nomion* 群や *P. imperator* 群とは異なる．従って幼虫は恐らくエンゴサク類（*Corydalis*）を食べるものであろう．雌は黒色部が多い．四川省(Sze-chuan)から甘粛省(Kan-su)の南部にかけての狭い地域にだけ分布する種類で，原亜種 *orleans* OBERTHÜR は打箭炉（Ta-tsien-lu）産，黒色部が多く前翅の亜外縁紋と後翅の外縁の黒縁が明瞭，青海(Amdo)産の亜種 *groumi* OBERTHÜR は前翅の赤紋がなく，後翅の赤紋は大きい．写真に示した亜種 *bourboni* は白っぽく，後翅の赤紋が大きい．甘粛省南部（S. Kan-su）の高地に産する．

【Plate 8】

1. *Parnassius eversmanni sasai* BANG-HAAS （♂）　ウスバキチョウ（雄）

雌は雄よりも黒鱗が発達する．幼虫は原亜種ではカラフトケマン *Corydalis gigantea* TRAUTV. & MEY. を食べ，亜種 *felderi* では各種のエンゴサク類（*Corydalis*）を，亜種 *daisetsuzanus* ではコマクサ *Dicentra peregrina* MAKINO を食べる．原則として卵で越冬するが，寒地では卵および蛹で2回越冬する．成虫は5〜8月に出現する．寒地の種類で，このように黄色の強い種類はウスバシロチョウ類中他に例がない．原亜種 (fig. 2)はサヤン山地(Sajan Mts.)から外バイカル地方(Transbaikal)を経て興安嶺北部(N. Chingan Mts.)にまで分布する．アルタイ山地(Altai Mts.)の亜種 *altaica* VERITY は後翅が明るい．バイカル湖(Baikal)およびヤブロノイ山地(Jablonoi Mts.)の亜種 *septentrionalis* VERITY は大雪山産のものに最も似ていて，大雪山産のものにも一時この亜種名を用いたことがあったが，僅かに大型で，後翅が明るく，赤紋が小さい．黒竜江河口のニコライエフスク(Nicolaievsk)附近の亜種 *litoreus* STICHEL は稍々大きく，特に後翅は明るい．北海道大雪山(Mt. Daisetsuzan, Hokkaidô, Japan)附近産の亜種 *daisetsuzanus* MATSUMURA(fig. 3)は最も小型で黒味が強い．アムール(Amurland)からウッスリー(Ussuri)にかけての亜種 *felderi* BREMER(fig. 4)は，独立種として取扱はれることがある程に著しく特化し，大型で白色または淡いクリーム色，雄は黒色部も著し

く少なく，赤紋も殆んど消失，時には黒点として残るだけとなるが，雌は黒帯が著しく赤紋も大きい．ところが朝鮮北部(N. Korea)の亜種 *sasai* BANG-HAAS(fig. 1)になると，大きさは *felderi* と異ならないが，再び黄色が強くなり，黒帯も強くなる．この他オホーツク地方(Ochotsk)に亜種 *wosnesenskii* MÉNÈTRIÉS，アラスカ(Alaska)のユーコン河地方(Yukon)に亜種 *thor* EDWARDS を産するが，共に原亜種に近いものである．

2. *Parnassius eversmanni eversmanni* MÉNÈTRIÉS （♂）　ウスバキチョウ(雄)

3. *Parnassius eversmanni daisetsuzanus* MATSUMURA （♂）　ウスバキチョウ(雄)

4. *Parnassius eversmanni felderi* BREMER （♂）　ウスバキチョウ(雄)

5. *Parnassius epaphus cachemiriensis* OBERTHÜR （♂）
　　テンジクウスバシロチョウ(雄)

小型の美しいウスバシロチョウである．地方によってはかなり普通に産するが，幼虫は未知．成虫は6～9月に出現，ヒマラヤ(Himalaya)の南面では年2回発生するという説もある．チベット(Tibet)高原を中心とする地方に分布し，多くの地方型に分けられる．原亜種 *epaphus* OBERTHÜR はタリム盆地(Tarim)周辺に産し，写真に示したカシミル地方(Kashmir)の亜種 *cachemiriensis* OBERTHÜR より後翅外縁の脈端の黒鱗が発達する．シッキム(Sikkim)の亜種 *sikkimensis* ELWES は最も小さく前翅長 24mm 内外で黒い．一方四川省北部(N. Sze-chuan)の松潘(Sung-pan)附近産の亜種 *berezowskyi* VERITY は著しく大型(前翅長 35mm 内外)で白っぽい．この他新彊省(Sinkiang)の阿克蘇(Aksu)産の亜種 *huwei* FRUHSTORFER，チベット(Tibet)からブータン(Bhutan)にかけての亜種 *phariensis* AVINOV，四川省打箭炉(Ta-tsien-lu, Sze-chuan)の亜種 *poeta* OBERTHÜR 等多くの亜種がある．

6. *Parnassius jacquemontii jacquemontii* BOISDUVAL （♂）
　　ジャクエモンウスバシロチョウ(雄)

前の *epaphus* に酷似し，同じ地域に分布するが，翅の円味が強く，前翅の縁毛が短い．幼虫は未知，成虫は6～8月発生する．多くの亜種があり，写真に示した原亜種はチベット西部(W. Tibet)からカシミル(Kashmir)にかけて分布し，黒帯が鮮明，亜種 *himalayensis* ELWES は原亜種よりも白っぽく，中部ヒマラヤ(C. Himalaya)に産し，亜種 *mericurius* GRUM-GRSCHIMAJLO は青海(Kuku-nor)附近に産し，著しく小型で前翅外

Plates 8〜9

縁の黒帯が著しく凹凸する．また四川省打箭炉(Ta-tsien-lu, Sze-chuan)附近からチベット東部(E. Tibet)にかけての亜種 *thibetanus* LEECH は黒鱗が極めて強く発達し，殆ど黒化する．この他パミル高原(Pamir)からトルケスタン(Turkestan)にかけて亜種 *rubicundus* STICHEL, 阿克蘇(Aksu)に亜種 *cyrnus* FRUHSTORFER, パキスタンのチトラル地方(Chitral, Pakistan)に亜種 *chitralensis* MOORE 等がある．

7. 8. *Parnassius tianschanicus tianschanicus* OBERTHÜR (♂)
    テンザンウスバシロチョウ(雄)

比較的分布の狭い種類で，天山山脈(Tian-shan)からソ聯(SSSR)と新疆省(Sinkiang)との国境の山地に沿って南下し，一部はアフガニスタン東北部(NE. Afganistan)やカシミルのチトラル地方(Chitral, Kashmir)にまで達している．幼虫は未知．成虫は6〜8月に発生する．地方変化は比較的少なく，原亜種(fig. 7)は天山山地西部(W. Tian-shan)のシル・ダルヤ(Syr Darya)流域に普通で，地色は白または淡いクリーム色，亜種 *insignis* STAUDINGER は黒紋が鮮明で赤紋がより大きくパミル高原北部(Pamir)の外アライ地方(Transalai)産，亜種 *superba* GRUM-GRSCHIMAJLO は地色純白，黒鱗が多く，鮮明，アフガニスタン東北部(NE. Afganistan)の産，亜種 *grum-grschimajloi* BANG-HAAS は赤紋が著しく大きく鮮明で，アライ山地(Alai Mts.)の産，最も東部の亜種 *erebus* VERITY は黒味が強く，天山山地東部(E. Tian-shan)およびタリム盆地(Tarim)の産，天山山地西部(W. Tianshan)の高所にも更に黒化した亜種 *nigricans* STAUDINGER を産する．fig. 8 はこれに近い型である．またカシミル地方(Kashmir)には著しく白化した，亜種 *beroghilus* TYTLER および *hunzaicus* TYTLER を産する．

【Plate 9】

1. *Baronia brevicornis brevicornis* SALVIN (♂) ウラギンアゲハ(雄)

雌雄著しく異なり，雌は翅が円く，一見ウスバシロチョウ亜科(*Parnassinae*)に属するように考えられるが，雄の翅型は長く，アルゼンチン(Argentina)に産する *Euryades* 属のものに似ている．恐らくは後者に最も近いものと考えられる．雌雄共に裏面は方向によって美しい銀色を呈する斑紋を裝ふ．幼虫はアカシア(Achasia)を食べ，成虫は6，7月に発生する．メキシコ(Mexico)の Chilpancingo で発見された珍種である．

2. *Baronia brevicornis brevicornis* SALVIN (♀) ウラギンアゲハ(雌)

Plates 9〜10

3. *Cressida cressida cressida* FABRICIUS (♂)　　ウスバジャコウアゲハ(雄)

雌雄は翅型は余り変らないが，色彩は写真のように著しく異なる．幼虫はウマノスズクサ類(*Aristolochia*)を食べる．成虫は全年を通じて見られ，習性はジャコウアゲハとほとんど変らない．交尾後の雌は腹端に附属物が出来る．若干の地方変化があり，原亜種 *cressida* FABRICIUS(figs. 3.)はオーストラリア(Australia)，特に東半部に産し，亜種 *cassandra* WATERHOUSE & LYELL は北オーストラリアのポート・ダーウィン(Port Darwin, N. Australia)附近に，亜種 *troilus* BUTLER (fig 4)は英領東ニューギニア(British E. New Guinea)に，亜種 *insularis* FRUHSTORFER はチモール島(Timor)に産し，亜種 *eühni* ROTHSCHILD はチモール島の東にある小島 Sarmatta に産する．

4. *Cressida cressida troilus* BUTLER (♀)
   ウスバジャコウアゲハ(雌)

5. *Euryades corethrus corethrus* BOISDUVAL (♂)
   オナシキオビジャコウアゲハ(雄)

雌雄斑紋が異なり，雌は褐色で黄帯が淡い(fig. 6)．幼虫はウマノスズクサ類(*Aristolochia*)を食べ，形も他のジャコウアゲハ族(*Troidini*)のものに似ている．アルゼンチン北部のパラナ河とパラグァイ河(Rio Paraná & Rio Paraguay, Argentina)地方にのみ限られて産し，余り多くない．この属 *Euryades* FELDER は南米のアルゼンチン中北部及び西部(N. & W. Argentina)およびパラグァイ(Paraguay)に限って分布し，オーストラリア(Australia)の *Cressida* SWAINSON と共にアゲハチョウ類中で最も原始的な形態をしたものと考えられている．ここに図示した *corethrus* の他に稍々大型で，細く短い尾状突起があり，赤紋の発達した *E. duponcheli* LUCAS がアルゼンチンの中部以北(N. & C. Argentina)に産する．この種の方が *corethrus* よりは多い．

6. *Euryades corethrus corethrus* BOISDUVAL (♀)
   オナシキオビジャコウアゲハ(雌)

【Plate 10】

1. *Troides (Aetheoptera) victoriae regis* ROTHSCHILD (♂)
   ビクトリアアゲハ(雄)

雌雄は全く異なり，雌(fig. 2)は他の鳥翅蝶類と同様に巨大で，黒地に白斑を散布す

Plates 10〜11

る．幼虫は黒色で紅色の突起がある．成虫の雄は梢高く速く飛ぶので，採集は極めて困難であるが，雌は産卵のため地表近くにくるので雄よりは採集が楽であるという．ソロモン群島(Solomon Is.)の特産で，島毎に多少色彩を異にし，若干の亜種に分けられている．図示した亜種 *regis* は雄の前翅端の金緑色斑が長く，最北のブーゲンビル島(Bougainville)に産し，他の亜種に比較し最も数多く採集されている．亜種 *isabellae* ROTSHCHILD は前翅端紋が稍々短くイサベル島(Ysabel)に産し，原亜種 *victoriae* GRAY は前翅端紋が更に短く，太平洋戦争の激戦地として一躍有名になったガダルカナル島(Guadalcanar)，ツラギ島(Tulagi)およびフロリダ島(Florida)に産する．亜種 *reginae* SALVIN は前翅端紋が更に短く，幅が広く，マレイタ島(Maleita)に産する．亜種 *rubianus* ROTHSCHILD は最も異なった亜種で，ルビアナ島(Rubiana)に産し，緑が濃く，前翅端紋も小さく後翅の亜外縁の帯紋を欠き，全体に小型で，黒味が強い．なお種名 *victoriae* は英国のヴィクトリア女王を記念したものである．

2. *Troides* (*Aetheoptera*) *victoriae regis* ROTHSCHILD （♀）
　　ビクトリアアゲハ(雌)

【Plete 11】

1. *Troides* (*Ornithoptera*) *priamus priamus* LINNÉ （♂）　メガネアゲハ(雄)

帝王蝶ともいう．雌雄は全く異なり，雌は黒褐色または灰褐色の地に白斑がある．(fig. 2)，幼虫は黒色，白帯があり，突起は赤く先端が黒いか．または黒く黄帯がある．成虫は梢高く飛びなかなか捕え難いが，雌雄共によく花に飛来し，また産卵のために下降する．どの地方でも主として海に近い地方に産し，余り奥地にはいない．鳥翅蝶類中では，*T. helena* と共に，最も普通で，最も広く分布し，最も地方変化の多い種類の一つである．地方変化が著しく，全く別種のようなものも少なくないが，雄の色彩によって，金橙色系，金緑色系および青藍色系の3系統に大別される．金橙色系はモルッカ諸島(Moluccas)北部に産し，ハルマヘラ島(Halmahera)およびテルナテ島(Ternate)に産する亜種 *lydius* FELDER (Pl. 12. fig. 1)およびバチャン島(Bachan)に産する亜種 *croesus* WALLACE が属する．金緑色系は最も広くモルッカ諸島(Moluccas)南部からニューギニア(New Guinea)を経てオーストラリア東北部(NE. Australia)にまで達している．ここに示した，アンボイナ島(Amboina)およびセラム島(Ceram)に産する原亜種 *priamus* L. を始め，ケイ諸島(Key Is.)産の亜種 *hecuba* RÖBER，アルー諸島(Aru Is.)産の亜種 *arruana*, FELDER，オンビラ島(オビ島)(Obi)産の亜種 *aesacus* NEY，ニューギニア西部および中部(W. & C. New Guinea)に産する亜種 *poseidon* DOUBLEDAY，オーストラリアのヨ

Plates 11~12

ーク岬(Cape York, Australia)に産する亜種 *pronomus* GRAY, クイーンスランド北部 (N. Queensland, Australia)に産する亜種 *euphorion* GRAY, クイーンスランド南部 (S. Queensland)からニューサウスウェールズ(N. S. Wales)に産する最小の亜種 *richmondius* GRAY, ニューギニア東北部(NE. N. Guinea)の亜種 *eudamides* FRUHSTORFER ニューギニア東南部(SE. N. Guinea)の亜種 *eurysaces* FRUHSTORFER, フェルグッソン諸島(Fergusson Is.)の亜種 *demophanes* FRUHSTORFER 等はその代表的なものである. この中多くのコレクション中に見られる代表的なものは *hecuba* である. 最後の青藍色系はニューギニア東北部(NE. N. Guinea)の離島に限って産し, ニューギニアの最東端にある St. Aignan, Sudest, Rossel, Luisiade 等の諸島に産する小型の亜種 *caelestis* ROTHSCHILD, ニューアイルランド島(New Irland)産の亜種 *urvillianus* GUÉRIN (Pl. 12, fig. 2), アドミラリティ諸島(Admirality Is.)産の亜種 *admiralitatis* ROTHSCHILD, ショーテン諸島(Schouten Is.)産の亜種 *teucrus* JOICEY & TALBOT 等はこれに属する. またニューブリテン島(New Britain)産の亜種 *bornemanni* PAGENSTECHER および Mioko 産の亜種 *miokensis* RIBBE は共に緑色であるが, 青味が強く, 金緑色系から青藍色系への移行型を示している.

2. *Troides (Ornithoptera) priamus priamus* LINNÉ (♀)　メガネアゲハ(雌)

【Plate 12】

1. *Troides (Ornithoptera) priamus lydius* FELDER (♂)　メガネアゲハ(雄)

Pl. 11 に示した *priamus* の亜種であるが, 一見全く別種の感がある. 前述の通りモルッカ諸島北部(N. Moluccas)のハルマヘラ(Halmahera), テルナテ(Ternate)等の島々に産する. バチャン島(Bachan)産の亜種 *croesus* WALLACE によく似ていてよく混同されるが, 後者は *lydius* に比べて稍々小さく, 後翅の亜外縁に橙色紋列があり(*lydius* にはない), 前翅裏面の中室の金緑色斑が小さい(*lydius* では長く基部に向け延びる), 雌は暗褐色地に灰白斑を散布する(*lydius* では灰白地に暗褐色紋を装ふ)等の点ではっきり区別出来る. 我国では *lydius* の標本はよく見かけるが真の *croesus* の標本は少ない.

2. *Troides (Ornithoptera) priamus urvillianus* GUÉRIN (♂)　メガネアゲハ(雄)

メガネアゲハの数多い亜種の中では *hecuba* と共によく標本を見かける亜種で, ニューアイルランド島(New Irland)に産するが, ソロモン諸島(Solomon Is.)にも産するという. 雌は巨大で, 褐色地に不明瞭な灰白斑を散布し, お世辞にも綺麗とはいえない.

Plates 13~14

【Plate 13】

1. *Troides* (*Schoenbergia*) *paradiseus paradiseus* STAUDINGER （♂）
ゴクラクトリバネアゲハ（雄）

雌雄全く異なり，雄は写真のように優美な形と美しい色をしているが，雌（fig. 2）は黒地に白斑を散らし，巨大で，余り美しいとはいえない．幼虫は真黒，突起の一部は真紅色．成虫は高い梢を飛び，尾状突起が破損し易く，なかなか採集は困難である．ニューギニア東部および東南部（E. & SE. N. Guinea）の特産で，海岸地方および丘陵地に産する．東北ニューギニア（NE. N. Guinea）産の原亜種の他にオランダ領南西ニューギニアのエトナ湾（Etna Bay, Dutch N. Guinea）産の亜種 *flavescens* ROTHSCHILD，アルファーク山脈（Arfak Mts.）地方の亜種 *arfakensis* JOICEY & TALBOT の2亜種があるが，著しい相違はない．

2. *Troides* (*Schoenbergia*) *paradiseus paradiseus* STAUDINGER （♀）
ゴクラクトリバネアゲハ（雌）

【Plate 14】

1. *Troides* (*Schoenbergia*) *tithonus tithonus* DE HAAN （♂）
チトヌストリバネアゲハ（雄）

鳥翅蝶中の珍貴種である．雌雄著しく異なり，雌（Pl. 16）は巨大であるが，ゴクラクトリバネアゲハや次の *chimaera* に似て余り美しくない．幼虫は未知．ニューギニア（N. Guinea）の特産で，奥地に産するので採集困難で入手し難い．若干の亜種があり，写真の原亜種 *tithonus* は西南ニューギニアのオニン半島（Onin, SW. N. Guinea）の産．亜種 *waigeuensis* ROTHSCHILD は前翅中帯の中室内の幅が狭く，後翅中室内の金色部が広い．ニューギニア西北端のワイゲウ島（Waigeu）に産する．この他 *misresianus* JOICEY & TALBOT（Mt. Misresi）および *prominens* JOICEY & TALBOT（Lake Angi）の二亜種を産する．

2. *Troides* (*Schoenbergia*) *chimaera chimaera* ROTHSCHILD （♂）
キマエラトリバネアゲハ（雄）

前種と共に鳥翅蝶中の貴重種である．雌雄は著しく異なり，雌は前種によく似ている．幼虫は未知．前種同様にニューギニア（N. Guinea）の特産で，奥地に産する．4亜種があり，原亜種は東南ニューギニア（SE. N. Guinea）の産，亜種 *dracaena* JOICEY & TALBOT

は東北ニューギニア(NE. N. Guinea)の産，この外 *rothschildi* KENRICK およびブル(Buru)からの *prattorum* JOICEY & TALBOT の2亜種が知られている．

【Plate 15】

Troides (*Schoenbergia*) *goliath supremus* RÖBER （♂）
ゴライアストリバネアゲハ(雄)

ニューギニア(N. Guinea)およびその附近特産の華麗蝶．雌は *tithonus* や *chimaera* 或いは *paradiseus* に似ていて，これ等の種類が互に近似していることを示している．幼虫は未知．6亜種に分けられているが，何れも稀で入手困難である．原亜種はニューギニア最西北端にあるワイゲウ島(Waigeu)の産で小型で，後翅内縁の橙色紋が大きい．西北ニューギニア(NW. N. Guinea)のものは亜種 *joiceyi* TALBOT に属し，やはり小型であるが，前翅裏面の黒色部が狭い．亜種 *atlas* ROTHSCHILD は西南ニューギニア(SW. N. Guinea)に産し，大型，後翅内縁の橙紋が小さい．写真の亜種 *supremus* RÖBER は東北ニューギニア(NE. N. Guinea)の産で，最も大型で美しく，前亜種に似るが，前翅外縁の黒色部が狭い．亜種 *titan* GROSE-SMITH は東南ニューギニア(SE. N. Guinea)の産，やや小型で後翅外縁の黒色部が狭い．この他北ニューギニア(N. N. Guinea)の山地に亜種 *samson* NIEPELT を産する．

【Plate 16】

Troides (*Schoenbergia*) *tithonus tithonus* DE HAAN （♀）
チトヌストリバネアゲハ(雌)

【Plate 17】

1. *Troides* (*Trogonoptera*) *brookianus trojanus* STAUDINGER （♂）
アカエリトリバネアゲハ(雄)

前胸の前縁にある襟巻状の赤帯が極めて顕著な種類である．雌雄の差は余り顕著でなく，雌はほとんど雄と同型，暗褐色で，金緑色帯は余り鮮明でなく，後翅外縁に淡色の紋列がある．幼虫は未知．成虫は好んで路上の湿地等に集る．4亜種に分けられ，原亜種 *brookianus* WALLACE(fig.2)はボルネオ(Borneo)の産，サラワク(Sarawak)の切手になっているので有名である．亜種 *albescens* ROTHSCHILD は雌の前翅端に大きな白紋が現れる．マレー半島ペラク(Perak, Malaya)附近の産．亜種 *natunensis* ROTHSCHILD は *albescens* に似るが，白紋が小さい．ナツナ諸島(Natuna Is.)に産する．スマトラ(Sumatra)の亜種 *trogon* SNELLEN VAN VOLLENHOVEN は雌の黒味が最も強く，ほとんど白紋がなく

Plates 17〜19

後翅亜外縁の紋列も小さい．最も変った亜種はパラワン島(Palawan)に産する亜種 *trojanus* STAUDINGER (fig. 1)で，帯紋が外方に偏し，青味を帯びて美しい．この亜種は *brookianus* とは別の独立種とされることもある．種名 *brookianus* は英人で北ボルネオの土侯になった Brooke の名をとったものである．

  2. *Troides* (*Trogonoptera*) *brookianus brookianus* WALLACE (♂)
    アカエリトリバネアゲハ(雄)

【Plate 18】

  1. *Troides* (*Troides*) *hypolitus hypolitus* CRAMER (♂)
    サビモンキシタアゲハ(雄)

後翅の中室が大きく拡大している点で他のキシタアゲハ類とは異なるので，他のキシタアゲハ類から区別して亜属 *Pompeoptera* RIPPON が使はれることもある．幼虫は未知．モルッカ諸島(Moluccas)およびセレベス(Celebes)に分布し，若干の亜種に分けられる．写真の原亜種 *hypolitus* CRAMER はセラム(Ceram)とアンボイナ(Amboina)の産，亜種 *antiope* ROTHSCHILD はモロタイ島(Morotai)産，亜種 *sulaensis* STAUDINGER はスーラ諸島(Sula Is.)の産，亜種 *cellularis* ROTHSCHILD はセレベス(Celebes)の産で，雄の相異は余り顕著でないが，雌の相異は顕著である．

  2. *Troides* (*Troides*) *hypolitus hypolitus* CRAMER (♀)
    サビモンキシタアゲハ(雌)

【Plate 19】

  1. *Troides* (*Troides*) *helena helena* LINNÉ (♂) ヘレナキシタアゲハ(雄)

  Troides HÜBNER 属の模式種．キシタアゲハ類中で最も広く分布し，各地に普通に見られる種類である．最も変化の多い種類で，分布の両端のものは全く別種の感があり，最近まで独立種として扱はれて来た亜種も多い．幼虫は黒色，白帯があり，突起の先端は桃色，蛹は余り凹凸が強くなく，緑色または桃色を帯びた褐色．西はセイロン(Ceylon)，インド(India)より東はニューギニア(N. Guinea)に至る東洋区のほとんど全域に分布し，北はトンキン(Tonkin)から海南島(Hainan)に達している．極めて多くの亜種に分けられているが，その中で最も著しいのはセイロン(Ceylon)の亜種 *darsius* GRAY で金色部が著しく少なく，後翅基部が広く黒い．インド半島部(Peninsular India)の亜種 *minos* CRAMER はより金色部が多く，後翅内縁は黒いが，基部は黒くない．共に別種とされてい

Plates 19〜20

たものである．北インド(N. India)からビルマ(Burma)，マレー(Malaya)地方の *cerberus* FELDER，トンキン(Tonkin)の *euthycrates* FRUHSTORFER，海南島(Hainan)の *spilotia* ROTHSCHILD，スマトラ(Sumatra)の *typhaon* ROTHSCHILD，ジャバ(Java)の原亜種 *helena* LINNÉ(fig. 1)，ロンボク島(Lombok)の *sagittatus* FRUHSTORFER，スンバワ島(Sumbawa)の *propinquus* ROTHSCHILD，セレベス(Celebes)の *hephaestus* FELDER 等の亜種は後翅外縁の黒縁が狭く，金色部が広い．この他これ等の島々の附近の小島にかなりの亜種が知られている．一方ニューギニア(N. Guinea)の *papuensis* WALLACE，セラム(Ceram)およびアンボイナ(Amboina)の *oblongomacula* GOEZE，ブル島(Buru)の *bouruensis* WALLACE(fig. 2)等は後翅外縁の黒色部が幅広く金色部が狭い．

2. ***Troides*** (***Troides***) ***helena bouruensis*** WALLACE （♂）　ヘレナキシタアゲハ(雄)

T. helena L. の数多い亜種は後翅基部の黒い *darsius* 系，後翅外縁の黒色部が狭く凹凸の著しい *helena* 系，および後翅外縁の黒色部が著しく広い *papuensis* 系の3系統に大別される．*darsius* 系はセイロン(Ceylon)に限られ，*helena* 系は最も広くインド(India)からセレベス(Celebes)および小スンダ列島(Lesser Sunda Is.)におよび，*papuensis* 系はモルッカ諸島(Moluccas)およびニューギニア(N. Guinea)に限られる．写真の亜種 *bouruensis* はモルッカ諸島中のブル(Buru)島に産し，*papuensis* 系の代表的なものである．モルッカ海峡(Molucca Str.)で亜種の傾向が判然と区別出来るのは興味がある．

〔Plate 20〕

1. ***Troides*** (***Troides***) ***rhadamantus rhadamantus*** LUCAS （♂）
　　　フィリッピンキシタアゲハ(雄)

T. aeacus FELDER キシタアゲハに最も近い種類であるが，雄の腹部背面が全部黒い．幼虫はチョコレート色，赤味を帯びた白帯があり，突起の先端は赤色，蛹は黄緑色．雌雄共に南方のもの程黒色部が多く金色部が少なくなり，終には雄では金色部を全く欠くに至る．フィリッピン(Philippines)より北セレベス(N. Celebes)に至る地域に分布し，若干の亜種に分けられる．写真に示した原亜種は最も金色部が多く，キシタアゲハに似ていて，フィリッピン(Philippines)全域に普通．亜種 *plateni* STAUDINGER はパラワン島(Palawan)に産し，雄では後翅前縁の1〜2室だけ金色，雌では中室附近だけ金色．亜種 *dohertyi* RIPPON(Pl. 21, fig. 2)は北セレベス(N. Celebes)の Talaut 島に産し，雄では全く金色部を欠き，雌では中室附近に僅かに金色部が残るに過ぎない．この他 *bazilanicus* FRUHSTORFER(Bazilan I.)，*hesiodus* FRUHSTORFER(Mindoro, Philippines)，*velzanor* FRUHSTORFER(Jolo I.)等の亜種がある．

Plates 20～22

    2. *Troides* (*Troides*) *rhadamantus rhadamantus* LUCAS （♀）
       フィリッピンキシタアゲハ（雌）

【Plate 21】

    1. *Troides* (*Troides*) *aeacus aeacus* C. & R. FELDER （♂）   キシタアゲハ（雄）
　台湾にも産するので，鳥翅蝶の中では最も馴染の深い種類である．幼虫は黒褐色，白帯がある．蛹は緑がかった黄褐色．成虫の飛び方は緩やかである．台湾以外は完全な大陸の蝶で，4亜種に分けられているが，著しい差異はない．写真の原亜種 *aeacus* は北インド (N. India)，ヒマラヤ (Himalaya)，西部および南部支那 (W. & S. China) に産する．台湾 (Formosa) の亜種 *kaguya* NAKAHARA & ESAKI は殆ど原亜種と変りないが，腹部の腹面基部の毛が紅色である．この他マレー (Malaya) に亜種 *thomsonii* BATES，タイ国 (Thai) に亜種 *praecox* FRUHSTORFER，チベット東南部 (SE. Tibet) に亜種 *thibeticus* OBERTHÜR を産する．

    2. *Troides* (*Troides*) *rhadamantus dohertyi* RIPPON （♂）
       フィリッピンキシタアゲハ（雄）
　鳥翅蝶中で金色斑の全く欠くのは本亜種だけである．前記のフィリッピン (Philippines) 産の *rhadamantus* の亜種で，雌は金色斑を殆と欠くものから中央に少し金紋の残るものまである．

【Plate 22】

    1. *Troides* (*Troides*) *magellanus sonani* MATSUMURA （♂）
       コウトウキシタアゲハ（雄）
　雄の金色部が逆光で見ると美しい真珠色に変るので有名．このような例は他の鳥翅蝶類中に類がない．然し雌は全く変化しない．飛翔中の雄はその真珠色が輝き，極めて美しいという．幼虫は他の鳥翅蝶と同様に黒褐色，白帯がある．原亜種 *magellanus* FELDER はフィリッピン (Philippines) 全部に分布し，一部は台湾南部の紅頭嶼 (Botel-Tobago I., S. Formosa) にまで達している．フィリッピンでは余り多い種類ではないが，紅頭嶼には少なくない．写真は紅頭嶼産で，亜種 *sonani* MATSUMURA に属する．

    2. *Troides* (*Troides*) *magellanus sonani* MATSUMURA （♀）
       コウトウキシタアゲハ（雌）

【Plate 23】

1. *Troides* (*Troides*) *amphrysus flavicollis* DRUCE (♂)
アンフリスキシタアゲハ(雄)

大スンダ列島(Larger Sunda Is.)からマレー(Malaya)にかけて産する普通種，ボルネオ(Borneo)やスマトラ(Sumatra)では *T. helena* L. よりも多いという．後翅は他種に比べ濃い黄金色で美しい．幼虫はコーヒー色，突起も同色．蛹は黄褐色，成虫は梢高く飛び，後翅が美しい．地方変化多く，原亜種 *amphrysus* CRAMER はジャバ(Java)の低地に多く，雄の前翅の翅脈に沿った淡色部は鮮かな黄色，後翅外縁の黒色部は幾分広い．写真の亜種 *flavicollis* DRUCE はボルネオ(Borneo)の産．この他 *vistara* FRUHSTORFER (Batu I.), *sumatranus* HAGEN(Sumatra), *euthydemus* FRUHSTORFER(NW. Sumatra), *ruficollis* BUTLER(Malaya & Mergui Is.), *gardneri* FRUHSTORFER(Borneo), *niasicus* FRUHSTORFER(Nias)等の亜種がある．

2. *Troides* (*Troides*) *amphrysus flavicollis* DRUCE (♀)
アンフリスキシタアゲハ(雌)

【Plate 24】

1. *Troides* (*Troides*) *cuneifera cuneifera* OBERTHÜR (♂)
クサビモンキシタアゲハ(雄)

前種 *amphrysus* の亜種とされることもあるが，小型で，後翅外縁の凹凸が強く，黄色が青味を帯び，不明瞭な黒紋列が現れる等相異点が多く，独立種とされる．ジャバ(Java)の山地に普通で，余り地方変化がない．ボルネオ(Borneo)の山地にも産するともいう．

2. *Troides* (*Troides*) *andromache andromache* STAUDINGER (♂)
ボルネオキシタアゲハ(雄)

ボルネオの山地に産する珍種，雌は白っぽい．幼虫は未知．2亜種あり原亜種は英領北ボルネオのキナバル山附近(Mt. Kina-Balu, British N. Borneo)の産．他の亜種 *marapokensis* FRUHSTORFER はやはり北ボルネオのマラポク山附近(Mt. Marapok, British N. Borneo)の産，雄は余り変らないが，雌はより暗色である．

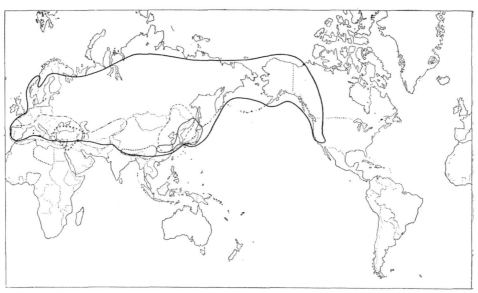

ウスバシロチョウ亜科とギフチョウ亜科の分布

- ウスバシロチョウ (*Parnassius*) 属
- シリアアゲハ (*Archon*) 属
- タイスアゲハ (*Zerynthia*) 属
- イランアゲハ (*Hypermnestra*) 属
- シボリアゲハ (*Bhutanitis*) 属
- ホソオチョウ (*Sericinus*) 属
- ギフチョウ (*Luehdorfia*) 属

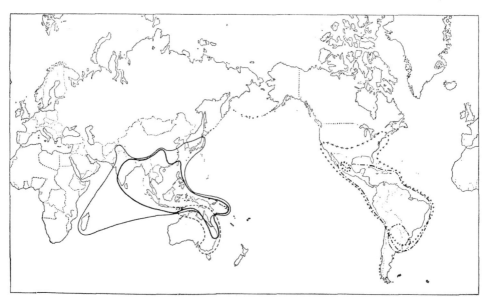

ジャコウアゲハ族の分布

- ジャコウアゲハ (*Tros*) 属
- トリバネアゲハ (*Troides*) 属
- ウスバジャコウ (*Cressida*) 属
- アメリカジャコウ (*Priamides*) 属
- アオジャコウ (*Battus*) 属
- ウラギンアゲハ (*Baronia*) 属
- キオビジャコウ (*Euryades*) 属

Wallace とトリバチョウ

　Darwin と同時に所謂進化論の提唱で名を挙げた Alfred Russel Wallace はトリバネチョウの採集家としても大成功者である．現在 *priamus* の亜種となっている金赤色の *croesus* を Bachan 島で発見し，また Borneo で *brookiana* を発見して輝かしい足跡を残した彼である．

　Bachan 島で *croesus* を始めて網に入れた時，彼は興奮のあまり熱を出して，その後数日臥床を余儀なくされたという話がつたわっている。その前日，このすばらしい——彼も未だ嘗って見たこともない——蝶が，ある河床で水を飲んでいるのに出会し，あわてて網を振ったが運悪く採り損った．これは大変だとその翌日同じ場所に行って熱帯の太陽の下で数時間待ち伏せ，ついにこの大物を自から網にしたのだ．熱を出す程興奮したのも無理もない．〔しかし，事実は日射病にかかったのであろう〕．

　Wallace の探険記 "The Malay Archipelago" を読んだことはなくても，コノハチョウが枯葉そっくりの形をして枝に止っている彼の図を知らない人は尠いであろう．Wallace は晩年，南洋に産する種々な美しい蝶を追憶して，これは彼自身のような探険家・博物学者を喜ばすために神様が作って，わざわざ人跡未踏の奥地にかくして置いたのであろうといっている．神の寵児を以って自から任じた彼らしい言分である．

トリバネチョウの今昔

　金緑色のトリバネチョウ類は"高貴な"蝶といわれる位壮麗なものである．そのうち最も古くから知られたのは Molucca 群島の *priamus* であるが，美しいのは雄で，雌は非常に大形ではあるが大体褐色で美しいとはいえない．雄と雌との色彩がかくも違っているので流石の Linné も同種の異性とは気が付かず，雄を *priamus*，雌を *panthous* とそれぞれ別種として命名記載した．今から 120 年程前に出た Thon の Die Naturgeschichte der in- und auslandischen Schmetterlinge(1837) を見ると，その頃蒐集家が最も慾しがった蝶であるらしく，南洋からフランスの Havre 港に入る船が持って来たそうで，1 匹 10 Thaler 以下では絶対に買えなかったという．Thaler は昔のドイツの銀貨で 1 Thaler は約 75 cents であるから，現在の日本価にすると 1 頭が 2 万 6 千円以上という勘定になる．

　その後 19 世紀の中葉から多くの探険・採集家が表南洋に入り込んで珍蝶の発見を競ったので，トリバネチョウの種類も標本の数も増加した．問題の *priamus* なども多数の亜種が発見され，所によっては可なり普通に産するらしく Key 島の亜種 *hecuba* などは 1930〜1940 年頃にはドイツの標本商で雄 1 頭 3 Mark，雌は雄を買えば無代でおまけというところまで下落した．

　1926 の Staudinger und Bang-Haas 商社の定価表には *victoriae* 50〜75 Mark，*paradiseus* 60 Mark，*trojanus* 125 Mark，*priamus* は亜種によって *croesus* 50 Mark，*priamus* 30 Mark，*lydius* 20 Mark などとなっている．*alexandrae*, *chimaera* などは定価がつけてない．慾しい人は問い合せて呉れというのである．問い合せたらどんな値段であったのであろう？

　この頃はストックがなくなってトリバネチョウの商品価もまた高くなっていることであろう．

Plates 25〜26

【Plate 25】

1. *Tros* (*Atrophaneura*) *horishanus horishanus* MATSUMURA (♂)
   アケボノアゲハ(雄)

　台湾特産種，表面の美しい墨色と，後翅裏面(fig. 3)の紅色が対照し，この類中最も優美な種類である．雌は褐色を帯び，後翅裏面の赤色部中にある黒紋が表面に現れる．幼虫は未知．台湾中部(C. Formosa)の高地にのみ産する．外形では北インド(N. India)から南支那(S. China)や海南島(Hainan)にまで分布する *T. aidoneus* DOUBLEDAY に最も近いが，この種類は裏面が黒い．また後翅裏面の赤斑ではフィリッピン(Philippines)に産する *T. semperi* C. & R. FELDER に最も似ている．恐らく *semperi* と *aidoneus* の関連を示す重要な種類であろう．

2. *Tros* (*Atrophaneura*) *horishanus horishanus* MATSUMURA (♂) (Underside)
   アケボノアゲハ(雄)(裏面)

3. *Tros* (*Atrophaneura*) *nox noctis* HEWITSON (♂)　ニジアケボノアゲハ(雄)

　雌はやや大型で褐色を帯び，翅脈に沿って灰色の条紋が表れる．幼虫は黒褐色，白帯があり，突起は淡紅色．成虫の飛び方はジャコウアゲハに似て緩やかである．マレー(Malaya)からジャバ(Java)に至る地域に分布し，若干の亜種に分けられる．写真の亜種 *noctis* HEWITSON は北ボルネオ(N. Borneo)の産，他の亜種に比べ，前翅が円く，翅の青味が著しく強い．原亜種 *nox* SWAINSON はジャバ(Java)に産し，前翅が狭く，青味が著しく弱い．この他 *banjermasinus* FRUHSTORFER (S. Borneo), *erebus* WALLACE (Malaya), *henricus* FRUHSTORFER (NE. Sumatra), *solokanus* FRUHSTORFER (SW. Sumatra), *petronius* FRUHSTORFER (Nias), *nyx* NICÉVILLE (Bali)等の亜種がある．

【Plate 26】

1. *Tros* (*Polydorus*) *coon coon* FABRICIUS (♂)　ホソバジヤコウアゲハ(雄)

　細長い前翅と，著しくくびれた尾状突起によって特徴づけられた種類で，ジャバ(Java)からビルマ南部S. (Birma)に至る地域に産し，森林のある地方に少なくないが，ボルネオ(Borneo)から記録がない．若干の地方変化があり，写真に示した原亜種 *coon* FABRICIUS はジャバ(Java)の産，後翅内縁紋と腹部は黄色．亜種 *patianus* FRUHSTORFER は北ジャバ(N. Java)の産，後翅中室の白紋が小さい．亜種 *palembanganus* ROTHSCHILD は南スマトラ(S. Sumatra)産，後翅外縁の白紋が小さい．亜種 *delianus* FRUHSTORFER は

東北スマトラ(NE. Sumatra)の産，後翅内縁の縁紋が赤く中室の白紋が小さく2分する. 亜種 *doubledayi* WALLACE は縁紋と腹部が赤く，マレー(Malaya)の産. 亜種 *cacharensis* BUTLER は前亜種に似て後翅の白紋が小さい. ビルマ(Burma)の産. 亜種 *sambilanga* DOHERTY はニコバル諸島(Nicobar Is.)の産，後翅の白紋は小さく，縁紋は赤く大きく，内方に延びる. アンダマン諸島(Andamans)に産する *rhodifer* BUTLER は赤紋が更に大きく，尾状突起の先端も赤く，白紋も小さく，独立種とされているが，恐らく本種の1亜種であろう.

2. *Tros (Polydorus) aristolochiae kotzebuea* ESCHSCHOLTZ (♂)
  ベニモンアゲハ(雄)

東洋熱帯に広く分布し，最も普通に見られる. 幼虫はジャコウアゲハに似て黒褐色で突起は赤色，白帯がある. 蛹はジャコウアゲハに似て突起が多い. 成虫は山地にも平地にも多く，林辺や庭先の花を訪れる. 飛び方は緩かである. インド(India)から小スンダ諸島(Lesser Sunda Is.)にかけて，北は大陸では甘粛省 (Kan-su)の南部，一方では台湾(Formosa)から八重山諸島(Yaeyama Is., Loo-Choos)にまで達している. 地方変化が極めて多く，多くの亜種に分けられる. 原亜種 *aristolochiae* FABRICIUS はインド(India)の産，台湾(Formosa)産の亜種 *interpositus* FRUHSTORFER に似るが，赤紋が小さく，後翅の白紋も小さい. 写真に示した亜種 *kotzebuea* ESCHSCHOLTZ は数多い亜種の中では最も黒いもので，後翅の白紋も赤紋も表面では完全に消失している. フィリッピン(Philippines)に産する. この他，*camorta* MOORE(Nicobars), *ceylonicus* MOORE(Ceylon), *adaeus* ROTHSCHILD(S. & C. China), *goniopeltis* ROTHSCHILD(S. China, Tonkin, Burma, Thai, etc.), *asteris* ROTHSCHILD(Malaya), *antiphus* FABRICIUS(Sumatra, Borneo, etc.), *adamas* ZINKEN(Java), *antiphulus* FRUHSTORFER(Sulu Is.), *philippus* SEMPER(S. & E. Philippines), *lombokensis* ROTHSCHILD(Lombok), *austrosundanus* ROTHSCHILD (Sumbawa), *floresianus* ROTHSCHILD(Flores)等々多くの亜種がある.

3. *Graphium (Iphiclides) philolaus philolaus* BOISDUVAL (♂)
  メキシコオナガタイマイ(雄)

雌雄大差ないが，雌に2型あり，1つは雄と同様であるが，他は著しく黒化して青条紋の痕跡を残すだけである. これを f. *niger* EIMER という. 幼虫は未知. 成虫は普通で，水辺，湿地等に群がる. メキシコ(Mexico)からニカラグア(Nicaragua)にかけて産する.

Plates 26〜27

4. *Tros*(*Polydorus*)*neptunus doris* ROTHSCHILD （♂）　ベニモンホソバジャコウ(雄)
雌雄大差ない．幼虫は未知．成虫は高所を緩く飛ぶ．若干の亜種に分けられ，写真に示したのはボルネオ北部(N. Borneo)に産する亜種である．原亜種 *neptunus* GUÉRIN はマレー(Malaya)の産で，前翅の灰白部が異なる．亜種 *sumatranus* HAGEN は北および東スマトラ(N. & E. Sumatra)の産，後翅の赤紋が小さい．亜種 *padanganus* ROTHSCHILD は西スマトラ(W. Sumatra)の産，亜種 *fehri* HONRATH はニアス島(Nias)に産する．

【Plate 27】

1. *Tros*(*Byasa*) *polyeuctes lama* OBERTHÜR （♂）　オオベニモンアゲハ(雄)
雌雄著しい差異はない．幼虫は紫褐色，突起の先端は赤色，突起間に黒紋があり，第6および7節に短い斜の白帯がある．蛹はジャコウアゲハに似て赤橙色．北インド(N India)から台湾(Formosa)に至る地域に分布し，若干の亜種に分けられる．亜種 *letincius* FRUHSTORFER はカシミル(Kashmir)からネパール(Nepal)に分布，後翅5室に大きな白紋があり，その上(稀に下にも)の室にも小白紋がある．西カシミル(W. Kashmir)産の亜種 *punchi* BANG-HAAS は小型で白紋が大きい．写真の亜種 *lama* OBERTHÜR は西部支那(W. China)に産し，最も暗化し，白紋も殆ど消失する．原亜種 *polyeuctes* DOUBLEDAY はインド東北部(NE. India)からビルマ(Burma)を経てタイ(Thai)やトンキン(Tonkin)まで分布し，第5室の白紋は大きく，その上に白紋がない．台湾(Formosa)の亜種 *termessus* FRUHSTORFER(fig. 3)は *polyeuctes* によく似ているが，赤紋が大きい．

2. *Tros*(*Byasa*) *latreillei kabrua* TYTLER （♂）　ラトレイユベニモンアゲハ(雄)
雌雄著しい差異はない．幼虫は未知．余り多くない．4亜種あり，原亜種 *latreillei* DONOVAN はネパール(Nepal)からシッキム(Sikkim)の産，後翅の白紋が小さく，第5室に欠く．写真の亜種 *kabrua* はアッサム(Assam)に産し，白紋が大きく第5室にも現れる．亜種 *genestieri* OBERTHÜR は西部支那(W. China)からチベット(Tibet)の産，白紋が純白で更に大きい．他に亜種 *robus* JORDAN がトンキン(Tonkin)に産する．

3. *Tros*(*Byasa*) *philoxenus termessus* FRUHSTORFER （♀）　オオベニモンアゲハ(雌)
台湾中部(C. Formosa)の山地に産する普通種．

4. *Tros*(*Polydorus*) *polydorus godartianus* LUCAS （♂）　オナシベニモンアゲハ(雄)
雌雄大差ないが，雌は褐色を帯び，翅の幅が広い．ベニモンアゲハ *T. aristolochiae*

— 26 —

Plates 27〜28

に代ってモルッカ諸島(Moluccas)からニューギニア(New Guinea)を経てオーストラリア北部(N. Australia)およびソロモン群島(Solomons)にまで広く分布する．極めて多くの亜種があるが，何れも無尾である．パプア地域(Papuan Region)に分布するジャコウアゲハ類は本種唯1種であるので *Papilio aegeus*, *P. polytes nicanor*, *P. ambrax* 等他のアゲハ類で雌が本種に擬態する種類が少なくない．幼虫は黒褐色，突起は赤色．原亜種 *polydorus* LINNÉ はアンボイナ(Amboina)，セラム(Ceram)等の産．前翅は幅広く暗灰白色．後翅の白紋も大きい．写真の亜種 *godartianus* LUCAS はニューギニア(New Guinea)中部の産．黒く，白紋も小さい．一般にニューギニアよりソロモン諸島(Solomon Is.)産のものは黒く白紋が小さい．この他 *septentrionalis* ROTHSCHILD(Halmahera, Batjan), *thessalia* SWINHOE(Key Is.), *varus* FRUHSTORFER(Aru Is.), *queenslandicus* ROTHSCHILD(Queensland), *novobritannicus* ROTHSCHILD(New Britain), *plagiatus* ROTHSCHILD(NE. New Guinea), *polydaemon* MATHEW(Bougainville, Solomon Is.)等々多くの亜種がある．

5. *Tros (Polydorus) liris wetterensis* ROTHSCHILD (♂)　　オビベニモンアゲハ(雄)

雌雄大差ない．チモール島(Timor)からチモールラウト島(Timorlaut)に至る小島に分布する．原亜種 *liris* GODART はチモール島(Timor)の産．後翅の白帯の幅が広い．写真の亜種 *wetterensis* はチモール島の北にあるウェッテル島(Wetter)の産で黒い．この他各小島毎にかなりの亜種に分けられている．

【Plate 28】

1. *Priamides (Hectorides) perrhebus damocrates* GUENEÉ (♂)
　　ヘリボシジャコウアゲハ(雄)

雌雄余り著しい差異がない．幼虫は黒色，黄色の斜帯があり，各節にある突起は白または黄色．南米南部に普通の種類で，原亜種 *perrhebus* BOISDUVAL はブラジル中部および南部(C. & S. Brazil)，パラグァイ(Paraguay)およびアルゼンチン北部(N. Argentina)等に産し，頭部および後翅の亜外縁紋が赤色であるが，写真に示した亜種 *damocrates* GUENEÉ は アルゼンチン中部(C. Argentina) およびウルグァイ(Uruguay) に産し，頭部が黒く，後翅の亜外縁紋が淡色で，白っぽい．

2. *Priamides (Hectorides) ascanius ascanius* CRAMER (♂)
　　マエオビジャコウアゲハ(雄)

雌雄は著しい差がなく，雌は雄よりも淡色で，白帯が広い．幼虫は淡褐色で各節に突起

がある．ブラジル中部のリオデジャネイロ(Rio de Janeiro, C. Brazil)地方にのみ産し，原亜種のみで他に亜種がない．

3. *Priamides* (*Priamides*) *sesostris sesostris* CRAMER （♂）
　　マエモンジャコウアゲハ(雄)

雌雄はかなり異なる，雌は前翅に白紋があり，後翅に大きな赤紋（または赤帯）があり，緑紋は全くない．幼虫は未知．中米(Central America)から南米中部(Central S. America)にかけて分布し，3亜種に分けられる．最北の亜種 *zestos* GRAY はメキシコ南部(S. Mexico)からコスタリカ(Costa Rica)にかけて産し，雄の後翅内縁に赤紋が現れ，雌後翅の赤紋は明るい．亜種 *tarquinius* BOISDUVAL はパナマ(Panama)からエクアドル(Ecuador)およびベネズエラ北部(N. Venezuela)にかけて分布，やはり多くの雄は後翅に赤紋があり，雌は白紋の下室のものが大きい．写真の原亜種 *sesostris* CRAMER はギアナ(Guiana)からアマゾン(Amazon)を経てペルー(Peru)やボリビア(Bolivia)に達している．これは雄の後翅に赤紋がなく，雌の白紋は外方にある．

4. *Priamides* (*Parides*) *arcas arriphus* BOISDUVAL （♂）
　　アルカスジャコウアゲハ(雄)

雌雄はかなり異なり，雌は前翅中室端附近に灰白紋があり，緑紋がなく，後翅の赤紋は帯状になる．幼虫は未知．メキシコ(Mexico)から南米の北部(Northern S. America)にかけて分布し，若干の亜種に分けられる．原亜種 *arcas* CRAMER はベネズエラ(Venezuela)とギアナ(Guiana)の産．雌雄共に他のどの亜種よりも赤紋が広い．写真の亜種 *arriphus* BOISDUVAL はコロンビア(Colombia)の産．亜種 *mycale* GODMAN & SALVIN はパナマ(Panama)の産．雄の前翅の緑紋が大きく，後翅の赤紋は褐色を帯び，雌の赤紋は濃い．亜種 *mylotes* BATES はメキシコ(Mexico)からコスタリカ(Costa Rica)にかけて産し，緑紋が大きくその中に白紋がある．この他雄の前翅の緑色部が小さくなり，後翅の赤紋が淡色になった亜種 *antheas* ROTHSCHILD & JORDAN (Caucatal) がある．

5. *Priamides* (*Priamides*) *anchises thelios* GRAY （♂）
　　アンキセスマエモンジャコウ(雄)

雌雄で多少斑紋が異る．南米の南部を除くほとんど全部に広く分布し，多くの亜種に分けられる．原亜種 *anchises* LINNÉ はギアナ(Guiana)の産。前翅の緑色部が狭く，後翅の凹凸が強い．写真に示した亜種 *thelios* は緑色部が多く，その中に白紋があり，アマゾン下流地方(Lower Amazon)に産する．この他 *alyattes* FELDER (Colombia), *serapis* BOISDUVAR (N. Colombia), *osyris* FELDER (Venezuala), *etias* ROTSCHILD & JORDAN (Bolivia), *orbignyanus* LUCAS (Paraguay, SW. Brazil), *foetterlei* ROTHSCHILD & JORDAN (S. Brazil)等の亜種がある．後翅の赤紋はどの亜種でも方向によって美しい真珠色になる．つぎの種類も同様である．

6. ***Priamides*** (***Priamides***) *lycimenes erythrus* ROTHSCHILD & JORDAN （♂）
　　リキメネスマエモンジャコウ（雄）

雌雄はかなり異なり，雌は褐色を帯び，前翅中室端に大きな黄白色紋があり，後翅の赤紋は帯状になる．幼虫は未知．原亜種 *lycimenes* BOISDUVAL はグアテマラ（Guatemala）からパナマ（Panama）に至る中米（C. America）の産．雌雄共に，写真に示したコロンビア（Colombia）の亜種 *erythrus* より前翅の緑紋または白紋が小さい．亜種 *paralius* ROTHSCHILD & JORDAN は小型，後翅の赤紋が短く狭く，雌の前翅の白紋は小さくより明るく白い．Pl. 10〜28 の鳥翅蝶類とジャコウアゲハ類の幼虫は全部例外なくウマノスズクサ類（*Aristolochia*）を食べる。

【Plate 29】

1. ***Papilio*** (***Papilio***) *zelicaon zelicaon* LUCAS （♂）　アメリカキアゲハ（雄）

キアゲハ *P. machaon* L. に最も近似した種類で，幼虫もキアゲハに似，同様にセリ科植物を食べる．北米（N. America）西部に普通な種類で，北はアラスカ（Alaska）から南はアリゾナ（Arizona）に及ぶが，東はコロラド（Colorado）に達しているに過ぎない．

2. ***Battus philenor philenor*** LINNÉ （♂）　アオジャコウアゲハ（雄）

雌雄大差ない．普通種．北米に産する唯一のジャコウアゲハ族の種類である．幼虫は褐色，数対の長い突起がある．ジャコウアゲハというものの，開けた陽の当る場所を好み，雄は水辺や湿地に集まり，飛び方も速い．疑もなく南から北米に侵入した種類で，メキシコ（Mexico）を中心に西はカリフォルニア北部（N. California），東はカナダ（Canada）まで達しているが，中部ではコロラド（Colorado）以北には産しない．亜種 *orsua* GODMAN & SALVIN は無尾で，後翅の青味が強い．またメキシコ（Mexico）では無尾型が稀に採れる．これを f. *acauda* OBERTHÜR という．

3. ***Graphium*** (***Iphiclides***) *lacandones diores* ROTHSCHILD & JORDAN （♂）
　　ラカンドネスオナガタイマイ（雄）

雌は極めて少ない．幼虫は未知．2亜種あり，原亜種 *lacandones* BATES はグアテマ

ラ(Guatemala)からパナマ(Panama)にかけての産. 前翅亜外縁の紋が4箇で, 帯紋が R_2 脈を越える. 写真の亜種 *diores* はエクアドル(Ecuador)からボリビア(Bolivia)にかけて分布し, 前翅の黄色部が R_2 脈を越えることなく, 亜外縁紋は5箇である.

4. ***Papilio* (*Papilio*) *hectorides hectorides*** ESPER (♂)　　キオビアゲハ(雄)

雌雄全く異なり, 雌はジャコウアゲハ類の *Priamides* (*Hectorides*) *agavus* DRURY に擬態し, 前後翅に白縦帯があり, 後翅外縁に赤紋列を有する. 然し時には全く白帯が消失することもあり, これを ab. *melania* OBERTHÜR という. 幼虫は柑橘類を食べる. 原亜種はブラジル(Brazil)とパラグァイ(Paraguay)に普通, 亜種 *lamarchei* STAUDINGER は黄帯が広く, 亜外縁の黄紋も大きい. アルゼンチン北部(N. Argentina)とボリビア(Bolivia)に稀でない.

5. ***Papilio* (*Papilio*) *rutulus rutulus*** LUCAS (♂)　　オオトラフアゲハ(雄)

雌雄大差ない. 幼虫は緑色, 胸部に細長い眼状紋があり, ヤナギ類を食べる. 北米西部(W. N. America)に普通で, カナダの英領コロンビア(British Columbia)からアリゾナ(Arizona)およびコロラド(Colorado)にかけて産する.

6. ***Papilio* (*Papilio*) *troilus troilus*** LINNÉ (♂)　　クスノキアゲハ(雄)

雌雄大差ない. アオジャコウアゲハ *Battus philenor* に擬態するものと考えられる. 幼虫は緑色, 胸部第3節の両側に大きな眼状紋を具え, 第4室に小紋を有する. クス科植物を食べるが, 時にモクレン科およびヘンルウダ科植物を食べることがある. 蛹で越冬, 年2回発生することは我国のアゲハ類と余り変らない. 北米全域(N. America)に産する普通種. 亜種 *ilioneus* ABBOT & SMITH は亜外縁の紋列が大きく, フロリダ(Florida)およびテキサス(Texas)の産.

【Plate 30】

1. ***Papilio* (*Papilio*) *thoas brasiliensis*** ROTHSCHILD & JORDAN (♂)
　　タスキアゲハ(雄)

雌雄ほとんど差がない. 幼虫はコショウ科およびヘンルウダ科植物を食べる. 南米のほとんど全域および北米の南部に広く分布する普通種で, 開けた場所や庭先に飛来する点, 我国のアゲハやキアゲハと全く同様である. 多くの亜種があり. 原亜種 *thoas* LINNÉ はギアナ(Guiana)およびアマゾン下流(Lower Amazon)の産. 写真に示した, ブラジル(Brazil), パラグァイ(Paraguay)およびアルゼンチン北部(N. Argentina)に分布す

る亜種 *brasiliensis* に比べて濃色で前翅中室に小紋がある．テキサス(Texas)から中米 (C. America)にかけての亜種 *autocles* ROTHSCHILD & JORDAN は淡色で中室紋がない．この他 *melonius* ROTHSCHILD & JORDAN (Jamaica), *oveido* GUNDLACH(Cuba), *nealces* ROTHSCHILD & JORDAN (Nicaragua~W. Ecuador, Trinidad, Orinoco), *cinyras* MÉNÈTRIÉS (E. Ecuador, Amazon~Bolivia), *thoantiades* BURMEISTER (Argentina) 等の亜種があるが，何れも著しい差異はない．合衆国(U.S.A.)に普通の別種 *cresphontes* CRAMER は黄帯が細い．

2. ***Papilio* (*Papilio*) *androgeus laodocus*** FABRICIUS (♂)　　フトオビアゲハ(雄)

雌雄は色彩が全く異なり，雌は前翅に黄色の横帯があり，後翅の亜外縁とその内方に暗青色帯がある型と，全体黒褐色で，後翅の青色帯も暗色になった型とがある．幼虫は柑橘類を食べる．原亜種 *androgeus* CRAMER はコロンビア(Colombia)からボリビア(Bolivia)に至るアンデス山地(Andes Mts.)の産．雌の第1型は黄色帯の幅が広い．第2型は f. *piranthus* CRAMER という．亜種 *epidaurus* GODMAN & SALVIN は雄の黄帯は幅広く，雌の黄帯は逆に小さく，後翅の青色が強い．中米(C. America)および西インド諸島(Antilles)の産．写真の亜種 *laodocus* はブラジル(Brazil)の産．黄色部が淡色で，前翅中室端の外にある小紋が小さいかまたは全く欠く．

3. ***Graphium* (*Iphiclides*) *marcellus marcellus*** CRAMER (♂)　　トラフタイマイ(雄)

Papilio ajax の名で知られた北アメリカ(N. America)に産する普通種で，北米に産する唯一の *Graphium* 属の種類である．幼虫はポポーを食べる．季節変化があり，写真の f. *marcellus* は春型で小さく，黄色部が多い．夏型 f. *lecontei* ROTHSCHILD & JORDAN は大きく，黒条が太い．この他フロリダ(Florida)産の春型 *floridensis* HOLLAND は黒条が太く，晩春型 *telamonides* FELDER は春型と夏型の中間型となる．北アメリカ東部および南部(E. & S. N. America)よりカナダ南部(S. Canada)にかけて産する．

4. ***Papilio* (*Papilio*) *alexanor alexanor*** ESPER (♂)　　トラフキアゲハ(雄)

雌雄大差ない．幼虫はキアゲハのそれに似ていて，同様にセリ科植物を食べる．蛹は地上の石等に附着し，扁平，一見石屑に似る．成虫は年1回5~7月に発生，花に来る．地中海地方からコーカサスにかけて分布し，3亜種に分けられ，写真に示した原亜種は南フランス(S. France)からイタリー(Italy)を経てバルカン(Balkan)に分布する．亜種 *judaeus* STAUDINGER は黒帯が太く，ギリシャ(Greece)からシリア(Syria)を経てパ

Plates 30〜31

レスチナ(Palestine)に産し，亜種 *orientalis* ROMANOV は逆に黒帯が細く，コー／カス(Caucasus)およびアルメニア(Armenia)に産する．

【Plate 31】

1. ***Papilio*** (***Papilio***) *zenobia zenobia* FABRICIUS （♂）　ゼノビアゲハ(雄)

雌雄大差ない．幼虫は未知．原産地は西アフリカのシエラ・レオネ(Sierra Leone, W. Africa)であるが，ギネア湾(G. of Guinea)の北岸一帯に分布する．余り変化はないが，後翅の帯の細い型，f. *odenatus* WESTWOOD がある．

2. ***Papilio*** (***Papilio***) *dardanus cenea* STOLL （♀）　オスジロアゲハ(雌)

雌雄全く異なり，雌はマダラチョウ科 Danaidae の *Amauris* 属等，ドクチョウ科 Acraeidae の或る種等に擬態した数型があり，また地方によって雌型も変化する等，擬態の好例として，また雌の多型の例として，アフリカの蝶の中最も有名である．原亜種 *dardanus* BROWN(fig. 4)は西アフリカ(W. Africa)一帯からコンゴー(Congo)を経て南はアンゴラ(Angola)，東はウガンダ(Uganda)に至る広い地域に分布する．雌は常に無尾で，紋の白色の f. *hippocoon* FABRICIUS, f. *heimsi* SUFFERT, 後翅の紋が黄色の f. *nioboides* AURIVILLIUS, 赤褐色の f. *trophonissa* AURIVILLIUS, f. *niobe* AURIVILLIUS 等がある．亜種 *cenea* STOLL(fig. 2)は南アフリカ(S. Africa)からデラゴア湾(Delagoa Bay)まで分布し，雄は小さく後翅の黒帯が広く，尾状突起は先端を除いて黒い．雌 (fig. 2) は無尾，多くの型があるが，写真は f. *cenea* SUFFERT に属するものである．東アフリカ (E. Africa) の亜種は *tibullus* KIRBY に属し，モザンビク(Mozambique)の切手になっている．ケニア(Kenya)やタンガニーカ(Tanganyica)には亜種 *polytrophus* ROTHSCHILD & JORDAN を産し，エチオピア(Abyssinia)に *antinorii* OBERTHÜR を産する．後者は黒色部が最も減退した亜種で，雌も雄に似た色彩をし，常に有尾である点で顕著である．この他マダガスカル(Madagascar)に *meriones* C. & R. FELDER, コモロ諸島(Comoro Is.)に *humbolti* OBERTHÜR を産する．

3. ***Papilio*** (***Papilio***) *nobilis nobilis* ROGENHOFER （♂）　チャバネアゲハ(雄)

雌雄大差ない．黄褐色の翅，尾状突起の形等，極めて特異な種類で，原亜種は東アフリカ(E. Africa)に産する．この他亜種 *didigensis* CARPENTER がスーダン南部(S. Sudan)に産する．

4. ***Papilio*** (***Papilio***) *dardanus dardanus* BROWN （♂）　オスジロアゲハ(雄)

【Plate 32】

1. *Papilio* (*Papilio*) *palamedes palamedes* DRURY (♂)　　キマダラアゲハ(雄)

雌雄大差なく，雌は褐色を帯びる．一見かなり異なるように見えるが *P. troilus*（Pl. 29, fig. 6）に最も近い種類で，幼虫も似ていて，モクレン科を食べ，クス科やヘンルウダ科植物も食べることがある．北米合衆国南部(S. U.S.A.)に産し，亜種 *leontis* ROTHSCHILD & JORDAN は小型，黄色部が少なく，メキシコ(Mexico)に産する．

2. *Graphium* (*Iphiclides*?) *illyris hamatus* JOICEY & TALBOT (♂)
ヒトスジタイマイ(雄)

雌雄大差ない．原亜種 *illyris* HEWITSON は中央アフリカのフェルナンドポー島(Fernando Po, C. Africa)の産．写真に示した亜種 *hamatus* はギネア(Guinea)からコンゴー(Congo)にかけて分布する．

3. *Papilio* (*Papilio*) *phorcas phorcas* CRAMER (♂)　　フォルカスアゲハ(雄)

雌に2型あり，1つは雄と同様であるが，他は全く緑紋を欠き，代りに中央に黄帯がある．これを f. *thersander* FABRICIUS という．幼虫はヘンルーダ科を食べ，緑色，4〜8節に雲状の模様がある．蛹は黄緑色，カラスアゲハの蛹に似る．緑紋の多少，形状などにより若干の亜種に分けられる．写真の原亜種はシエラレオネ(Sierra Leone)からニジェリア(Nigeria)にかけて分布する．この他 *congoanus* ROTHSCHILD (Cameroon & Congo), *ansorgei* ROTHSCHILD (Kenya & Uganda), *ruscoei* BRYK & KRÜGER (Mt. Elgon), *nyikanus* ROTHSCHILD & JORDAN (Tanganyika & Nyassaland)等の亜種がある．

4. *Papilio* (*Papilio*) *nireut lyaeus* DOUBLEDAY (♂)　　ニレウスアゲハ(雄)

雌雄多少異なり，雌は緑帯を有し，時に前翅亜種外縁に黄紋を有することがある．幼虫は緑色，形態はクロアゲハに似るが，模様はカラスアゲハに似る．蛹は緑色，カラスアゲハに似る．原亜種 *lyaeus* DOUBLEDAY シエラレオネ(Sierra Leone)からウガンダ(Uganda)およびアンゴラ(Angola)に至る地域に広く分布する．この他 *lyaeus* DOUBLEDAY (S. Africa, Angola, Tanganyica & Kenya), *pseudonireus* FELDER (Abyssinia & Somaliland), *donaldsoni* SHARP (Somaliland), *aristophontes* OBERTHÜR (Comoro Is.)等の亜種があり，斑紋が多少異なる．

【Plate 33】

1. ***Papilio* (*Papilio*) *hesperus hesperus*** WESTWOOD (♂)　　オオシロモンアゲハ(雄)

雌雄ほとんど差異がない．幼虫は未知．原亜種は西アフリカ(W. Africa)からアンゴラ(Angola)およびウガンダ(Uganda)にかけて分布する．亜種 *horribilis* BUTLER はカメルン(Cameroon)の産．後翅亜外縁の黄白紋が5箇あり，一様に大きい．亜種 *pelodurus* BUTLER はタンガニーカ(Tanganyica)およびニアサランド(Nyassaland)の産，後翅白帯が広く，亜外縁紋が5箇で大きい．この他 *embodinus* EHRMANN (Uganda), *kassaiensis* MOREAU (Belg. Congo) *hermes* BOULLET & LE CERF (Sierra Leone), *bukoba* RICHELMANN(Victoria), *adittionis* STRAND(Kenya), *vesper* LE CERF(Usambara) 等の亜種がある．

2. ***Papilio* (*Papilio*) *menestheus lormieri*** DISTANT (♂)　　オオサカハチアゲハ(雄)

雌雄大差はない．雄の前翅に性標を有する点で他のアフリカのアゲハ類の中では特異な種類である．原亜種 *menestheus* DRURY は西アフリカ(W. Africa)の産．前翅斑紋が異なる．写真の亜種 *lormieri* はガブーン(Gabun)およびコンゴー(Congo)の産．亜種 *ophidicephalus* OBERTHÜR は南アフリカ(S. Africa)およびケニア(Kenya)の産．黄帯が太く，紋も大きい．この他 *aureus* MOREAU(Congo Belg.), *phalusco* SUFFERT(Natal), *chirinda* VAN SON(S. Africa), *entabeni* VAN SON(S. Africa), *semlikana* LE CERF (Semliki River) 等の亜種があるが，これを *menestheus*, *lormieri* および *ophidicephalus* の3種に分けることもある．

【Plate 34】

1. ***Melindopsis rex rex*** OBERTHÜR (♂)　　レックスマダラアゲハ(雄)

雌雄で色彩に多少の相異がある．マダラチョウ科の *Danaus* 属の種類に擬態し，各亜種によって夫々の地方に産する別々のマダラチョウに擬態する．写真に示した原亜種はタンガニーカ(Tanganyica), ケニヤ(Kenya)等東アフリカ地方(E. Africa)の産で *Danaus* (*Melinda*) *formosa* GODMAN に擬態する．亜種 *mimeticus* ROTHSCHILD (fig.2)はウガンダ(Uganda)に産し，同地に産する *Danaus* (*Melinda*) *mercedonia* KARSCH(Pl. 75, fig.5)に擬態する．亜種 *schultzei* AURIVILLIUS はカメルーン(Cameroon)の Adamaua 地方に産し，同地に産する *Danaus* (*Tirumala*) *petiverana* DOUBLEDAY & HEWITSON に擬態する．また *D. formosa* と *D. mercedonia* 両種が混産する地方では *rex* と *mimeticus* の中間の亜種 *commixta* AURIVILLIUS を産する．この他 *barnsi* LE

Plates 34〜35

CERF(Congo Belg.), *franciscae* CARPENTER (S. Sudan), *abyssinicus* POULTON (Abyssinia), *regulus* LE CERF(Kikuyu), *alinderi* BRYK(Mt. Elgon)等の亜種がある.

2. *Melindopsis rex mimeticus* ROTHSCHILD （♂）　　レックスマダラアゲハ(雄)

3. *Papilio* (*Papilio*?) *zagreus zagreus* DOUBLEDAY （♂）
キマダラマルバネアゲハ(雄)

雌雄大差ないが, 雌は極めて稀である. 幼虫は未知. ベネズエラ(Venezuela)およびコロンビア(Colombia)に多く, 南はアマゾン地方(Amazon)およびアンデス地方(Andes)ではボリビア(Bolivia)にまで達している. 地方変化は少なく, 亜種 *chrysoxanthus* FRUHSTORFER がペルー(Peru)に産する. *zagreus* 群のアゲハチョウは何れもマダラチョウ科の *Lycorea* 属のもの, 特に *L. cleobaea*(Pl. 75, fig. 8), *ceres*, *halia* 等の種類, 或いはタテハチョウ科の毒蝶 *Heliconius* の或種(Pl. 103)等に酷似し, この類に擬態するものと考えられる. この群には他に *neyi* NIEPELT (Ecuador), *ascolius* FELDER (Panama, Colombia, Ecuador), *bachus* FELDER(Colombia, Ecuador, Peru, Bolivia) の3種類がある.

【Plate 35】

1. *Chilasa clytia clytia* LINNÉ f. *panope* LINNÉ（♂）　　ギベリアゲハ(雄)

雌雄ほとんど大差ない. 幼虫は黒色, 両側に2条の赤点列があり, 3〜7節と11〜14節に乳白色の帯があり, 各節に突起がある. 蛹は棒状. 極めて変化が多く, 種々の地方変化や型が知られているが, これ等はマダラチョウ科の *Danaus* 類に擬態し, 黄条の発達した *dissimilis* を主とした型と, 同じくマダラチョウ科のルリマダラ類 *Euploea* に擬態した *clytia* を主とした型とに大別される. 本種の産地では大低両型が出現するが, アンダマン諸島(Andamans)およびチモール島(Timor)等では *Danaus* に似た前者の型ばかりを産し, フィリッピン(Philippines)およびパラワン島(Palawan)では *Euploea* に似る後者の型ばかりを産する. 原亜種 *clytia* LINNÉ は南支那(S.China), 海南島(Hainan), トンキン(Tonkin), ビルマ(Burma), インド(India), マレー(Malay)等の産. 写真に示した *dissimilis* LINNÉ を始め, 暗褐色の *clytia* LINNÉ, *casyapa* MOORE, *panope* LINNÉ (fig. 2) 等の型がある. また *lankeswara* MOORE (Ceylon), *panope* WESTWOOD (Burma, Thai), *flavolimbatus* OBERTHÜR(Andamans), *panopius* STAUDINGER (Palawan), *palephates* WESTWOOD (Philippines), *echidna* BOISDUVAL (Timor), *lacedemon* FABRICIUS (Malabar) 等の亜種があるが, 不思議にもスマトラ

Plates 35～36

(Sumatra), ボルネオ(Borneo), ジャバ(Java)等の大スンダ列島(Great Sunda Is.)には本種は全く産しない.

  2. *Chilasa clytia clytia* LINNÉ f. *dissimilis* LINNÉ （♂） キベリアゲハ（雄）

  3. *Chilasa paradoxa telesicles* FELDER （♂） オオムラサキアゲハ（雄）

ルリマダラ類 *Euploea* に擬態するアゲハとして有名. 常に2型あり, 原型 *paradoxa* 型は前翅中室の白紋が小さいかまたは全く欠き, 後翅基部に白斑がない. 一方 *caunus* WESTWOOD 型は *Euploea*(*Salpinx*) *diocletianus*(Pl. 77, fig. 2)に擬態し, どの地方でも大体一定している. *paradoxa* 型は地方変化が多く, これによって若干の亜種に分けられている. 原亜種 *paradoxa* ZINKEN はジャバ(Java)産, 写真の亜種 *telesicles* はボルネオ(Borneo)産, 雄はツマムラサキマダラ *Euploea*(*Trepsichrois*) *mulciber* の雄(Pl. 76, fig. 2)に擬態し, 雌(fig. 4)はやはり同じ種の雌(Pl. 76, fig. 3)に擬態している. この他 *telearchus* HEWITSON (Burma, Tonkin, Thai), *aenigma* WALLACE(Malaya, Sumatra), *melanoma* JORDAN(Palawan), *niasicus* ROTHSCHILD (Nias), *mesades* FRUHSTORFER (Batu Is.)等の亜種がある.

  4. *Chilasa paradoxa telesicles* FELDER （♀） オオムラサキアゲハ（雌）

  5. *Graphium pausanias pausanias* HEWITSON （♂） ヘリコニウスタイマイ（雄）

毒蝶の1種, *Heliconius clytia* LINNÉ(Pl. 103, fig. 3)の擬態種として有名. 外形のみならず飛び方も毒蝶に似ているという. 4亜種あり, 写真に示した原亜種はコロンビア中部(C. Colombia)からボリビア(Bolivia)およびアマゾン(Amazon)にかけて分布, 亜種 *tabaquita* KAYE はトリニダット島(Trinidad I.), 亜種 *prasinus* ROTHSCHILD & JORDAN は中米のコスタリカ(Costa Rica), 亜種 *cleombrotus* STRECKER はコロンビア西部(W. Colombia)に産する.

【Plate 36】

  1. *Papilio* (*Pyrrhosticta*) *cleotas phaeton* LUCAS （♂） クレオタスアゲハ（雄）

南米に於いて最も特化したアゲハ類の1群で, *homerus* 群に入る. 触角は *Graphium* 属のように短く, 先端の太まりが強い. 雌に2型あり, 一つは雄同様で, 他は後翅に青色帯がある. 中米のコスタリカ(Costa Rica)からブラジル(Brazil)まで分布するが, エ

クアドル(Ecuador), ギアナ(Guiana)およびアマゾン(Amazon)では *P. aristeus* CRAMER (fig. 3)が代り, 本種は産しない. 数亜種あり原亜種 *cleotas* GRAY はブラジルのリオデジャネイロ地方(Rio de Janeiro, Brazil)の産, 前翅の黄帯の形が異なる. 写真の亜種 *phaeton* はコロンビア(Colombia)の産. 亜種 *archytas* HOPFFER はコスタリカ(Costa Rica)およびパナマ(Panama)に産する.

2. ***Graphium xynias xynias*** HEWITSON (♂)　　マエモンタイマイ(雄)

雌雄は多少異なる. 幼虫は未知. 写真に示した原亜種はペルー(Peru)からボリビア(Bolivia)に至る地方の産. この他エクアドル(Ecuador)に亜種 *xisuthrus* NIEPEPLT がある. 南米産の *Graphium* 属には本種のようにジャコウアゲハ類(*Priamides* および *Buttus*)に擬態する種類が少なくない. *Graphium* 属中でマダラチョウ科の種類に擬態する例は東洋熱帯および熱帯アフリカに少なくないが, ジャコウアゲハ族に擬態する例は南米以外には見当らない.

3. ***Papilio* (*Pyrrhosticta*) *aristeus bitias*** GODART (♂)　　アリステウスアゲハ(雄)

本種も *cleotas* と同様に *homerus* 群に入る. 幼虫は未知. 雌に2型あり, 一つは雄と大差ないが, 他は斑紋が青味を帯び, 後翅の帯が広い. 南米に広く分布し, 若干の亜種に分けられる. 原亜種 *aristeus* CRAMER はギアナ(Guiana)の産. 写真の亜種 *bitias* はペルー(Peru)およびエクアドル(Ecuador)に普通. この他 *ctesiades* ROTHSCHILD & JORDAN (Amazon), *desmias* ROTHSCHILD & JORDAN (Sao Paulo, Brazil), *vilcanotus* ROTHSCHILD & JORDAN (S. Peru), *coelebs* ROTHSCHILD & JORDAN (NW. Peru, SW. Ecuador), *lenaeus* DOUBLEDAY(SE. Peru, E. Bolivia) 等の亜種がある.

【Plate 37】

Druryia (***Druryia***) ***antimachus antimachus*** DRURY (♂)
ドルーリーオオアゲハ(雄)

アフリカ産の最大の蝶である. 蝶の中で前翅長がこれより長い種類はない. 然し雌は極めて稀で, 雄よりも遥かに小さい. 幼虫は未知. ギネア湾(G. of Guinea)の北岸に沿って分布し, 西はシエラレオネ(Sierra Leone)から東はカッサイ(Kassai)に至る. 森林地方に産し, 樹上高く飛ぶが, 湿地にも来る. *congolanus* DUFR. (Congo)および *coffea* TALBOT の2亜種がある.

Plates 38～39

【Plate 38】

1. *Papilio* (*Achillides*) *krishna krishna* MOORE （♂）　タカネクジャクアゲハ

雌雄大差ない．雄には他のカラスアゲハ類のような性標がない．幼虫は未知．極めて美しい特異な種類で後翅裏面にはミヤマカラスアゲハ *P. maacki* に似た太い灰白帯がある．ヒマラヤ(Himalaya)から西部支那(W. China)にかけての狭い地域に限って分布し，写真の原亜種はシッキム(Sikkim)から北ビルマ(N. Burma)にかけての産．山の傾斜地の森林の空地に多いという．亜種 *charlesi* FRUHSTORFER は黒っぽく，前翅の灰白帯が弱く，後翅の赤紋が強い．西部支那の四川省(Sze-chuan, W. China)の奥地に産する．

2. *Papilio* (*Achillides*) *arcturus arcturus* WESTWOOD （♂）
オオクジャクアゲハ（雄）

雌雄大差なく，雌はやや淡色，大型で後翅の赤紋が大きい．雄にはやはり性標がない．幼虫は未知．成虫は峠や森林の空地に多いことは我国のカラスアゲハと同様である．写真に示した原亜種はネパール(Nepal)，ビルマ(Burma)およびテナッセリム(Tenasserim)の産．稀ではない．亜種 *arius* ROTHSCHILD はカシミル(Kashmir)およびインド西北部（NW. India）の産．亜種 *arcturulus* FRUHSTORFER は四川省(Sze-chuan)の産．亜種 *porphyrians* OBERTHÜR は打箭炉(Ta-tsien-lu)の産．共に斑紋や色調に多少の相違がある．

【Plate 39】

1. *Papilio* (*Achillides*) *bianor kotoensis* SONAN （♂）　ルリオビアゲハ（雄）

従来次に記す *polyctor* の亜種とされていたものであるが，後翅の斑紋，性標，交尾器等の特徴はむしろカラスアゲハ *P. bianor* に近いので，*bianor* の亜種として取扱った．或いは独立種として取扱った方がよいかも知れない．台湾南部にある紅頭嶼(Botel-Tobago I., S. Formosa)にのみ産する．幼虫は未知，同島には普通に産するが，飛び方が速く，完全なものを採るのは困難であるという．

2. *Papilio* (*Achillides*) *polyctor ganesa* DOUBLEDAY （♂）　クジャクアゲハ（雄）

雌雄は大差なく，雌は大型，淡色，前翅の性標がない．幼虫は緑色，黄色の斜帯があり，一見カラスアゲアに似ていて，ヘンルーダ科の *Xanthoxylon* を食べる．蛹も青緑色でカラスアゲハに似る．北インド(N. India)からビルマ(Burma)を経て印度支那半島

(Indo-China Peninsula) に分布する．若干の亜種に分けられ，原亜種 *polyctor* BOISDUVAL はカシミル(Kashmir)からヒマラヤ西部(W.Himalaya)の産．前翅の緑帯が顕著で，春型 f. *peeroza* MOORE は小型で緑帯が特に顕著である．写真に示した亜種 *ganesa* はシッキム(Sikkim)，アッサム(Assam)から北ビルマ(N. Burma)にかけて普通に産する．春型 f. *mai* TYTLER は小型で後翅の紋が緑で，赤紋が強い．この他 *significans* FRUHSTORFER(Tenasserim, Thai)，*triumphator* FRUHSTORFER(Tonkin)等の亜種がある．台湾(Formosa)の *thrasymedes* FRUHSTORFER が本種の亜種とされていたが，これはカラスアゲハ *P. bianor* に近く，本種とは異なる．

【Plate 40】

1. *Papilio* (*Achillides*) *hoppo hoppo* MATSUMURA （♂）　ホッポアゲハ(雄)

雌雄はかなり異なり，雌(fig. 2)は後翅亜外縁に赤紋が現れる．幼虫は未知．台湾(Formosa)特産種で中部の高地に稀ではないが，雌は少ない．前掲のヒマラヤ(Himalaya)から西部支那(W. China)にかけて分布する *P. arcturus*(Pl. fig. 2)に近いが，後翅裏面の赤紋が2重になっていて，この点では他に全く類似種がない．

2. *Papilio* (*Achillides*) *hoppo hoppo* MATSUMURA （♀）　ホッポアゲハ(雌)

3. *Papilio* (*Achillides*) *maackii tutanus* FENTON （♂）　ミヤマカラスアゲハ(雄)

幼虫はキハダを食べる．原亜種 *maackii* MÉNÈTRIÉS はアムール(Amurland)，ウッスリー(Ussuri)，満洲(Manchuria)，朝鮮(Korea)等に分布し，写真の亜種 *tutanus* は北海道(Hokkaido)等の北日本(N. Japan)の産．西南日本(SW. Japan)産は亜種 *satakei* MATSUMURA に属するが，3者の間に決定的な相異点はなく，中間の地域に産する型によって順次連続する．春型は小さく，後翅裏面の灰白帯が明瞭である．大陸産は *raddei* BREMER，北日本産は *jezoensis* MATSUMURA，西南日本産は *ogamidakensis* KANDA という．この他支那(China)および台湾(Formosa)にも産するが，まだ亜種名が確定していない．

【Plate 41】

1. *Papilio* (*Achillides*) *karna karna* C. & R. FELDER （♂）
　　カルナルリモンアゲハ(雄)

雌雄大差ない．幼虫は未知．ルリモンアゲハ *P. paris* に似るが大型，後翅の青藍紋は大きいが，中室から離れている．*paris* よりは少ない．ジャバ(Java)，スマトラ(Su-

Plates 41〜42

matra)およびボルネオ(Borneo)に分布し，3亜種に分けられる．原亜種(fig. 1)は最も小型でジャバ西部(W. Java)に産し，亜種 *discordia* NICÉVILLE は大型でスマトラ東北部(NE. Sumatra)の産．亜種 *carnatus* ROTHSCHILD はボルネオ(Borneo)に産する．

2. *Papilio* (*Achillides*) *paris paris* LINNÉ (♂)　　ルリモンアゲハ(雄)

雌雄ほとんど変化がない．雄は通常性標がないが，稀に前翅第2脈上に小さく現れることがあり，台湾(Formosa)産の亜種 *hermosanus* REBEL では常に現れる．幼虫や蛹はカラスアゲハ *P. bianor* によく似ていて，ヘンルーダ科植物を食べる．北はヒマラヤ(Himalaya)から西部および南支那(W. & S. China)に及び，南はスマトラ(Sumatra)からジャバ(Java)に達し，多くの亜種に分けられているが，ボルネオ(Borneo)には産しない．原亜種は南支那(S. China)からビルマ(Burma)を経てヒマラヤ(Himalaya)およびアッサム(Assam)に及び，南はインドシナ半島(Indo-China Peninsula)全域に分布する．この他 *tissaphernes* FRUHSTORFER(Hainan), *chinensis* ROTHSCHILD(W. China), *tamilana* MOORE(S. India), *battacorum* ROTHSCHILD(Sumatra), *arjuna* HORSFIELD(Java)等の亜種があり，この中 *chinensis* が後翅の青藍紋が最も小さく，*arjuna* が最も大きく，上掲(fig. 1)の *P. karna* よりも更に大きい．

【Plate 42】

1. *Papilio* (*Achillides*) *palinurus daedalus* C. & R. FELDER (♂)
オビクジャクアゲハ(雄)

雌雄大差ない．幼虫は未知．成虫は森林地方に多く，湿地にも来る．ビルマ(Burma)からスマトラ(Sumatra)，ボルネオ(Borneo)を経てフィリッピン(Philippines)にまで分布し，若干の地方型に分けられる．写真の亜種 *daedalus* はフィリッピン(Philippines)に普通で，全年を通じて産するが，特に5月と10月に多いという．原亜種 *palinurus* FABRICIUS は小型で前翅端の突出が弱く，緑帯が細くより強く傾斜する．ビルマ(Burma)，テナセリム(Tenasserim)，マレー(Malaya)，スマトラ(Sumatra)およびボルネオ(Borneo)等に広く分布する．この他 *adventus* FRUHSTORFER(Nias), *angustatus* STAUDINGER(Palawan), *nymphodorus* FRUHSTORFER(Bazilan I.)等の亜種がある．

2. ***Papilio** (Achillides) lorquinianus lorquinianus* FELDER （♂）

ヘリボシオオルリアゲハ（雄）

雌は青藍色部が狭く，後翅亜外縁の紋列が大きい．幼虫は未知．原亜種はテルナテ（Ternate）およびハルマヘラ（Halmahera）の産．この外 *gelia* JORDAN（Batjan），*philippus* WALLACE（Ceram），*apollodorus* FRUHSTORFER（Waigeu），*dewaro* JOICEY & TALBOT（Dewaro, N. Guinea），*d'albertisi* OBERTHÜR（N. N. Guinea）等の亜種がある．何れも青藍色部の多少の相異であるが，ニューギニアの *d'albertisi* だけは青藍色部が美しい金緑色を帯びる．

【Plate 43】

1. ***Papilio** (Achillides) blumei blumei* BOISDUVAL （♂）　オオルリオビアゲハ

雌は淡色で，帯が細い．幼虫は未知．カラスアゲハ群中で最も美しい種類の一つで，セレベス（Celebes）だけに産する．原亜種 *blumei* は北セレベス（N. Celebes）に多く，亜種 *fruhstorferi* RÖBER は南セレベス（S. Celebes）の産．稀で，帯の形が異なる．この他 *magnificus* NIEPELT （N. Celebes），*occidentalis* MARTIN （W. Celebes）等の亜種がある．

2. ***Papilio** (Achillides) ulysses joësa* BUTLER （♂）　オオルリアゲハ（雄）

雌は褐色を帯び，藍色部が鮮明でなく所々でぼけていて，後翅亜外縁に不明瞭な青藍色の紋列がある．幼虫は柑橘類を食べる．成虫は森林にも空地にも見られ，特に川の附近に多い．然し飛び方が強いので完全品の採集は容易でない．モルッカ諸島（Moluccas）からニューギニア（N. Guinea）を経てソロモン群島（Solomons）およびオーストラリア東北部（NE. Australia）にまで広く分布し，青藍色部の多少によって多くの亜種に分けられる．原亜種 *ulysses* LINNÉ はアンボイナ（Amboina）およびセラム（Ceram）の産．青藍色部が，写真に示したオーストラリア（Australia）産の亜種 *joësa* より濃色で雌の青鱗が少ない．この他 *telegonus* FELDER（Batjan, Halmahera），*dohertius* ROTHSCHILD（Buru），*oxyartes* FRUHSTORFER（Aru），*autolycus* FELDER（N. Guinea），*telemachus* MONTROUZIER（Woodlark, Ferrgusson, etc.），*ambiguus* ROTHSCHILD（Bismarck Is.），*nigerrimus* RIBBE（N. Solomons），*orsippus* GODMAN & SALVIN（S. Solomons），等々多くの亜種がある．

【Plate 44】

1. *Papilio* (*Achillides*) *peranthus peranthus* FABRICIUS (♂)　　アオネアゲハ(雄)

雌は褐色を帯び，後翅亜外縁の緑色部が不明瞭．幼虫は未知．習性はカラスアゲハに似ている．ジャバ(Java)に普通で，小スンダ列島(Lesser Sunda Is.)およびセレベス(Celebes)に分布し若干の亜種に分けられる．原亜種 *peranthus* はジャバ(Java)の産．他に *transiens* FRUHSTORFER(Bali～Alor)，*intermedius* SNELLEN(Djampea)，*fulgens* RÖBER(Lombok, Flores, etc.)，*baweana* HAGEN(Bawean)，*insulicola* ROTHSCHILD(S. Celebes)，*fannius* FRUHSTORFER(Sumbawa)，*adamantius* FELDER (N. & C. Celebes)等の亜種がある．

2. *Papilio* (*Achillides*) *syphanius syphanius* OBERTHÜR ab. *albomaculatus* VERITY (♂)　　シナカラスアゲハ(雄)

我国のカラスアゲハ *P. bianor* CRAMER に最も近い種類で，混同されていたこともあるが，翅が細く，前翅裏面の灰白鱗が全面に拡がり，尾状突起が太い．西部支那(W. China)の奥地に産し，四川(Sze-chuan)，雲南(Yunnan)からチベット東部(E. Tibet)にかけて産する．余り多い種類ではなく，稀に後翅中央に灰白紋の現れるものがあり，これを ab. *albomaculatus* VERITY (fig. 2) という．

3. *Papilio* (*Achillides*) *syphanius syphanius* OBERTHÜR (♂)　　シナカラスアゲハ(雄)

カラスアゲハ群は代表的な東洋熱帯のアゲハチョウ類で，西はインドのカシミール(Kashmir)から東はソロモン群島(Solomon Is.)に，北は西部支那(W. China)から北支那(N. China)，満洲(Manchuria)を経てアムール(Amurland)から日本(Japan)および樺太(Saghalien)に達し，南はニューギニア(N.Guinea)を経てオーストラリア北部(N.Australia)に及んでいる．裏面が濃色で縁紋の赤い *bianor-paris* 群と淡色で，褐色を帯び，縁紋が汚黄褐色の *palinurus-ulysses* 群に2大別され，前者はヒマラヤ(Himalaya)から印度支那半島(Indo-China Peninsula)を中心とした北方地方に，後者はモルッカ諸島(Moluccas)を中心とした地方に分布する．(地図参照)．

カラスアゲハ *Achillides* 亜属の分布

【Plate 45】

1. ***Papilio*** (***Papilio***) ***maraho maraho*** SHIRAKI & SONAN (♂)   フトオアゲハ(雄)

雌は雄より翅が僅かに広い程度で大差がない．幼虫は未知であるが，恐らくクロアゲハ類に近く，ヘンルーダ科植物を食べると思はれる．台湾中北部(N. & C. Formosa)の山地に産する珍種で，雌は特に少い．台湾特産の種類とされているが，次種 *elwesi* LEECH にも後翅に白紋を持った亜種があり，次種から果して独立種として扱うことが出来るかどうか疑問である．

2. ***Papilio*** (***Papilio***) ***elwesi elwesi*** LEECH (♂)   シナフトオアゲハ(雄)

前種によく似ているが，普通は白紋がなく，尾状突起の形が異る．揚子江(Yangtse-kiang)以南の山地に産し，写真に示した原亜種は揚子江南岸の山地の産．原産地は九江(Kiu-kiang)であるが，所によっては稀でないという．この他貴州省(Kwei-chou)に後翅に不明瞭な白紋を持った亜種 *cavalerei* LE CERF がある．

本種及び前種は尾状突起に2本の翅脈があるので，*Agehana* MATSUMURA という別属にされているが，*P. rhetenor* WESTWOOD(Pl. 50, fig. 1, 2)の様な中間の種類があり，クロアゲハ類から区別することは困難である．

【Plate 46】

1. ***Papilio*** (***Papilio***) ***aegeus ormenus*** GUÉRIN (♀)   メスアカモンキアゲハ(雌)

雄(fig. 2)は後翅に大きな白紋があり全く赤紋がないが，雌(fig. 1)は前翅に灰褐色部があり，後翅にも赤紋を表し，ジャコウアゲハ類の *Tros polydorus* に擬態する．幼虫は柑橘類を食べる．ニューギニア(N. Guinea)およびオーストラリア(Australia)に広く分布する種類で，多くの亜種に分けられる．原亜種 *aegeus* DONOVAN はオーストラリア東北部(NE. Australia)に普通．雄は前翅端に斜の白帯がある．写真に示した亜種 *ormenus* はニューギニア(N. Guinea)の産で，雄には前翅に斜白帯のある f. *ormenus* と帯のない f. *pandion* WALLACE(fig. 2)とがある．この他 *adrastus* FELDER(Banda Is.), *aolydorina* HAASE(Goram, etc), *kissuanus* ROTHSCHILD(Watubela Is.), *keianus* ROTHSCHILD (Key Is.), *othello* GROSE-SMITH(Biak I.), *websteri* GROSE-SMITH(New Britain), *oritas* GODMAN & SALVIN(New Ireland)等多くの亜種がある．

Plates 46〜48

 2. ***Papilio aegeus ormenus*** Guérin f. ***pandion*** Wallace　（♂）
   メスアカモンキアゲハ（雄）

 3. ***Papilio*** (***Papilio***) ***euchenor euchenor*** Guérin　（♂）　　パプアアゲハ（雄）
 雌は淡色，前翅端の黄紋は小さい．幼虫は柑橘類を食べる．ニューギニア（N. Guinea）およびその周辺の島々だけに産する特異な種類で多くの亜種がある．写真に示した原亜種はニューギニア（N. Guinea）およびワイゲウ島（Waigeu）の産．この他 *naucles* Rothschild（Key Is.），*obsolescens* Rothschild（Aru Is.），*misolensis* Rothschild（Misol），*eutropius* Janson（Jobi），*godarti* Montrouzier（Woodlark Is.），*rosselanus* Rothschild（Rossel Is.），*misimanus* Rothschild（St. Aignan Is.），*depilis* Rothschild（New Britain），*novohibernicus* Rothschild（New Ireland），*neohannoveranus* Rothschild（New Hanover）等多くの亜種がある．

【Plate 47】

 1. ***Papilio*** (***Papilio***) ***polymnestor polymnestor*** Cramer　（♂）　　テンジクアゲハ（雄）
 雌は雄と大差ないが，淡色で，青色の部分が黄白色を帯びる．幼虫はナガサキアゲハに似ていて，やはり柑橘類を食べる．インド（India）全般に広く分布し，シッキム（Sikkim）やアッサム（Assam）にも産する．他の亜種 *parinda* Moore はセイロン（Ceylon）に産し，前翅の帯が広い．

 2. ***Papilio*** (***Papilio***) ***memnon anceus*** Cramer　（♀）　　ナガサキアゲハ（雌）
 （Pl. 48, fig. 1 参照）

【Plate 48】

 1. ***Papilio*** (***Papilio***) ***memnon memnon*** Linné　（♀）　　ナガサキアゲハ（雌）
 雌雄全く異り，雄は黒色，青鱗があり，常に無尾，余り地方的な差異が顕著ではないが，雌は淡色．多くは後翅に白紋があり，地方的変化が著しい．大低の地方では有尾と無尾の2型があるが，分布の周辺地方では有尾型は現れない．幼虫はクロアゲハに似ていて，柑橘類を食べる．原亜種はジャバ（Java），ボルネオ（Borneo），バリ島（Bali）およびその附近の産で，雌には多くの型がある．写真に示したのはその中の f. *hiera* Jordan に相当するもので，ジャバ（Java）には最も多い．有尾型は f. *memnon* Linné に当る．亜種 *anceus* Cramer（Pl 47, fig. 2）はスマトラ（Sumatra）およびその周辺の島々の産，雌の

— 44 —

Plates 48〜49

前翅中室の基部の紋は赤または白く，腹部の後半は黄色い．やはり雌は数型あり写真(Pl. 47, fig. 2)に示したものは f. *anceus* CRAMER に当る．有尾型は f. *butis* JORDAN という．亜種 *agenor* LINNÉ はインド(India)からビルマ(Burma)を経て南はマレー(Malaya)まで，東は南支那(S. China)，海南島(Hainan)および台湾(Formosa)にまで及んでいる．雌の最も普通の型は f. *agenor* LINNÉ で，白紋が大きく，台湾産の雌は大部分この型である．我国の雌に似た黒い型もあり，これは北インド(N. India)からビルマ(Burma)に産し，f. *butlerianus* ROTHSCHILD という．有尾型は f. *alcanor* CRAMER という．台湾産の有尾型は後翅の白紋の大小によつて *distantianus* ROTHSCHILD および *titania* JORDAN 等の名があるが，有尾型は全部 *alcanor* に統一した方が妥当であると思う．この他我国の *thunbergi* SIEBOLD(Japan)，琉球の *pryeri* ROTHSCHILD(Loo-Choo Is.)，*oceani* DOHERTY(Engano)，*perlucidus* FRUHSTORFER(Lombok)，*clathratus* ROTHSCHILD(Sumbawa)，*merapu* DOHERTY(Sumba)，*subclathratus* FRUHSTORFER (Flores)等の亜種があるが，何れも雌は無尾型ばかりで有尾型がない．

2. ***Papilio* (*Papilio*) *rumanzovia rumanzovia*** ESCHSCHOLTZ （♀）　アカネアゲハ(雌)

雄はナガサキアゲハに似ていて，後角に赤紋があるだけである．裏面は基部が赤く，後翅外縁に美しい赤い眼状紋が列ぶ．幼虫はナガサキアゲハ *P. memnon* に似ていて，柑橘類を食べる．フィリッピン全島(Philippines)に普通で，南はセレベス北部のタラウト諸島(Talaut Is.)，北は台湾南部(S. Formosa)にまで達している．雌には3型があり，写真に示したものは白紋のない型 f. *semperinus* HAASE で北部に多く，後翅中央に白色部のある f. *rumanzovia* ESCHSCHOLTZ は中南部に多く，後翅に大きな白紋があり，亜外縁に橙色紋の列ぶ *eubalia* JORDAN は南部に多い．

【Plate 49】

1. ***Papilio* (*Papilio*) *demolion demolion*** CRAMER （♂）　オビモンアゲハ(雄)

雌雄ほとんど大差ない．幼虫は緑色，前胸と第8および11節に小突起がある．ヘンルーダ科植物を食べる．ビルマ(Burma)からマレー(Malaya)，スマトラ(Sumatra)およびジャバ(Java)を経てロンボク島(Lombok)に至り，一方ボルネオ(Borneo)およびパラワン島(Palawan)にも産する．余り地方変化のない種類であるが，*delostenus* ROTHSCHILD(Palawan)および *energetes* FRUHSTORFER(Nias)の両亜種がある．

Plate 49

2. *Papilio* (*Papilio*) *nephelus nephelus* Boisduval (♂)
　　シロオビモンキアゲハ(雄)
雌雄大差がない．幼虫はモンキアゲハ *P. helenus* に似ていて，柑橘類を食べる．マレー(Malaya)からジャバ(Java)に至る地域とボルネオ(Borneo)に産するが，*helenus* 程に普通ではない．写真に示した原亜種 *nephelus* はジャバ(Java)産，この他に *saturnus* Guérin(Malaya), *albolineatus* Forbes(Sumatra, Borneo), *siporanus* Hagen(Mentawei I.), *tellonus* Fruhstorfer(Batu Is.), *uranus* Weymer(Nias Is.)等の亜種がある．

3. *Papilio* (*Papilio*) *albinus albinus* Wallace (♂)　　パプアモンキアゲハ(雄)
雌はやゝ褐色を帯び，雄と大差ない．幼虫は未知．ニューギニア(N. Guinea)に産し，原亜種は西部の産．亜種 *lesches* Godman & Salvin は東部(E. N. Guinea)の産．前翅中室端の外側に白紋がある．

4. *Papilio* (*Papilio*) *polytes polytes* Linné (♂)　　シロオビアゲハ(雄)
西はインド(India)，北は西部支那(W. China)および琉球(Loo-Choo Is.)，南はモルッカ諸島(Moluccas)及びチモール島(Timor)，東はフィリッピン諸島(Philippines)からパラオ諸島(Palau Is.)に至る広い地域に分布する普通種で，多くの亜種に分けられるが，有尾および無尾の2系に大分される．雌には，(1) 雄と同様のもの，(2) fig. 4 の様に白紋と赤斑の現れるもの，および (3) 前翅に灰白の2斜帯と，後翅に赤紋のあるものの3系統に大別される．(2)はベニモンアゲハ *Tros aristolochiae*，(3)はインドの *Tros hestor* にそれぞれ擬態するといはれている．また無尾の (2) は同じく *Tros polydorus* (Pl. 27, fig. 4) に擬態する．原亜種 *polytes* は琉球(Loo-Choo)，台湾(Formosa)，南および西支部(S. & W. China)，海南島(Hainan)，トンキン(Tonkin)等に産し，雌の (1) を f. *stichius* Hübner，(2) を f. *polytes* Linné という．亜種 *romulus* Cramer はトンキン(Tonkin)からインド(India)にかけての産，(1) を *cyrus* F.，(3) を f. *romulus* Cramer という．亜種 *theseus* はボルネオ(Borneo)およびスマトラ(Sumatra)産．尾状突起が短い．雌の(1)を f. *nonia* Jordan という．亜種 *javanus* Feelder はジャバ(Java)およびその附近の島々に産し，雄の尾状突起が著しく短かく，雌の (1) f. *pygela* Jordan も短い．然し (2) は原亜種 *polytes* と殆ど変りない．この他 *ledebouria* Eschscholtz(Palawan, Philippines, Palau Is., etc.), *alpheios* Fruhstorfer (Celebes), *alphenor* Cramer(S. Moluccas), *nicanor* Felder(N. Moluccas)等々多

くの亜種がある.

5. *Papilio* (*Papilio*) *polytes polytes* LINNÉ (♀)　　シロオビアゲハ(雌)

【Plate 50】

1. *Papilio* (*Papilio*) *rhetenor rhetenor* WESTWOOD (♀)　　レテノールアゲハ(雌)
雌雄全く異り，雄は無尾で黒い(fig. 2)．雌は稀である．幼虫はヘンルーダ科植物を食べると思はれる．北インド(N. India)から西部支那(W. China)に分布し若干の亜種に分けられる．原亜種 *rhetenor* はヒマラヤ(Himalaya)，アッサム(Assam)および北ビルマ(N. Burma)に分布し，fig. 2 の様に前翅に白色部の発達するものを ab. *laucocelis* JORDAN という．この他 *publilius* FRUHSTORFER(Burma & N. Thai)，*platenius* FRUH-STORFER(W. China)，*nausithous* OBERTHÜR(Tibet)等の亜種があり，台湾(Formosa)に産するワタナベアゲハ *P. thaiwanus* ROTHSCHILD も雌雄共に無尾であるが，恐らく本種にごく近いものであろう．

2. *Papilio* (*Papilio*) *rhetenor rhetenor* WESTWOOD (♂)　　レテノールアゲハ雄

3. *Papilio* (*Papilio*) *bootes janaka* MOORE (♂)　　ブーテスアゲハ(雄)
雌雄ほとんど変化がない．幼虫は未知．クロアゲハ *P. protenor* CRAMER 近似の種類であるが，ジャコウアゲハ類に擬態する．原亜種 *bootes* WESTWOOD はアッサム(Assam)に産し，後翅の白紋が小さな長楕円形の2紋に分離し，*Tros philoxenus* GRAY(Pl. 27, fig. 3)に似，写真に示した亜種 *janaka* はヒマラヤ(Himalaya)およびシッキム(Sikkim)産，*Tros latreillei* DONOVAN(Pl. 27, fig. 2)に似る．この他 *dealbatus* ROTHSCHILD(W. China)，*nigricans* ROTHSCHILD(W. China)，*rubicundus* FRUHSTORFER(Tibet)，*parcesquamata* v. ROSEN(Yunnan)等の亜種がある．

【Plate 51】

1. *Graphium* (*Dabasa*) *gyas hercules* BLANCHARD (♂)　　ギアスアゲハ(雄)
雌は白色の広い帯がある．幼虫は未知．北インド(N. India)から西支那(W. China)に分布し若干の亜種がある．原亜種 *gyas* WESTWOOD は尾状突起が長く，暗色，帯が広く暗色を帯びる．アッサム(Assam)，ブータン(Bhutan)およびシッキム(Sikkim)の産．写真の亜種 *hercules* は西部支那(W. China)の産．この他ビルマ北部(N. Burma)に亜種 *aribbas* FRUHSTORFER がある．

Plates 51～53

2. *Graphium* (*Dabasa*) *payeni evan* DOUBLEDAY （♂）　カギバアゲハ(雄)

雌は大型，幅が広く，黒紋が小さい．幼虫は未知．鉤の様に突出した前翅は他のアゲハ類中に類がない．ヒマラヤ(Himalaya)から東は海南島(Hainan)，南はジャバ(Java)に至る地域に広く分布するが，南方ではむしろ稀な種類である．若干の地方変化があり，写真の亜種 *evan* はヒマラヤ(Himalaya)からアッサム(Assam)にかけて産し，最も大型で，稍々普通に見られる．原亜種 *payeni* BOISDUVAL はジャバ(Java)の産，小型で暗色部が多い．この他 *amphis* JORDAN(Burma & Tenasserim), *langsonensis* FRUHSTORFER (Tonkin), *hegylus* JORDAN(Hainan), *ciminius* FRUHSTORFER(Malaya, E. & W. Sumatra), *brunei* FRUHSTORFER(Borneo, S. Sumatra)等の亜種がある．

【Plate 52】

1. *Graphium* (*Iphiclides*) *androcles androcles* BOISDUVAL （♂）
オオオナガタイマイ(雄)

アサクラアゲハ類中の白眉である．雌雄大差ない．幼虫は未知．西部を除くセレベス全島(Celebes)に産し，川沿いの森林の中に稀ではない．亜種 *cleomenes* FRUHSTORFER がスーラ島(Sula)に産する．よく似ているが前翅の黒色部中に細い白条のない種類を *G. dorcus* DEHAAN といい，北セレベス(N. Celebes)に産し，稀である．

2. *Druryia* (*Icarus*) *zalmoxis zalmoxis* HEWITSON （♂）
ザルモクシスオオアゲハ(雄)

D. antimachus と共に，アフリカに産する巨大な蝶として有名である．同様に西アフリカ(W. Africa)に産し，ギニア湾(G. of Guinea)の北岸の森林地方に分布するが，*antimachus* よりは分布が狭い．雄は比較的多く採集されるが，雌は極めて稀．幼虫は未知．

【Plate 53】

1. *Graphium* (*Graphium*) *weiskei weiskei* RIBBE （♂）　ミイロタイマイ(雄)

雌には雄と同様のもの f. *weiskei* RIBBE と紫色紋が緑色の f. *euprasina* JORDAN の2型がある．タイワンタイマイ *G. cloanthus* WESTWOOD に近い種類であるが，この様に3色の斑紋を有する種類は他のタイマイ類中に例がない．原亜種はニューギニア(N. Guinea)のオーエン・スタンレー山脈(Owen-Stanley Mts.)中に稀ではない．この他亜種 *stresemanni* ROTHSCHILD がセラム(Ceram)に産する．

2. *Lamproptera curius curius* Fabricius (♂)　　シロオビスカシアゲハ(雄)

雌雄大差ない．スソビキアゲハともいう．幼虫はハスノハギリ科の *Illigera* 属の植物を食べる．西はアッサム(Assam)から東は南支那(S. China)および海南島(Hainan)，南はジャバ(Java)にまでおよんでいて，若干の亜種に分けられるが，著しい相異はない．原亜種 *curius* F. はアッサム(Assam)からビルマ(Burma)，マレー(Malaya)を経てボルネオ(Borneo)およびパラワン(Palawan)に産し，亜種 *walkeri* Moore は南支那(S. China)，海南島(Hainan)およびトンキン(Tonkin)の産．亜種 *magnistralis* Fruhstorfer は雲南省(Yunnan)産．亜種 *tutationis* Fruhstorfer はスマトラ(Sumatra)およびジャバ(Java)に産する．また *libelluloides* Fruhstorfer はニアス諸島(Nias)に産する．*Lamproptera* 属は2種を含み，東南アジアに限って分布する．肢の構造や食性の上からもタイマイ属 *Graphium* に最も近く，習性も似ていて，湿地に飛来し，ひょいひょいとアオスジアゲハの様に吸水するという．他にもう1種 *L. meges* Zinken を産し，これは前後翅の帯が青緑色を帯び，同様の地域に分布し，やはり多くの亜種がある．

3. *Graphium (Graphium) codrus medon* Felder (♂)　　オナガアオスジアゲハ(雄)

雌は淡色で，後翅内縁に性標がない．成虫は飛び方が早く，高い梢を飛ぶが，湿地に集まり，花や熟した果実にも来る．フィリッピン(Philippines)からセレベス(Celebes)を経て，ニューギニア(N. Guinea)およびその周辺の島々に分布し，多くの亜種に分けられる．原亜種 *codrus* Cramer はモルッカ諸島南部(S. Moluccas)のセラム(Ceram)，アンボイナ(Amboina)等に産する．写真の亜種 *medon* はニューギニア(N. Guinea)およびその周辺の島々に普通に産し，アルー諸島(Aru Is.)にも分布する．この他 *auratum* Rothschild (Admirality Is.)，*melanthum* Felder (Philippines)，*celebensis* Wallace (Celebes)，*taloranum* Jordan (Talaut)，*stiris* Jordan (Sula Is.)，*gilolensis* Wallace (N. Moluccas)，*toealensis* Rothschild (Key Is.)，*segonax* Godman & Salvin (Bismarck Is.)，*pisidice* Godman & Salvin (Solomon Is.)等々多くの亜種がある．

4. *Graphium (Iphiclides) antiphates alcibiades* Fabricius (♂)
　　オナガタイマイ(雄)

雌雄ほとんど変りない．幼虫はバンレイシ科植物を食べる．成虫は森林地方に普通で，飛び方は速いが，雄は湿地に群がる．西はインド(India)およびセイロン(Ceylon)，東は南支那(S. China)まで，南は小スンダ諸島(Lesser Sunda Is.)およびボルネオ(Borneo)までの間に広く分布し，多くの亜種に分けられる．原亜種 *antiphates* Cramer は南支那

Plates 53～54

(S. China)およびトンキン(Tonkin)の産．大型で黒色部が多く，前翅外縁の黒条が後縁角に達する．亜種 *pompilius* FRUHSTORFER は海南島(Hainan)，安南(Annan)，タイ国(Thai)，ビルマ(Burma)，アッサム(Assam)，および北インド(N. India)の産．黒条の発達が原亜種より弱い．亜種 *naira* MOORE はインドの半島部(Peninsular India)の産，*ceylonicum* EIMER はセイロン(Ceylon)の産，写真に示した亜種 *alcibiades* F. はジャバ(Java)の産．黒色部の発達が弱い．この他 *itamputi* BUTLER(Malaya, Sumatra, Borneo, Natuna Is., etc.), *antiphonus* FRUHSTORFER (Nias), *valium* JORDAN (Bali), *kalaoense* ROTHSCHILD (Sumbawa, Flores, etc.), *epaminondas* OBERTHÜR(Andamans)等の亜種があり，この中アンダマン諸島(Andamans)産のものが最も黒く後翅の表面にも黒条が現れる．フィリッピン(Philippines)からボルネオ北部(N.Borneo)にかけてはよく似た別種 *G. euphrates* FELDER を産する．

5. **Graphium (Iphiclides) agetes agetes** WESTWOOD (♂)
アゲテスオナガタイマイ(雄)

雌雄ほとんど相違がない．森林地方の丘陵地に普通，雄は河岸の湿った砂地に群がるが，雌は稀，幼虫は不明．シッキム(Sikkim)およびアッサム(Assam)から南支那(S. China)および海南島(Hainan)に至り，印度支那半島(Indo-China Peninsula)の全域，マレー(Malay)，スマトラ(Sumatra)およびボルネオ(Borneo)の山地にまで達している．多くの亜種があり，写真に示した原亜種 *agetes* はシッキム(Sikkim)，アッサム(Assam)からビルマ(Burma)を経てトンキン(Tonkin)および海南島(Hainan)におよぶ．この他 *hönei* MELL(S. China), *iponum* FRUHSTORFER(Malaya, S. Burma, Thai), *insulare* STAUDINGER(Sumatra), *kinabaluense* FRUHSTORFER(Borneo)等の亜種がある．

【Plate 54】

1. **Graphium (Paranticopsis) xenocles xenocles** DOUBLEDAY (♂)
ミズアオマダラタイマイ(雄)

雌雄著しい差異はない．幼虫は未知．ヒマラヤ(Himalaya)から南はタイ国(Thai)，東はトンキン(Tonkin)から海南島(Hainan)にまで分布する．写真に示した原亜種 *xenocres* はアッサム(Assam)産で，稀ではない．亜種 *phrontis* DE NICÉVILLE はシッキム(Sikkim)およびブータン(Bhutan)の産，原亜種より黒っぽい．この他 *kephisos* FRUHSTORFER (Burma, Tenasserim, Tonkin), *lindos* FRUHSTORFER (Thai), *xenoclides* FRUHSTORFER(Hainan) 等の亜種がある．

2. ***Graphium (Paranticopsis) deucalion deucalion*** BOISDUVAL （♂）
　キマダラタイマイ（雄）

雌は雄より斑紋が多少大きい．幼虫は未知．セレベス(Celebes)およびモルッカ諸島北部(N. Moluccas)の特産種．2亜種あり，原亜種 *deucalion* はセレベス(Celebes)に産し，写真の様に斑紋が黄色い．他の亜種 *leucadion* STAUDINGER はモルッカ諸島北部(N. Moluccas)の産，小型で斑紋が黄色を帯びた白色．

3. ***Graphium (Paranticopsis) idaeoides idaeoides*** HEWITSON （♂）
　オオゴマダラタイマイ（雄）

雌雄ほとんど変化ない．幼虫は未知．マダラチョウ科のオオゴマダラ *Idea (Hestia) leuconoë* ESCHSCHOLTZ に擬態するアゲハとして著名である．フィリッピン諸島のミンダナオ島(Mindanao, Philippines)にだけ産する珍種で，他には全く知られていない．ビスマルク諸島(Bismarck Is.)に産する *G. browni* GODMAN & SALVIN も，後翅の斑紋が全く消失しているが，恐らく同一種類の地方変異であろう．

4. ***Graphium (Paranticopsis) megarum megapenthes*** FRUHSTORFER （♂）
　コモンマダラタイマイ（雄）

雌雄大差なく，雄は湿地に集まる．幼虫は未知．分布は大体に於いて *G. xenocres* DOUBLEDAY(fig. 1)に一致するが，更に南にまで分布する．若干の亜種があり，原亜種 *megarum* WESTWOOD はアッサム(Assam)および北ビルマ(N. Burma)産，前翅中室の紋が小さいか消失する．写真に示した亜種 *megapenthes* FRUHSTORFER(=*similis* LATHY)は海南島(Hainan)，トンキン(Tonkin)，南ビルマ(S. Burma)からマレー(Malaya)を経てスマトラ東北部(NE. Sumatra)にまで分布する．この他 *sagittiger* FRUHSTORFER (Borneo), *fleximaculum* ROTHSCHILD (Banguey Is.) 等の亜種がある．

5. ***Graphium (Paranticopsis) leucothoë leucothoë*** WESTWOOD （♂）
　ウスグロマダライマイ（雄）

雌雄大差ないが，雌は雄より白紋が小さい．幼虫は未知．若干の地方変異があり，写真に示した原亜種はマレー(Malaya)およびスマトラ東北部(NE. Sumatra)の産．この他 *interjectum* HONRATH (SW. Sumatra) および黒化した *ramaceum* WESTWOOD (Borneo) の両亜種がある．

【Plate 55】

1. *Graphium* (*Graphium*) *wallacei wallacei* Hewitson (♂)　　ワレスタイマイ(雄)

雌雄大差なく，雌は僅かに淡色．幼虫はコモンタイマイ *G. agamemnon* L. やミカドアゲハ *G. doson* Felder に似ていて，バンレイシ科の *Anona muricata* を食べる．モルッカ諸島北部(N. Moluccas)とニューギニア(N. Guinea)およびその周辺の島々に普通に産する．写真に示した原亜種 *wallacei* はニューギニア(N. Guinea)，ワイゲウ島(Waigeu)およびアルー諸島(Aru Is.)の産，亜種 *rubrosignatum* Rothschild はハルマヘラ(Halmahera)，バチャン(Bachan)等のモルッカ諸島北部(N. Moluccas)の島々に産する．

2. *Graphium* (*Graphium*) *agamemnon agamemnon* Linné (♂)
コモンタイマイ(雄)

雌雄大差ないが，有尾の亜種では一般に雌の方が雄より尾状突起が長い．幼虫は種々のバンレイシ科植物を食べる．東洋熱帯からオーストラリアにかけての南方各地に広く分布し，我国のアオスジアゲハの様に，どこにでも見られる普通種である．地方変化が多く，原亜種は南支那(S. China)の産で，この他トンキン(Tonkin)，ビルマ(Burma)，北インド(N. India)からマレー(Malaya)，スマトラ(Sumatra)，ボルネオ(Borneo)，ジャバ(Java)を経てバリ島(Bali)まで，一方では台湾南部(S. Formosa)を経てフィリッピン(Philippines)までの広い地域に分布するが，その周辺地方では多少変化があり，例えば南インド(S. India)とセイロン(Ceylon)のものは *menides* Fruhstorfer に属し尾状突起が長く，台湾(Formosa)産のものは一般に尾状突起が短く，時にはほとんどなくなる．この様にジャバ(Java)，フィリッピン(Philippines)より北西では一般に地方変化が少いが，これより東南の地域では極めて変化が多く，形状，斑紋，色彩共に変化して来る．*meton* Fruhstorfer(Lombok, Sumbawa, etc.), *exilis* Rothschild(Wetter, Dammer, Tenimber, etc.), *noplum* Jordan(Palau), *comodus* Fruhstorfer(Celebes), *guttatus*(N. Moluccas), *plisthenes* Felder(S. Molucca), *ligatum* Rothschild(N. Guinea), *argynnum* Druce(Key), *mynion* Fruhstorfer(Queensland), *salomonis* Rothschild (Solomon Is.), *neopommeranium* Honrath (Bismarck Is.) 等はその代表的なものである．

3. *Graphium* (*Graphium*) *tynderaeus tynderaeus* Fabricius (♂)
　　ウスミドリタイマイ(雄)

雌雄大差ない．幼虫は全く未知．成虫は森林地方に産し，湿地に来る．西アフリカ(W. Africa)に産し，シエラレオネ(Sierra Leone)からコンゴー北部(N. Congo)にかけて分布する．地方変化はほとんどない．

4. *Graphium* (*Graphium*) *sarpedon milon* Felder (♂)　　アオスジアゲハ(雄)

我国のアオスジアゲハ *G. s. nipponus* Fruhstorfer と同種であるが帯が細く，かなり異った感じがする．セレベス(Celebes)産の亜種である．アオスジアゲハ *G. sarpedon* Linné は *Graphium* 属の模式種で，前記のコモンタイマイ *G. agamemnon* Linné と共に東南アジアに最も広く分布するタイマイ類であるが，分布は更に北にまで拡っている．亜種が多く，原亜種は小型で，帯が広く，海南島(Hainan)から北インド(N. India)に至る地域から南，フィリッピン(Philippines)とバリ島(Bali)を結ぶ線まで分布し，この地域内では余り変化がないこともコモンタイマイと一致する．一方これから東南では *adonarensis* Rothschild(Flores, etc.)，*timorense* Rothschild(Timor)，*choredon* Felder(Australia)，*messogis* Fruhstorfer(Key, Aru, N. Guinea, etc.)，*imperiale* Rothschild(Bismarck Is.)，*isander* Godman & Salvin(Solomon Is.)，*anthedon* Felder(Amboina, etc.)，*dodingense* Rothschild(N. Moluccas)等々多くの亜種があり，変化が著しい．また分布の北方でも我国の *nipponum* Fruhstorfer(Japan)を始め台湾(Formosa)の *connectens* Fruhstorfer，支那(China)の *semifasciatum* Honrath 等の亜種があるが何れも原亜種とそれ程著しい相異はない．

5. *Graphium* (*Iphiclides* ?) *antheum nyassae* Butler (♂)
　　オナガコモンタイマイ(雄)

雌雄ほとんど大差ない．幼虫は褐色または緑褐色，第3節に黄帯がある．バンレイシ科のオウソウカ属を食べる．アフリカ西部から東部におよび，マダガスカル(Madagascar)にも産する．亜種 *evombar* Boisduval はマダガスカル(Madagascar)に産し，小型，中央の帯紋が著しく幅広い．原亜種 *antheum* Cramer は西アフリカ(W. Africa)の産．黒翅裏面中室に黒紋と赤紋がある．写真の亜種 *nyassae* はナタール(Natal)からケニヤ(Kenya)にかけての産．後翅裏面中室に黒紋と赤紋を欠く．

Plates 55～56

6. ***Graphium*** (***Graphium***) ***latreillianum theorini*** AURIVILLIUS　(♂)
　　オビモンタイマイ(雄)

雌雄大差ない．幼虫は未知．2亜種あり，原亜種 *latreillianum* GODART は西アフリカ (W. Africa)の産，小型で前翅亜外縁に小緑紋列がある．写真の亜種 *theorini* はカメルン(Cameroon)からアンゴラ(Angola)に至る地方の産，大型で前翅亜外縁の紋列がない．

【Plate 56】

1. ***Graphium*** (***Iphiclides***?) ***marchandii panamense*** OBERTHÜR
　　キイロオナガタイマイ(雄)

雌雄大差ない．*Graphium* 属としては鱗粉が厚ぼったく，濃色で，触角が細長である．或いは真正の *Papilio* であるかも知れない．幼虫は未知．原亜種 *marchandii* BOISDUVAL はより濃色，メキシコ(Mexico)からホンジュラス(Honduras)にかけての産．写真の亜種 *panamense* は淡色，コスタリカ(Costa Rica)からエクアドル西部(W. Ecuador)にかけての産．エクアドル北部(N. Ecuador)からブラジル(Brazil)およびボリビア(Bolivia)にかけて分布する *G. thyastes* DRURY も恐らく本種と同一種か或いは極めて近似した種類であろう．

2. ***Graphium*** (***Iphiclides***) ***telesilaus telesilaus*** FELDER　(♂)
　　テレシラウスオナガタイマイ(雄)

雌雄大差ない．幼虫は未知．パナマ(Panama)からブラジル南部(S.-Brazil)に至る南米の大部分に最も普通の種類で，*protesilaus*, *agesilaus*(Pl. 57, fig. 2)等同類のアゲハ類と共に湿地に群がるという．2亜種あり，写真の原亜種はコロンビア(Colombia)からボリビア(Bolivia)，パラグァイ(Paraguay)および南ブラジル(S. Brazil)に至る地域に広く分布，他の亜種 *dolius* ROTHSCHILD & JORDAN はパナマ(Panama)からコロンビア西部(W. Colombia)にかけて産する．

3. ***Graphium*** (***Iphiclides***) ***columbus columbus*** KOLLAR　(♂)
　　コロンブスオナガタイマイ(雄)

雌雄大差ない．幼虫は未知．コロンビア(Colombia)からエクアドル北西部(NW. Ecuador)にかけて普通に産する．よく似た種類に *G. serville* GODART があり，前翅の斜黄帯が異る．やはりエクアドル(Ecuador)，コロンビア(Colombia)およびベネズエラ北部(N. Venezuela)に分布する．

4. *Graphium* (*Iphiclides*) *leucaspis leucaspis* GODART (♂)
　　　ウスグロオナガタタイマイ(雄)

雌雄大差ない．幼虫は未知．コロンビア(Colombia)からボリビア(Bolivia)にかけてのアンデス山地(Andes)に産する普通種．2亜種あり，原亜種はエクアドル(Ecuador)からボリビア(Bolivia)にかけて分布する．亜種 *lamis* ROTHSCHILD はコロンビア(Colombia)に産し，前翅中室紋の中後方のものが大きい．

【Plate 57】

1. *Graphium thymbraeum thymbraeum* BOISDUVAL (♂)　　ベニモンタイマイ(雄)

雌雄大差ない．幼虫はバンレイシ科の *Chirimoya* 属を食べ，胸部に青と黄の小紋を散らし，4節より後に白と黒の縦条があり，白条に青と黄の小点がある．側方は青色．成虫は全年を通じて普通．同じ地域に産するジャコウアゲハ類の *Priamides* (*Hectorides*) *photinus* DOUBLEDAY に擬態する．2亜種あり，原亜種はメキシコ東部(E. Mexico)からホンジュラス(Honduras)にかけての産，亜種 *aconophos* GRAY はメキシコ中部および西部(W. &C. Mexico)の産，後翅の内側の赤紋列がない．

2. *Graphium* (*Iphiclides*) *agesilaus agesilaus* GUÉRIN & PERCHERON (♂)
　　　アゲシラウスオナガタイマイ(雄)

雌雄ほとんど相違がない．幼虫は未知．メキシコ(Mexico)からボリビア(Bolivia)およびブラジル北部(N. Brazil)にかけて産する普通種．若干の亜種があり，写真に示した原亜種はコロンビア(Colombia)およびベネズエラ(Venezuela)の産．この他 *fortis* ROTHSCHILD & JORDAN (Mexico), *neosilaus* HOPFFER (Mexico, Guatemala, Honduras), *eimeri* ROTHSCHILD & JORDAN (Panama & Colombia), *autosilaus* BATES (Ecuador, Peru, Bolivia, Guiana, Amazon)等の亜種がある．

3. *Papilio laglaizei laglaizei* DEPUIS (♂)　　ラグライズアゲハ

雌雄大差ない．幼虫は未知．ニューギニア(N. Guinea)および附近の小島に特産の種類で，ツバメガ科の *Alcidis* 属の種類によく似ていて，これに擬態しているといわれている．特異な種類で，他にはソロモン群島に産する *C. toboroi* RIBBE 以外に類例がなく，ここでは一応 *Chilasa* 属にしておいたが，この処置が妥当かどうかは更に研究の要がある．幼虫はヘンルーダ科植物を食べる．

Plates 57～58

4. *Graphium* (*Paranticopsis*) *encelades encelades* BOISDUVAL (♂)
シロタイマイ(雄)

雌雄変化がない．幼虫は未知．セレベス(Celebes)に産する珍種である．

5. *Graphium* (*Paranticopsis*) *leonidas leonidas* FABRICIUS (♂)
アフリカマダラタイマイ(雄)

雌雄大差ない．幼虫はバンレイシ科の *Popowia* を食べる．アフリカ西部より東部および南部にかけて広く分布する．数亜種に分けられ，写真の原亜種 *leonidas* FABRICIUS は西アフリカ(W. Africa)から，東アフリカ(E. Africa)および，南はアンゴラ(Angola)からナタール(Natal)におよんでいる．一方アンゴラ(Angola)およびナタール(Natal)には青白紋が白っぽくて小さく，亜外縁紋が点状になった亜種 *brasidas* FELDER を産する．この他 *thomasium* LE CERF (S. Thomé), *umanum* ROTHSCHILD (Abyssinia), *pelopidas* OBERTHÜR (Kenya), *santa-marthae* JOICEY & TALBOT (S. Martha) 等の亜種がある．

【Plate 58】

1. *Teinopalpus imperialis imperialis* HOPE (♂)　テングアゲハ(雄)

雌は fig. 2 に示す通りで，かなり著しく異る．幼虫は詳しくは判っていないが，緑色でアゲハ類に似，蛹には奇妙な角がある．9月に蛹化し，翌春に羽化するという．食草はジンチョウゲ科の *Daphne* 類を食べるという．ヒマラヤ(Himalaya)の蝶として著名，飛び方は速く，山頂の林にかこまれた空地に集まる．原亜種はヒマラヤ(Himalaya)から南ビルマ(S. Burma)にかけて産し，亜種 *imperatrix* DE NICÉVILLE は黒ぽくて橙色紋が小さく，北ビルマ(N. Burma)に産する．

テングアゲハ属はアゲハチョウ類中で最も進化したものと考えられているが，逆に比較的原始的なものであるとする説もある．この種類の他に南支那の広東省(Kwang-tung, S. China)北部の山地に *T. aureus* MELL という，黄紋が著しく大きく，尾状突起が短い顕著な別種を産する．

2. *Teinopalpus imperialis imperialis* HOPE (♀)　テングアゲハ(雌)

—シロチョウ科 Pieridae—

【Plate 59】

1. *Aporia* (*Metaporia*) *leucodice soracta* MOORE （♂）　ヒマラヤシロチョウ（雄）
   雌雄大差ない．幼虫はメギ科植物を食べる．トルケスタン(Turkestan)およびイラン(Iran)からヒマラヤ(Himalaya)にかけて広く分布する．原亜種はトルケスタン(Turkestan)および天山(Tianshan)の産．写真に示した亜種 *soracta* MOORE はヒマラヤ(Himalaya)に産する．この他 *sara* EVANS(W. Himalaya)，*balucha* MARSHALL(Afganistan, Kashmir, etc.)，*illumina* GRUM-GRSCHIMAJLO(Iran)等の亜種があり，何処でも普通である．

2. *Pieris extensa extensa* POUJADE （♂）　オオスジグロチョウ（雄）
   スジグロチョウ *P. melete* MÉNÉTRIÉS に極めてよく似た種類であるが，後翅の径脈が著しく彎曲する点で異る．写真に示したものは夏型で f. *eurydice* LEECH という．中および西部支那(C. & W. China)に産する．雌はスジグロチョウの雌に似ている．他にブータン(Bhutan)に亜種 *bhutya* TALBOT を産する．

3. *Aporia* (*Metaporia*) *delavayi delavayi* OBERTHÜR （♂）　ホソバシロチョウ（雄）
   雌はやや黒味が強い．西部支那(W. China)から雲南省(Yunnan)にかけて産する普通種．幼虫は恐らくメギ科植物を食べるものであろう．

4. *Aporia* (*Metaporia*) *lotis lotis* LEECH （♂）　クロホソバシロチョウ（雄）
   雌はかなり異り，黒色部が淡墨色で斑紋がはっきりしない．*A. acraea* OBERTHÜR といわれていたものである．西部支那(W. China)に産する．

5. *Aporia* (*Metaporia*) *agathon phryxe* BOISDUVAL （♂）　タカムクチョウ（雄）
   雌雄著しい差異がない．幼虫はメギ科植物を食べる．裏面は基部が黄色いが，台湾

Plates 59〜60

(Formosa)産の亜種 *moltrechti* OBERTHÜR の様に黒地に多くの黄紋を持つものもある．原亜種 *agathon* GRAY は黒色部が多く，裏面も黄色部が多い．ネパール(Nepal)からビルマ北部(N. Burma)および雲南省(Yunnan)にかけて分布する．写真に示した亜種 *phryxe* は最も白色部の多い亜種で，全く別種の感がある．ヒマラヤ西部(W. Himalaya)，カシミル(Kashmir)およびチベット(Tibet)に産する．この他に *caphusa* MOORE(C. Himalaya)，*ariaca* MOORE(Kumaon)等の亜種がある．

6. ***Aporia*(*Metaporia*) *goutelli goutelli*** OBERTHÜR (♂)
シナミヤマシロチョウ(雄)

雌は黒色部が多い．幼虫は恐らくメギ科植物を食べるものであろう．西部支那(W. China)に産し，雄は多産するが雌は少い．他に亜種 *tsinglingica* VERITY がある．

7. ***Ascia buniae buniae*** HÜBNER (♂)　ブラジルオオモンシロチョウ(雄)

雌は黒色部が多く，後翅の外縁が黒い．南北両アメリカ産のモンシロチョウ類の最大種である．かなりの地方変化があり，写真に示した原亜種はブラジル中部(C. Brazil)の産．この他 *ausia* BOISDUVAL (S. Brazil)，*sabella* FRUHSTORFER(Amazon)，*pharetia* FRUHSTORFER (Peru)，*imperator* (Amazon)，*phaloë* GODART (Amazon)，*diana* FELDER(Colombia)，*sublineata* SCHAUS(Peru)等の亜種がある．

8. ***Pieris naganum karumii*** IKEDA (♂)　カルミモンシロチョウ(雄)

雌は黒色部多く，前翅に3黒帯があり後翅の外縁は広く黒色．アッサム(Assam)から南支那(S. China)を経て台湾(Formosa)に至る地方に分布し4亜種に分けられるが，どの地方でも極めて稀で，雌は特に少い．原亜種 *naganum* MOORE はアッサム(Assam)と北ビルマ(N. Burma)に産し，僅かの個体が採れているに過ぎない．写真の亜種 *karumii* IKEDA は台湾北部(N. Formosa)に産し，これも僅かの個体が採れているに過ぎない．これは1937年に池田成実氏が *P. cisseis karumii* として台湾から記載したものである．この他に西および南支那(W. & S. China)および海南島(Hainan)に産する亜種 *cisseis* LEECH，およびトンキン(Tonkin)に産する亜種 *pamsi* SALVIN がある．

【Plate 60】

1. ***Delias*(*Delias*) *aglaia aglaia*** LINNÉ (♂)　アカネシロチョウ(雄)

Dalias 属の中でも最も広く分布する種類の一つである．雌も雄と大差なく，翅の円味が強い．幼虫はアカネ科のタニワタリノキ類 *Nauclea* を食べる．多くの地方変異があ

り，原亜種はヒマラヤ（Himalaya）からアッサム（Assam），ビルマ（Burma）にかけて稀でない．この他台湾（Formosa）の亜種 *curasena* FRUHSTORFER はよく知られて居り，*porsenna* CRAMER（China, Hainan, Tibet），*tonkiniana* FRUHSTORFER（Tonkin），*siamensis* TALBOT（Thai），*thyra* FRUHSTORFER（Annan），*beata* FRUHSTORFER（Tenasserim, etc.），*parthenope* WALLACE（Malaya），*nigrescens* TALBOT（Cochinchina），*pandecta* STAUDINGER（Palawan），*mera* TALBOT（Philippines），*angustifascia* ROTHSCHILD（Borneo），*goda* FRUHSTORFER（Sumatra）等々多くの亜種がある．

2. *Delias*（*Delias*）*lativitta formosana* MATSUMURA （♂）　ゴマダラシロチョウ（雄）

雌雄大差ないが，雌は円味が強く大型．幼虫は未知．原亜種 *lativitta* LEECH は西部支那（W. China）および雲南省（Yunnan）に産し，稍々黒味がかっている．写真に示した亜種 *formosana* は台湾（Formosa）の山地に産する．この他 *parva* TALBOT がブータン（Bhutan）と北ビルマ（N. Burma）に産する．

3. *Delias*（*Delias*）*subnubila subnubila* LEECH （♂）　クロマダラシロチョウ（雄）

雌は大型で円味が強く，稀である．幼虫は未知．西部支那（W. China），雲南省（Yunnan）およびトンキン（Tonkin）に産する．この類は西部支那からアッサムにかけて近似した種類が多い．

4. *Delias*（*Delias*）*wilemani wilemani* JORDAN （♂）　ワイルマンシロチョウ（雄）

雌は fig. 8 に示した様に大型で円味が強い．Fig. 3 の *D. subnubila* LEECH に最も近い種類で，或いは同種かも知れない．台湾（Formosa）の高地に産し少い．

5. *Perrhybris lorena luteifera* FRUHSTORFER （♂）　ツマグロシロチョウ（雄）

雌雄全く異り，雌はマダラチョウ科の *Lycorea* 属やタテハチョウ科の毒蝶類 *Heliconius* の或種に擬態し，黒地に赤紋及び黄紋を装う．原亜種 *lorena* HEWITSON はエクアドル（Ecuador）およびコロンビア（Colombia）の産．この地 *jumena* FRUHSTORFER（Ecuador），*peruncta* FRUHSTORFER（Bolivia）等の亜種があり，写真に示した亜種 *luteifera* はペルー（Peru）に産する．

6. *Pereute callinira callinira* STAUDINGER （♀）　ベニオビシロチョウ（雌）

雌雄は多少異り，雄は前翅の前縁が赤帯から基部に向けて細く黄色を呈し，後翅の青鱗が多い．多少の地方変化があり，原亜種はペルー（Peru）の産．この他 *sabrina* FRUH-

STOREFR (Colombia), *numatia* FRUHSTORFER (Bolivia) 等の亜種がある.

Pereute 属は南部のアンデス地方 (Andes) を中心に一部はブラジル (Brazil) およびメキシコ (Mexico) にまで拡っている．雌は必ず前翅に赤色の横帯があるが，雄は本種の様に赤帯のあるもの，黄帯または黄白帯のあるもの (*cheops* STAUDINGER 等)，または全く帯を欠き，青灰鱗のあるもの (*charops* BOISDUVAL) 等に分けられる．

7. *Prioneris autothisbe autothisbe* HÜBNER (♂)　アカネマダラシロチョウ (雄)

後翅裏面の斑紋は基部で赤色, 他は黄または白, 雌は黒味が強く前翅は殆と黒いが, 大きな3白紋のある型を f. *albiplaga* FRUHSTORFER という. また雌の後翅裏面が著しく黒くなったものを f. *mucida* FRUHSTORFER という. ジャバ (Java) に普通に産する.

8. *Delias* (*Delias*) *wilemani wilemani* JORDAN (♀)　ワイルマンシロチョウ (雌)

【Plate 61】

1. *Delias* (*Cathaemia*) *mysis mysis* FABRICIUS (♂)　ベニヘリシロチョウ (雄)

雌は稍々黒味が強い．インド・マレー地区 (Indo-Malayian Region) にベニモンシロチョウ *D. hyparete* が普通に産する様にパプア地区 (Papuan Region) に普通な種類で，同様に地方変化が多い．写真に示した原亜種はオーストラリア (Australia) 北部に普通に産する．この他 *nemea* FRUHSTORFER (SW. N. Guinea), *aruensis* MITIS (Aru), *lara* BOISDUVAL (NW. N. Guinea, Waigeu), *intermedia* MITIS (NE. N. Guinea), *onca* FRUHSTORFER (SE. N. Guinea), *rosselliana* ROTHSCHILD (Rossell Is.) 等々多くの亜種がある.

2. *Delias* (*Cathaemia*) *hyparethe hyparethe* LINNÉ (♂)　ベニモンシロチョウ (雄)

雌は黒色部が多く，黒条が強い．幼虫はヤドリギ類を食べる．インド・マレー地区 (Indo-Malayian Region) に極めて広く普通に産する種類で，地方変化が極めて多い．写真に示した原亜種はジャバ (Java) 及びバリ島 (Bali) の産．亜種 *hierte* HÜBNER は南支那 (S. China), *peirene* FRUHSTORFER は台湾 (Formosa) に, *indica* WALLACE は海南島 (Hainan), 印度支那半島 (Indo-China Peninsula) 全域からビルマ (Burma) および北インド (N. India) に, *ethire* DOHERTY は南インド (S.-India) に, また *metarete* BUTLER はマレー (Malaya) に産する．この他にも *diva* FRUHSTORFER (Borneo), *despoliata* FRUHSTORFER (Sumatra), *luzonensis* FELDER (Philippines), *palawanica* STAUDINGER (Palawan) 等々多くの亜種がある.

3. *Delias* (*Cathaemia*) *periboea periboea* GODART （♂）
　　ジャバベニモンシロチョウ(雄)

一見ベニモンシロチョウ *D. hypareta* L. に似るが，裏面(Pl. 62, fig. 3)は全く異る．雌は黒色部が多い．写真に示した原亜種はジャバ(Java)に産し，余り多くない．他に *wallacei* ROTHSCHILD(Bali), *livia* FRUHSTORFER(Lombok), *pagenstecheri* FRUHSTORFER(Sumbawa)等の亜種がある．

4. *Delias* (*Cathaemia*) *eucharis eucharis* DRURY （♂）
　　スジグロベニモンシロチョウ(雄)

雌は黒色部が多い．幼虫はヤドリギ類の *Loranthus* 属の植物を食べる．セイロン(Ceylon)およびインド(India)に普通な種類であるが，地方変異はほとんどない．

5. *Delias* (*Delias*) *aganippe aganippe* DONOVAN （♂）
　　ベニモンゴマダラシロチョウ(雄)

雌雄大差ない．幼虫はヤドリギ類を食べる．オーストラリア(Australia)のクイーンランド(Queensland)から南オーストラリア(S. Australia)まで，主として東部に産する普通種である．裏面の斑紋は *Delias* 属中で他に類がない．

6. *Delias* (*Cathaemia*) *argenthona argenthona* FABRICIUS （♀）
　　アルゲントーナベニモンシロチョウ(雌)

雄は表面が白色でベニモンシロチョウ *D. hyparete*(fig. 2)に似る．雌は2型あり，一つを写真に示したもので，表面が黄色を帯びる．他は後翅の外半分が黒色のもので f. *seminigra* FRUHSTORFER という．原亜種はオーストラリア(Australia)東部に産し，クイースランド(Queensland)からビクトリア(Victoria)にまで分布する．亜種 *fragalactea* BUTLER は後翅裏面の赤紋が小さく，黒色部が多く，明瞭である．北オーストラリア(N. Australia)に産する．この他亜種 *balli* HAULST が南ニューギニア(S. N. Guinea)に産する．

7. *Delias* (*Delias*) *belisama belisama* CRAMER （♂）　　ウラクロシロチョウ(雄)

雌は翅表は黄色を帯び，外縁の黒色部が著しく広い．幼虫は未詳．スマトラ(Sumatra)およびジャバ(Java)に産する普通種．写真に示した原亜種はジャバ西部(W. Java)の産．ジャバ東部(E. Java)産は亜種 *makula* GROSE-SMITH に属し，小型で裏面が淡い．また

Plates 61～62

一方ジャバ(Java)の山地には表面が橙色を呈する亜種 *aurantiaca* Doherty を産する. スマトラ(Sumatra)産の亜種 *glauce* Butler は大型で, 裏面が濃色である.

  8. *Delias* (*Delias*) *harpalyce harpalyce* Donovan (♂)
    ベニマダラシロチョウ(雄)

雌は雄より表面の暗色部が広い. 幼虫はヤドリギ類を食べる. オーストラリア(Australia)の南東部に産する.

【Plate 62】

  1. *Delias* (*Cathaemia*) *mysis mysis* Fabricius (♂)(Underside)
    ベニヘリシロチョウ(雄)(裏面)

  2. *Delias* (*Cathaemia*) *hyparete hyparete* Linné (♂)(Underside)
    ベニモンシロチョウ(雄)(裏面)

  3. *Delias* (*Cathaemia*) *periboea periboea* Godart (♂)(Underside)
    ジャバベニモンシロチョウ(雄)(裏面)

  4. *Delias* (*Cathaemia*) *eucharis eucharis* Drury (♂)(Underside)
    スジグロベニモンシロチョウ(雄)(裏面)

  5. *Delias* (*Delias*) *aganippe aganippe* Donovan (♂)(Underside)
    ベニモンゴマダラシロチョウ(雄)(裏面)

  6. *Delias* (*Cathaemia*) *argenthona argenthona* Fabricius (♀)(Underside)
    アルゲントーナベニモンシロチョウ(雌)(裏面)

  7. *Delias* (*Delias*) *belisama belisama* Cramer (♂)(Underside)
    ウラクロシロチョウ(雄)(裏面)

  8. *Delias* (*Delias*) *harpalyce harpalyce* Donovan (♂)(Underside)
    ベニマダラシロチョウ(雄)(裏面)

以上全部第61図版に示した種類の裏面である.

【Plate 63】

1. *Colias heos heos* HERBST （♂）　ベニモンキチョウ（雌）

雌はモンキチョウ *C. erate poliographus* MOTSCHULSKY に似て黒縁の中に黄紋があり，赤橙色と紫白色の2型があり，後者を f. *chloë* EVERSMANN という．前者には濃淡様々の変化があり，種々の名がつけられているが，区別する必要はないであろう．モンキチョウ類中の最大種で，雄は前翅基部の前縁部に明瞭な性標がある．写真に示した原亜種はアムール（Amur），北満洲（N. Manchuria），ウッスリー（Ussuri）および北朝鮮（N. Korea）の産．この外アルタイ山地（Altai）に亜種 *alpina* VERITY, 甘粛省東部（E. Kansu）に亜種 *vespera* BANG-HAAS, および青海省（Amdo）に亜種 *diva* GRUM-GRSHIMAJRO を産するが，何れも小型で赤味が弱い．*diva* は時に独立種とされることもある．

2. *Colias electo chinensis* VERITY （♂）　エレクトモンキチョウ（雄）

雌は外縁の黒帯中に地色と同じ橙黄紋があり，橙色および白色の2型あり，白色の型を f. *helice* HÜBNER という．雄は明瞭な性標がある．幼虫はマメ科のウマゴヤシ類（*Medicago*），ミヤコグサ類（*Lotus*），エニシダ類（*Cytisus*）等を食べる．アフリカ（Africa）に産する *electo* 群，ヨーロッパ（Europe）に産する *croceus* 群およびアジア（Asia）に産する *fieldi* 群の3群からなり，従来はそれぞれ独立種とされていたものである．大きさや色彩に極めて変化が多いが，写真に示した *chinensis* は中部および西部支那（C. & W. China）の産で北は山西省（Shan-si）まで達している．この他，*fieldi* MÉNÉTRIÉS（E. Himalaya, N. Burma, Yunnan, Tibet），*edusina* FELDER（W. Himalaya, Kashmir, Afganistan, etc.），*croceus* FOURC（Europe, N. Africa, W. Asia, Canary Is.），*hecate* STRECKER（E. & C. Africa），*electo* LINNÉ（S. Africa）(fig. 8)等が代表的な亜種である．

3. *Colias myrmidone balcanica* REBEL （♂）　ミルミドーネモンキチョウ（雄）

雌は *electo* L.(figs. 2, 8)に似るが外縁の黒縁中の紋は地色より淡色である．橙色型と白色型があり，後者を f. *helma* GEEST という．雄の性標は明瞭である．幼虫はマメ科のエニシダ類（*Cytisus*）等を食べる．原亜種 *myrmidone* ESPER は中部および東部ヨーロッパ（C. & E. Europe）および南ロシヤ（S. Russia）産で小型．写真に示した亜種 *balcanica* はバルカン半島（Balkan）に産し，大型で濃色．この他ウラル山脈南東部（SE. Ural）に亜種 *ermaki* GRUM-GRSHIMAJRO を，アルメニア（Armenia）に亜種 *caucasica* STAUDINGER を産する．

4. *Colias romanovi romanovi* GRUM-GRSHIMAJRO （♂）　ロマノフモンキチョウ(雄)

雌は黒色部の中に黄紋列がある．雄でも稀にこの紋列が現われかかるものがあり，これを ab. *maculata* RÖBER という．雌の白色型は知られてない．雄の性標は不明瞭で，明瞭な *electo* 型と全く欠く *hyale* 型の中間に来る注目すべき種類である．トルケスタン(Turkestan)のフェルガナ地方の南部(S. Ferghana)にだけ産する珍しい種類である．

5. *Colias aurorina heldreichi* STAUDINGER　コベニモンキチョウ(雄)

雌は外縁の黒帯中に黄紋がある．白色の型を f. *alba* RÜHL という．雄は暗色で，モンキチョウ類中で紫色光沢が最も強い．雄の性標は最も発達する．原亜種 *aurorina* HERR-SCHAEFFER はアルメニア(Armenia)産の珍種，写真に示した亜種 *heldreichi* はギリシャ北部(N. Greece)の産で小型である．この他 *taurica* REBEL(Taurus, Asia Minor), *transcaspica* CHRISTOV(Transcaspia), *libanotica* LEDERER(Syria, Iraq, Iran)等の亜種がある．

6. *Colias hecla sulitelma* AURIVILLIUS （♂）　ツンドラモンキチョウ(雄)

雌は多少暗色，外縁の黒帯中に黄紋列がある．雄は性標を欠く．幼虫はマメ科のゲンゲ属の1種 *Astragalus alpinus* を食べる．蝶類の中で最も北方にまで分布している種類でグリーンランド(Greenland)北部の北緯82°の地点で採集されたこともある．完全な環北極種(Circumpolar species)で，北極を取巻く極北地方にのみ産し，数亜種に分けられる．写真に示した亜種 *sulitelma* はヨーロッパの最北のラップランド(Lapland)からシベリア北部(N. Siberia)にかけて産し，原亜種 *hecla* LEFEBRE はグリーンランド(Greenland)からバフィンランド(Baffinland)にかけて分布する．この他 *hela* STRECKER(Hudson Bay), *glacialis* MCLACHLAN(Canada), *orientis* WNUKOWSKY(NE. Siberia)等の亜種がある．

7. *Colias behri behri* EDWARDS （♂）　ミドリモンキチョウ(雄)

雌雄大差ない．ヤマモンキチョウ *C. palaeno* に近い種類で，幼虫は同様にツツジ科のクロマメノキ類(*Vaccinium*)を食べる．北米西海岸のシエラネバダ山地(Sierra Nevada)に限って産する珍種である．

8. *Colias electo electo* LINNÉ （♂）　エレクトモンキチョウ(雄)

Fig. 2 に示した *chinensis* やヨーロッパ(Europe)に普通に産する *croceus* と同種であ

Plate 63

る. 南アフリカ(S. Africa)に産し, *croceus* や *fieldi* より小型である. この他東アフリカ(E. Africa)からスーダン(Sudan)およびエチオピア(Abyssinia)にかけて広く分布する亜種 *hecate* STRECKER がある. この亜種はカメルーン(Cameroon)にも産する.

9. ***Colias eurytheme eurytheme*** BOISDUVAL　　オオアメリカモンキチョウ(雄)

雌はモンキチョウ *C. erate poliographus* MOTSCHULSKY によく似ていて, ほとんど区別出来ないものもある. 黄, 橙色および白色の諸型がある. 雄は性標を欠く. 季節的に変化多く, 種々の型名がつけられている. 合衆国(U. S. A.)の西部および南部に産する普通種で, 旧大陸の北部に広く分布する *C. chrysotheme*(fig. 17)に最も近く, 人によってはその亜種とする者もある. 極めて変化が多く, *C. philodice*(fig. 11)との関係についても多くの説があり, 結局モンキチョウ *Colias* 属がまだ流動状態にあるという事の例証に用いられる. 幼虫はマメ科のウマゴヤシ属(*Medicago*)ツメクサ属(*Trifolium*), ゲンゲ属(*Astragalus*), ハウチワマメ属(*Lupinus*)等を食べる. 合衆国(U. S. A.)の殆と全土およびメキシコ北部(N.Mexico)に産する.

10. ***Colias palaeno palaeno*** LINNÉ　(♂)　　ヤマモンキチョウ(雄)

雌雄大差ない. 雌には黄白2型あり, その出現率は地域によって異り, 我国産の雌は皆白色であるが, 大陸産のものには黄色型も少くない. 環北極種に似た分布を示し, 多くの亜種に分けられる. また分布の南限地方では高山蝶となる. 幼虫はクロマメノキ類(*Vaccinium*)を食べる. 写真はスカンジナビア半島(Scandinavia)からロシア北部(N. Russia)にかけて分布する原亜種である. この他 *europome* ESPER(Germany, Baltic countries), *europomene* OCHSENHEIMER(Alps), *valeria* SIEV.(S. Russia), *orientalis* STAUDINGER (N. Korea, Amurland, S. Siberia), *arctica* VERITY(N. & E. Siberia), *aias* FRUHSTORFER(Japan), *sugitanii* ESAKI(Japan), *sachalinensis* MATSUMURA(Saghalien), *chippewa* KIRBY(Alaska), *scudderi* REAKIRT(W. Canada, Rocky Mts.) 等の亜種がある.

11. ***Colias philodice philodice*** GODART　(♂)　　アメリカモンキチョウ(雄)

雌は我国のモンキチョウに酷似する. 黄白2型がある. 幼虫はツメクサ類(*Trifolium*)その他を食べる. *eurytheme*(fig. 9)との区別は極めて困難で, 別種とも同一種とも見做すことが出来る. ただ食性が多少異り, 本種はシロツメクサを最も好むに反し, *eurytheme* はアカツメクサを最も好む. 合衆国(U. S. A.)に広く分布する普通種であるが, 太平洋沿岸地方には産しない. この他中米のグァテマラ(Guatemala)に亜種 *guatemalana*

Plate 63

Röber を産する.

12. ***Colias phicomone phicomone*** Esper （♂）　ヘリモンモンキチョウ（雄）

　雌は淡色で亜外縁の黄白帯が広く，後翅ではほとんど外縁を縁取る．幼虫はマメ科のミヤコグサ類（*Lotus*）やスズメノエンドウ類（*Vicia*）等を食べる．個体変化多く，多くの名がある．アルプス（Alps）とピレネー山地（Pyrenees）に産し，７８月に出現する．よく似た種類にトルケスタン（Turkestan）から西部支那（W. China）にかけてチベット（Tibet）を中心とした地方に分布する *C. cocandica* Erschov がある．

13. ***Colias hyale hyale*** Linné （♂）　モトモンキチョウ（雄）

　雌雄大差ないが，雌には黄白２型がある．雄は性標を欠く．ヨーロッパ（Europe）全土から東はアルタイ山地（Altai）まで分布する．我国のモンキチョウ *poliographus* は従来本種の亜種とされていたが，最近では中央アジア（C. Asia）から北インド（N. India）にかけて広く分布する *C. erate* Esper(fig. 15) の亜種と見做される様になった．また同様に中央アジア（C. Asia）から東アジア（E. Asia）にかけて本種 *hyale* の亜種として多くの地方型や型が命名されているが，これ等の亜種が果して *hyale* に属するかあるいは *erate* に属するか再検の必要がある．従って現在本種の分布の東限ははっきりしないが，アルタイ山地（Altai）には確かに本種 *hyale* の一亜種と見做すべきものが産する．幼虫はウマゴヤシ類（*Medicago*）やツメクサ類（*Trifolium*）等を食べる．写真に示した原亜種はヨーロッパ（Europe）全土に産するが，南部ではよく似ていてごく最近まで混同されていた *C. australis* Verity の方が多くなるので，主として中北部に多い．なお確実に本種の亜種と考えられるものに次の様なものがある．*sareptensis* Staudinger(S. Russia), *altaica* Verity(Altai), *kashgarica* Verity(Kashgar).

14. ***Colias nastes moina*** Strecker （♀）　クモマモンキチョウ（雌）

　雌雄著しい差異はないが，雄は亜外縁の黄紋列が前後翅共に不明瞭．時には黒縁のみ残るものもある．雌には地方によって白色型の現われる所もある．幼虫はマメ科のゲンゲの１種（*Astragalus alpinus*）を食べる．*C. hecla*(fig. 6)に次ぐ極地種で，多くの亜種があり，原亜種 *nastes* Boisduval はカナダのラブラドル半島（Labrador）およびグリーンランド（Greenland）の産，写真に示した亜種 *moina* はやはりカナダのハドソン湾沿岸地方（Hudson Bay）の産．この他 *rossi* Guérin(Boothia Peninsula). *subarctica* McDunnough (NW. Terr., Canada), *streckeri* Grum-Grschimajro (Alberta & British Columbia, Canada), *aliaska* Bang-Haas(Alaska), *werdandi* Zetterstedt (N.

— 66 —

Scandinavia & Lapland), *zemblica* VERITY (Nova Zemblia) 等の亜種があるが, まだシベリアの北部からは記録がない.

15. *Colias erate erate* ESPER (♂)　　モンキチョウ(雌)

雌は我国のモンキチョウ *poliographus* と全く変らない. 雄は性標を欠く. 我国のモンキチョウとは全く別種の感があるが, この雄の外縁が黒色になる原亜種の産する地域でも同じ雄でモンキチョウと同様な型が出現するし, 我国のモンキチョウでも極く稀に雄で外縁の黒色になった f. *kutsukakensis* YOKOYAMA を産する. 極めて変化が多く, *C. hyale* (f. 13)と混同されることが多い. 東アジア(E. Asia)から中央アジア(C. Asia)にかけて極く普通に産し, 更にインド(India)からアフリカのエチオピア(Abyssinia)およびその附近に産する. 原亜種 *erate* は中央アジア(C.-Asia)およびインド北部(N. India)に産する. この他 *lativitta* MOORE (W. Himalaya), *marnoana* ROGENH. (Abyssinia, Sudan, etc.), *nilagiriensis* FELDER(Nilagir Hill, S. India), *afghana* BANG-HAAS(Afghanistan), *hyaleoides* GRUM-GRSCHIMAJRO(Ferghana), *sinensis* VERITY(W. China), *poliographus* MOTSCHULSKY(Japan, Korea, Manchuria, Amurland, N. & E. China), *formosana* SHIRÔZU(Formosa)等の亜種がある.

16. *Colias vautieri vautieri* GUÉRIN (♂)　　ボーチエルモンキチョウ(雌)

雌は黄白色, 外縁の黒帯は広くその中に前後翅共に明瞭な黄紋列がある. 雄は性標を欠く. 雌の後翅の黒縁がほとんど消失したものを f. *minuscula* BUTLER という. 南米のチリー(Chili)に限って産する美麗種である. 南米最南端のフェゴ島(Tierra del Fuego)とパタゴニア(Patagonia)に産する *C. cunninghami* BUTLER は明るく, 黒縁が遥かに狭いが, 本種 *vautieri* の亜種と見做されることもある.

17. *Colias chrysotheme chrysotheme* ESPER (♂)　　クリソテーメモンキチョウ(雌)

雌は外縁の黒帯中に黄紋列があり, 黄白2型あり, 白色型を f. *hurleyi* AIGNER という. 雄は明瞭な性標がある. 幼虫はマメ科のスズメノエンドウ類(*Vicia*), ゲンゲ類(*Astragalus*)等を食べる. 原亜種はヨーロッパ東部(E. Europe)から小アジア(Asia Minor)にかけて分布する. この他にイラン北部(N. Iran)に亜種 *caspicus* STICHEL を, トルケスタン(Turkestan)からシベリア(Siberia)を経てトランスバイカル地方(Transbaikalia)から満洲北部(N. Manchuria)にかけて亜種 *audre* HEMMING(=*sibirica* GRUM-GRSCHIMAJRO)を産する. これは遥かに大型で, 前翅端の尖りが強い.

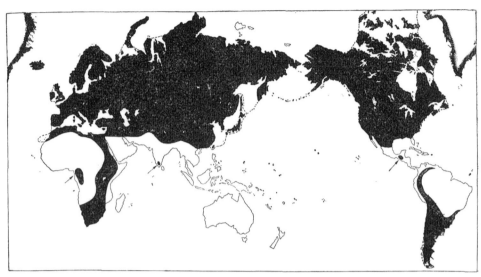

モンキチョウ Colias 属の分布

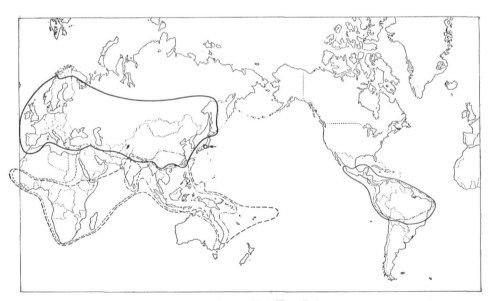

シロチョウ類の属の分布

◯	エゾシロチョウ (Aporia) 属	◯	ベニオビシロチョウ (Pereute) 属
⬚	アカネシロチョウ (Delias) 属	⬚	トガリシロチョウ (Appias) 属
⬚	ツマグロシロチョウ (Perrhybris) 属	⬚	ツマアカシロチョウ (Colotis) 属

【Plate 64】

1. ***Appias (Saletara) panda panda*** GODART （♂）　ウスキトガリシロチョウ（雄）

   雌は前翅端の尖りが弱く，黒縁が広い．幼虫は未知．マレー（Malaya）から大スンダ列島（Great Sunda Is.）を経てセレベス（Celebes）およびフィリッピン（Philippines）に至る地域に広く分布する．写真に示したものはジャバ（Java）産の原亜種であるが，この他にも多くの亜種があり，その主なものを挙げれば *nathalia* FELDER（Philippines），*nargosa* FRUHSTORFER（Mindanao），*erebina* FRUHSTORFER（Palawan），*distanti* BUTLER（Malaya, Sumatra, Borneo, etc.），*schönbergi* SEMPER（Nias），*nigerrima* HOLLAND（Celebes），*chrysea* FRUHSTORFER（Nicobar）等がある．

2. ***Tatochila autodice autodice*** HÜBNER （♂）　アンデススジグロチョウ（雄）

   雌は雄よりも黒色部が多い．蛹はモンシロチョウに似ている．年1回1～3月に発生する．ブラジル西南部（SW. Brazil），ボリビア（Bolivia），ウルグアイ（Urguay），アルゼンチン（Argentina）等に分布し，地方変化はほとんどない．

   Tatochila 属の種類は南米のアンデス山地（Andes）および南部（S. S. America）に約15種類を産し，一部は最南端のフエゴ島（Fuego I.）にまでおよんでいる．モンシロチョウ属 *Pieris* に最も近く，特にスジグロチョウに近い．恐らくこれから分化したものであろう．

3. ***Appias (Appias) epaphia orbona*** BOISDUVAL （♂）

   アフリカトガリシロチョウ（雄）

   雌は黒色部が多く，数型がある．幼虫は未知．原亜種 *epaphia* CRAMER は西アフリカ（W. Africa）の産，写真の亜種 *orbona* は従来モンシロチョウ *Pieris* 属の独立種とされていたもので，アンゴラ（Angola），コンゴー（Congo）等から東アフリカ（E. Africa）一帯に分布し，マダガスカル（Madagascar）およびコモロ島（Comoro Is.）にも産する．アフリカ産のこの類は *Appias*, *Pieris*, *Mylothris* の三属に亘り外観上極めて類似した種類が多く区別が困難である．

4. ***Appias (Saletara) liberia corinna*** WALLACE （♂）　アオトガリシロチョウ（雄）

   雌は外縁および前翅の前縁が広く黒色．地色は地方によって白色または青灰色．幼虫は未知．地方変化が多く，多くの亜種があるが，その分布はモルッカ諸島（Moluccas）およびニューギニア（N. Guinea）に限られ，*A. panda*（fig. 1），または *A. nero*（fig. 5）の分布と完全に交代する．原亜種 *liberia* CRAMER はモルッカ諸島南部（S. Moluccas）産，写真の

corinna はニューギニア (N. Guinea) およびワイゲウ (Waigeu) の産. 従来アルー諸島 (Aru Is.) 産の *cycinna* HEWITSON の亜種とされていたが, *cycinna* も現在では *liberia* の亜種とされている. この他に *eliada* HEWITSON (N. Moluccas), *obina* FRUHSTORFER (Obi), *chrysoberylla* FRUHSTORFER (Buru) 等の亜種がある.

5. ***Appias*** (***Appias***) ***nero nero*** FABRICIUS （♂）　　ベニシロチョウ（雄）

雌は雄より前翅の尖りが鈍く, 黒色部が多いが, 地方変化が雄よりも著しい. 中には白色の型もある. 幼虫はトウダイグサ科及びマメ科植物を食べる. 成虫は飛翔が速く採集困難である. インド (India), ビルマ (Burma), トンキン (Tonkin), 海南島 (Hainan), 台湾 (Formosa) より以南, ジャバ (Java), セレベス (Celebes) およびフィリッピン (Philippines) に至る地域に広く分布し, 多くの亜種に分けられるがモルッカ諸島 (Moluccas) 以東では先の *A. liberia* と交代し全く産しない. 一般に北方のもの程赤味が弱く橙色を帯びる. 写真に示した原亜種 *nero* はジャバ (Java) 産で赤味が強い. セレベス (Celebes) の亜種 *zarinda* BOISDUVAL は大型で前翅端が著しく尖り, 深紅色で最も美しい. この他 *galba* WALLACE (India, Burma, Tonkin), *hainanensis* FRUHSTORFER (Hainan), *yamazakii* SONAN (Formosa), *figulina* BUTLER (Malaya, Sumatra), *chelidon* FRUHSTORFER (Borneo), *palawanica* STAUDINGER (Palawan), *domitia* FELDER (Philippines), *baweanica* FRUHSTORFER (Bawean) 等の亜種がある.

6. ***Aoa affinis affinis*** SNELLEN VAN VOLLENHOVEN （♀）　　ウスグロシロチョウ（雌）

雌雄大差ないが雌は円味が強く, 中央の帯がほやけている. セレベス (Celebes) に産し, 少く, 雌は稀である.

7. ***Appias*** (***Appias***) ***albina semperi*** MOORE （♂）　　カワカミシロチョウ（雄）

雌は翅が円味を帯び, 黒縁が発達する. 白色と黄色の2型がある. 雄は地方変化が著しくないが, 雌は地方変化が著しい. 原亜種 *albina* BOISDUVAL はモルッカ諸島 (Moluccas) 産. 写真の亜種 *semperi* は台湾 (Formosa), 琉球 (Loo-Choos) およびフィリッピン (Philippines) 産. 南方各地に普通であるが, 台湾や琉球では通常は稀である. この他 *darada* C. & R. FELDER (India, Burma, Tonkin), *micromalayana* FRUHSTORFER (Java, Lesser Sunda Is.), *pancheia* FRUHSTORFER (Palawan), 等々多くの亜種がある.

8. *Appias (Appias) leptis leptis* C. & R. FELDER (♂)　ウラジロジャバシロチョウ(雄)

雌雄著しい違いはない．裏面は白色，雲状模様はない．マレー(Malaya)からジャバ(Java)およびパラワン(Palawan)に至る地域に分布し，少くない．原亜種はジャバ(Java)産，他に *plana* BUTLER(Malaya, Sumatra, Borneo), *eurytus* FRUHSTORFER(W. Sumatra), *festrada* FRUHSTORFER(Nias), *balina* FRUHSTORFER(Bali), *vadus* FRUHSTORFER(Lombok), *massilia* FRUHSTORFER(Palawan)等の亜種がある．

9. *Leodonta dysoni zenobia* FELDER (♂)(Underside)　ウラマダラシロチョウ(雄)

雌雄大差ない．コロンビア(Colombia)からボリビア(Bolivia)に至るアンデス(Andes)山地に分布する．表面は白色，外縁が広く黒色で，前翅の前縁と後翅の基部も黒色，従って広く白帯がある様に見える．地方によって表面の黒色部と後翅裏面の黄色部に変化があり，*zenobina* HOPFFER(Peru & Bolivia), *tagaste* FELDER(Peru & Ecuador), *zenobia* FELDER(Colombia)(fig. 9), *intermedia* RÖBER(N. Colombia), *dysoni* DOUBLEDAY(Venezuela)等の亜種に分けられる．

10. *Appias (Appias) pandione pandione* HÜBNER (♂)　ジャバシロチョウ(雄)

雌雄大差ないが，雌は暗色，黒色部が多い．台湾のクモガタシロチョウ *A. indra* MOORE に最も近い．ジャバ(Java)，スマトラ(Sumatra)およびボルネオ(Borneo)に産し，ジャバ(Java)産は *pandione*，スマトラ(Sumatra)産は *ozolia* FRUHSTORFER，ボルネオ(Borneo)産は *whiteheadi* GROSE-SMITH という．

【Plate 65】

1. *Valeria jobaea luceria* FRUHSTORFER (♂)　ヘリグロアサギシロチョウ(雄)

雌は黒色で白色または黄色の条や点紋を有し，一見マダラチョウ科のコモンアサギマダラ類に似る．地方変化多く原亜種 *jobaea* BOISDUVAL はアルー(Aru)およびケイ諸島(Key)産，写真の亜種 *luceria* はニューギニア西北部(NW. N. Guinea)およびワイゲウ島(Waigeu)産，他に *elsa* FRUHSTORFER(Ceram), *aeboja* FRUHSTORFER(Buru), *obiana* FRUHSTORFER(Obi)等の亜種がある．

2. *Valeria valeria persides* FRUHSTORFER (♂)　アサギシロチョウ(雄)

雌雄全く異り，雌(fig. 5)はコモンアサギマダラ類に擬態する．広く分布する種類で多くの亜種がある．原亜種 *valeria* CRAMER(fig. 5)はジャバ(Java)産，写真の *persides*

Plates 65〜66

は海南島(Hainan)およびトンキン(Tonkin)の産である．この他 *hippia* FABRICIUS(India, Burma, Thai, etc.), *baweanica* FRUHSTORFER(Bawean), *sumbawana* FRUHSTORFER(Sumbawa)等々多くの亜種がある．

3. *Valeria tritaea tritaea* C. & R. FELDER （♂）　オオアサギシロチョウ（雄）

雌の斑紋は白っぽい．この属中で最大の種類で，原亜種はセレベス(Celebes)に産する．他に *hermocinia* FRUHSTORFER(Bangkai I.), *bilinearis* FRUHSTORFER(Salayer), *octaviae* SNELLEN(Djampea)等の亜種がある．

4. *Dercas verhuelli verhuelli* HOEVEN （♂）　トガリキチョウ（雄）

雌は前翅端が尖り淡色．原亜種は西部および南支那(W. & S. China)に少くない種類で，ヒマラヤ(Himaraya)，ビルマ(Burma)，トンキン(Tonkin)およびマレー(Malaya)に若干の亜種がある．*doubledayi* MOORE(Himalaya), *parva* EVANS(S. Burma)等がその主なものである．幼虫はマメ科植物を食べる．

5. *Valeria valeria valeria* CRAMER （♀）　アサギシロチョウ（雌）

【Plate 66】

1. *Mylothris rhodope rhodope* FABRICIUS （♂）　ネキシロチョウ（雄）

雌は前翅は黄色で暗色，黒縁が広い．西アフリカ(W. Africa)からコンゴー(Congo)にかけて分布する．*Appias* 属に入れられることもあるが，アフリカ特産の *Mylothris* 属に属すべきものである．亜種 *schumanni* SUFF. が Konakry に産する．

2. *Mylothris agathina agathina* CRAMER （♂）　ウラアカシロチョウ（雄）

雌は全体に赤味がかった黄色．幼虫はヤドリギ類の *Loranthus* 属を食べる．東および南アフリカ(E. & S. Africa)に広く分布する普通種で，西はコンゴー(Congo)より北はエチオピア(Abyssinia)におよぶ．

3. *Cepora aspasia hester* SNELLEN VAN VOLLENHOVEN （♂）　キシタシロチョウ（雄）

雌は前後翅共に黒色部が発達し，後翅の黄色が淡く，時には殆ど白色になることもある．フィリッピン諸島(Philippines)からモルッカ諸島(Moluccas)にかけて分布し，ニューギニアの西北部(NW. N. Guinea)にまで達しているが，セレベス(Celebes)には産しない．また最近台湾南部の紅頭嶼(Botel-Tobago I., S. Formosa)でも発見された．原亜種

aspasia Stoll はモルッカ諸島南部(S. Moluccas)の産，写真に示したものはニューギニア西北部(NW. N. Guinea)およびワイゲウ島(Waigeu)に産する亜種 *hester* で，原亜種より小型，黒色部が多く，黄色部が淡い．フィリッピン(Philippines)および紅頭嶼(Botel-Tobago I.)産のものは亜種 *olga* Eschscholtz に属し，前翅の黒条が弱く，黄色部が濃色で橙色を帯びる．この他多くの亜種がある．

4. ***Ixias balice balice*** Boisduval (♂)　メスキシロチョウ(雄)

雌は前翅の橙色部がなく，黒色部が多少多く，他は全体濃黄色．ジャバ(Java)の特産種であるが，恐らくはインド(India)から台湾(Formosa)にかけて普通に産するメスシロキチョウ *I. pyrene* Linné から分化した種類であろう．

5. ***Nepheronia usambara usambara*** Aurivillius (♂)　ウサンバラシロチョウ(雄)

雌は黒縁が前後翅に強く表れる．東アフリカのウサンバラ(Usambara)，タンガニーカ(Tanganyica)，ウガンダ(Uganda)等に分布する．よく似ていて更に広く熱帯アフリカ全域に分布する種類に *N. argia* Fabricius がある．これは大型で前翅の黒色部が異る．

6. ***Eronia leda leda*** Boisduval (♂)　レーダシロチョウ(雄)

雌は前翅端が黒く，橙色部がない．一見 *Mylothris* 属の種類に似ている．地色の黄色のものと白色のものとあり，後者を f. *cygnophila* Suff. という．乾燥期のものは翅端の黒色部が全くない．これを f. *trimeni* Oberthür. という．

7. ***Leptophobia eleusis eleusis*** Lucas (♂)　トガリバシロチョウ(雄)

雌は後翅が黄味を帯び，黒縁が広い．写真に示した原亜種はコロンビア(Colombia)およびベネズェラ(Venezuela)の産，他に *mollitica* Fruhstorfer(N. Peru)，および *helena* Lucas(Ecuador)の2亜種がある．

Leptophobia 属はメキシコ(Mexico)から南の中米(C. America)および主として南米のアンデス山地(Andes)に20余種を産し，一部はブラジル(Brazil)にまで拡っている．黄色の種類もあり，一部の白色の種類は *Pieris* 属として取扱はれて来たものである．

8. ***Dismorphia thermesia thermesia*** Godart (♀)　ヒメコバネシロチョウ(雌)

雌は前翅の中央に黒条がある．ブラジル(Brazil)とパラグァイ(Paraguay)に産し，亜種 *thermesina* Hopffer は黒色部が多い．

Dismorphia 属は北米の南部から南米にかけて100余種を産し，旧北区のヒメシロチョ

Plates 66〜67

ウ属 *Leptidea* に最も近い．南米の中でもアンデス地方(Andes)に最も種類が多く，前翅が不均合な程に小さく，腹部が細長い．一部の種類は他のマダラチョウ科の或種，或いはタテハチョウ科の毒蝶類 *Heliconius* に擬態した色彩をしている．

9. ***Belenois calypso dentigera*** BUTLER （♂）　カリプソシロチョウ(雄)

雌は外縁部の外紋が更に発達する．熱帯アフリカに広く分布する大型のシロチョウで，数亜種に分けられる．原亜種 *calypso* DRURY は仏領ギニア(French Guinea)からニジェリア(Nigeria)にかけて分布し，黒紋が大きく，後翅裏面が橙黄色を帯びる．写真に示した亜種 *dentigera* はカメルン(Cameroon)からコンゴー(Congo)を経てケニア(Kenya)に至る地域に産し，裏面は淡色又は白色で，黒紋が小さい．その南のアンゴラ(Angola)からタンガニーカ(Tanganyika)にかけては亜種 *welwitschi* ROGENHEIM を，ケニア(Kenya)に亜種 *hospitis* WEYMAR を，又北方のエチオピア(Abyssinia)とスーダン(Sudan)には亜種 *sudanensis* TALBOT を産する．本種は従来モンシロチョウ *Pieris* 属に入れられていたものである．

【Plate 67】

1. ***Colotis eupompe eupompe*** KLUG （♂）　ツマアカシロチョウ(雄)

雌は黒色部が多く，翅端の赤色部が少い．東アフリカ(E. Africa)から東はエチオピア(Abyssinia)を経て紅海を渡ってアラビア(Arabia)まで，西はサハラ砂漠(Sahara)の南側に沿ってセネガル(Senegal)にまで達しているが，地方変化はほとんどない．乾燥期のものは黒色部の発達が弱く，裏面が赤味を帯びる．これを f. *dedecorus* FELDER という．*Colotis* 属の種類はフウチョウソウ科植物を食べるものが多い．

2. ***Colotis erone erone*** ANGAS （♂）　ツマムラサキシロチョウ(雄)

雌は翅が円く，後翅の縁紋が大きく連続する．ナタール(Natal)から西南アフリカ(SW.-Africa)にかけて分布する．冬型は f. *jobina* BUTLER といい，小型で，翅端が赤味を帯びる．雌の翅端の白いものを f. *albidus* AURIVILLIUS という．

3. ***Colotis evenina evenina*** WALLENGREN （♂）　コツマアカシロチョウ(雄)

雌は黒色部が多く，翅端の橙色部は2列に分れている．写真に示したのは冬型で f. *deidamioides* AURIVILLIUS といい，黒色部が少い．夏型 f. *evenina* は黒色部が多い．夏型の最も極端なものは著し大型で黒色部が更に多い．これは f. *sipylus* SWINHOE という．ケープ地方(Cape Colony)からコンゴー(Congo)まで東はソマリランド(Somaliland)およびエチオピア(Abyssinia)まで広く分布する．地方変化は余りない．

4. ***Leptidea duponcheli duponcheli*** STAUDINGER （♂）

　　デュポンシェルヒメシロチョウ（雄）

雌雄著しい相異はない．ヨーロッパ（Europe）に普通に産するヨーロッパヒメシロチョウ *L. sinapis* LINNÉ やエゾヒメシロチョウ *L. morsei* FENTON 等に似ているが，裏面の斑紋や色彩が全く異る．夏型は後翅裏面が黄色を帯び f. *aestivalis* BELLIER という．南ヨーロッパ（S. Europe）の地中海沿岸地方から小アジア（Asia Minor）およびイラン（Iran）にかけて分布する．

5. ***Colotis*** (***Teracolus***) ***eris eris*** KLUG （♂）　　ナカグロシロチョウ（雄）

雌は翅端の橙褐色紋がなく白点があり，前翅中室端に黒点紋がある．原亜種はセネガル（Senegal）から東アフリカ（E. Africa）に至る地域およびエチオピア（Abyssinia）とソマリランド（Somaliland）に広く分布する．冬型 f. *fatma* FELDER は黒色部が少い．亜種 *opalescens* BUTLER は大型で後翅の縁紋が発達する．これはニアサランド（Nyasaland）からビクトリア（Victoria）にかけて分布し，亜種 *johnstoni* BUTLER は南アフリカ（S. Africa）に分布し，前翅の斑紋が多少異る．

6. ***Leptosia alcesta alcesta*** STOLL （♂）　　アフリカヒメシロチョウ（雄）

雌雄大差ない．西アフリカ（W. Africa）から東アフリカ（E. Africa）に至る地域およびエチオピア（Abyssinia）に広く分布する．冬型で黒色部の全くないものを f. *nupta* BUTLER，やはり黒紋はないが，前翅の外縁が細く黒いものを f. *nuptilla* AURIVILLIUS といい，黒紋はあるが前翅端の全く黒くないものを f. *narica* FABRICIUS という．またマダガスカル（Madagascar）産の亜種を *sylvicola* BOISDUVAL という．

7. ***Anthocaris cardamines cardamines*** LINNÉ （♂）　　クモマツマキチョウ（雄）

全ヨーロッパ（Europe）に我国のツマキチョウ *A. scolymus* BUTLER の様に普通に産する種類である．分布は東に延び，小アジア（Asia Minor），トルキスタン（Turkestan），シベリア（Siberia），アムール（Amurland）を経て我国（Japan）にまで達し，多くの亜種に分けられているが，著しい差異のあるものはない．その主なものに *phoenissa* KALCHB (Syria, Iran), *sajana* RÖBER(Transbaikal), *thibetana* OBERTHÜR(Tibet, W. China), *taipaischana* VERITY(N. China)等があり，我国（Japan）の *isshikii* MATSUMURA, 樺太（Saghalien）の *kobayashii* MATSUMURA, 北朝鮮（N. Korea）の *koreana* MATSUMURA 等もある．また中支那および西部支那（C. & W. China）には橙色部が前翅の全部

に拡り，後翅が黄色を帯びた美しい別種 *A. bambusarum* OBERTHÜR を産する．

8. *Anthocaris damone damone* BOISDUVAL （♂）　キイロツマキチョウ（雄）
　雌は前翅端が円く，白いのでクモマツマキチョウ *A. cardamines* LINNÉ の雌に似ている．イタリア(Italy)，バルカン南部(S. Balkan)，小アジア(Asia Minor)からシリア(Syria)およびイラン(Iran)にかけて分布する種類で，*syra* VERITY(Syria)および *pallida* RÖBER(Iraq)の2亜種がある．

9. *Anthocaris sara sara* BOISDUVAL （♂）　メスキツマキチョウ（雄）
　雌は翅が円く，黄味を帯び，前翅の黒色部が少い．合衆国(U.S.A.)の太平洋側に産し，普通．若干の型および異常型がある．

10. *Leptophobia eleone eleone* DOUBLEDAY & HEWITSON （♂）
　キイロトガリバシロチョウ（雄）
　雌は前翅は白く後翅は淡黄色であるが，前翅が淡黄色のものもある．前掲の *L. eleusis* LUCAS(Pl. 66, fig. 7)が本属の白色種の代表であるなら，本種は黄色種の代表でもあり，また本属の模式種でもある．写真の原亜種はコロンビア(Colombia)からペルー(Peru)にかけての産，他に *diaguita* JÖRG.(Argentina, Paraguay), *doubledayi* RÖBER(Bolivia)等の亜種がある．

11. *Terias* (*Abaeis*) *nicippe nicippe* CRAMER （♂）　アカキチョウ（雄）
　雌は淡色，時に黄色のもの(ab. *flava* HOLLAND)もある．幼虫はマメ科の *Cassia* その他の植物を食べる．北米，南米および西インド諸島に広く分布する．アメリカ産のキチョウ類には本種の様に赤橙色の種類が他に数種ある．地方変化はほとんどない．

12. *Terias* (*Terias*) *tilaha tilaha* HORSFIELD （♂）　アトグロキチョウ（雄）
　雌は多少淡色．ビルマ(Burma)からマレー(Malaya)を経て小スンダ列島(Lesser Sunda Is.)，セレベス(Celebes)およびフィリッピン(Philippines)に至る地域に分布し，多くの亜種がある．写真に示した原亜種はジャバ(Java)産，他に *nicévillei* BUTLER(Burma, Malaya, NW. Sumatra), *gradiens* BUTLER(Borneo), *alitha* FELDER(Philippines), *lorquini* FELDER(Celebes)等多くの亜種がある．

13. ***Terias*** (***Eurema***) ***jucunda jucunda*** BOISDUVAL & LE CONTE （♂）

    フェアリーキチョウ(雄)

雌雄大差がない．幼虫はマメ科植物を食べる．合衆国南部（S. & C. U.S.A.）に産する．亜種 *lemmia* FELDER はバヒア（Bahia）の産，大型で黒色部が多い．

14. ***Nathalis jole jole*** BOISDUVAL （♂）　チビキチョウ(雄)

雌は後翅が橙色を帯びる．合衆国（U.S.A.）の南部からコロンビア（Colombia）にかけて産する．少くない．ホンジュラス（Honduras）産のものは暗色部が多く，橙色がかっていて *luteolus* REAKIRT という．幼虫はキク科やフウロソウ科を食べる．

15. ***Terias*** (***Eurema***) ***albula albula*** CRAMER （♂）　シロキチョウ(雄)

雌は外縁部の黒色部が狭く，後翅裏面に暗色斑がある．原亜種はスリナム（Surinam）の産，この他 *marginella* FELDER（Venezuela），および *sinoë* GODART の2亜種がある．

16. ***Dismorphia theugenis theugenis*** DOUBLEDAY （♂）

    キイロコバネシロチョウ(雄)

雌雄大差ない．ボリビア（Bolivia）およびペルー（Peru）に産する．地方変化はほとんどない．

17. ***Dismorphia nemesis nemesis*** LATREILLE （♂）　マエグロコバネシロチョウ(雄)

雌は色彩が全く異り，白または淡黄色の地に黒斑がある．翅型は前翅端がより尖る程度で大差ない．*Dismorphia* 属の中では比較的分布の広い種類で，メキシコ（Mexico）からコロンビア（Colombia）を経てボリビア（Bolivia）にまで達している．亜種 *viridifascia* BUTLER はコスタリカ（Costa Rica）およびパナマ（Panama）の産，後翅に緑色を帯びた帯がある．

【Plate 68】

1. ***Anteos menippe menippe*** HÜBNER （♂）　ツマベニヤマキチョウ(雄)

雌雄による相違はほとんどない．幼虫は未知．従来ヤマキチョウ *Gonepteryx* 属に入れられていたが，ヤマキチョウ属とウスキシロチョウ *Catopsilia* 属の中間の形態をしている．然し後翅裏面中央の帯状紋ははっきりしている．前翅の黒縁は個体による変化が多

く，全く欠くもの(ab. *calypso* RÖBER)もある．熱帯アメリカに広く分布し，コロンビア(Colombia)に大型で濃色な亜種 *metioche* FRUHSTORFER を産する．

2. ***Gonepteryx amintha amintha*** BLANCHARD （♂）　　タイワンヤマキチョウ(雄)

雌は白色，多少黄味を帯びることがある．幼虫は未知であるが，恐らくヤマキチョウ *G. rhamni* と同様にクロウメモドキ類(*Rhamnus*)を食べるものであろう．写真に示した原亜種はチベット東部(E. Tibet)および西部支那(W. China)に産する．雌で黄色味の強いものを f. *mascula* VERITY という．台湾(Formosa)に産するものは亜種 *formosana* FRUHSTORFER といい，後翅が円く，尖りも弱く，前翅端の突出も弱い．色も濃い．本種の産する地域にはヤマキチョウ *G. rhamni* は産しなく, fig. 3に示すタイワンコヤマキチョウがスジボソヤマキチョウ *G. mahaguru* と同一種とされるなら，本種も当然ヤマキチョウと同一種としてもよいのではないかと思われる．

3. ***Gonepteryx mahaguru taiwana*** PARAVICINI （♂）　　タイワンコヤマキチョウ(雄)

雌は淡色であるが著しい差異はない．原亜種 *mahaguru* GISTEL はヒマラヤ(Himalaya)に産し，後翅の凹凸が著しい．写真に示したものは台湾中部(C. Formosa)の高地に産する亜種 *taiwana* である．この他北ビルマ(N. Burma)に亜種 *zanekoides* NICÉVILLE を産する．また一方我国(Japan)から朝鮮(Korea)およびアムール(Amurland)および支那(China)に広く分布するスジボソヤマキチョウ *G. aspasia* MÉNÉTRIÉS も本種 *mahaguru* の亜種にされているが，両者の中間的な型がなく，分布も多少重複しているので，両者を別種と見做した方が妥当ではないかと思われる．*aspasia* MÉNÉTRIÉS の原型はアムール(Amurland)，満洲(Manchuria)および朝鮮(Korea)産，亜種 *niphonica* VERITY は日本(Japan)産．中および北支那(C. & N. China)産は亜種 *acuminata* FELDER, 西部支那(W. China)，雲南(Yunnan)および東チベット(E. Tibet)産は亜種 *alvinda* BLANCHARD に属する．なお *mahaguru* と *aspasia* を同一種と見做すならば，バルカン(Balkan)からカシミル(Kashmir)まで分布する *G. farinosa* ZELLER も同一種と見做して差支ないであろう．

4. ***Anteos maerula maerula*** FABRICIUS （♂）　　オオヤマキチョウ(雄)

雌に2型あり，普通は白味がかっているが，稀に濃黄色のもの(ab. *flava* RÖBER)がある．幼虫は未知．本種はヤマキチョウ *Gonepteryx* 属に入っていたものである．メキシコ(Mexico)からペルー(Peru)に至る地域に分布し，裏面が一様に黄色の f. *lacordairei* BOISDUVAL および亜種 *gueneeana* BOISDUVAL(Guiana)がある．

5. ***Anteos clorinde clorinde*** GODART （♂）　　マエモンオオヤマキチョウ(雄)

雌は前翅黄橙色紋が小さく，黒紋が大きい．幼虫は未知．やはり従来ヤマキチョウ *Gonepteryx* 属に入れられていた種類である．メキシコ(Mexico)からパラグァイ(Paraguay)に至る山地に広く分布し，写真の原亜種はアンデス山地(Andes)の産．亜種 *nivifera* FRUHSTORFER は地色が純白色，黄橙色斑は更に濃色，中米(C. America)に産する．

6. ***Gonepteryx cleopatra cleopatra*** LINNÉ （♂）　　ベニヤマキチョウ(雄)

雌は青白色でヤマキチョウ *G. rhamni* L. に似る．幼虫は同様にクロウメモドキ類(*Rhamnus*)を食べる．写真に示した原亜種は南ヨーロッパ(S. Europe)に産する．亜種 *dalmatica* VERITY は雄の赤橙色部が少く，バルカン(Balkan)産，亜種 *taurica* STAUDINGER は小アジア(Asia Minor)からシリア(Syria)にかけて産し，赤橙色部が更に少い．一方これとは逆に西のもの程赤橙色部が多くなり，北アフリカ(N. Africa)の亜種 *mauretanica* RÖBER，マデイラ諸島(Madeira)の *madelensis* FELDER と順次赤橙色部が拡大し，後翅の突出が弱くなり，終には，別種として取扱われてはいるが，カナリー諸島(Canary Is.)の *G. cleobule* HÜBNER の様に前翅の全面が美しい赤橙色になり，後翅の突出がほとんどなくなる．

【Plate 69】

1. ***Dismorphia orise denigrata*** ROSENBERG & TALBOT （♂）　　トンボシロチョウ(雄)

雄は後翅前縁に不透明で銀色を帯びた性標がある．擬態の例として有名で，マダラチョウ科の *Thyridia confusa* BUTLER や *Aprotopos psidii* LINNÈ (Pl. 75, fig. 6) 等に擬態する．3亜種あり，原亜種 *orise* BDISDUVAL はギアナ(Guiana)産，亜種 *interposita* TALBOT はコロンビア(Colombia)産，写真に示した亜種 *denigrata* はアマゾン上流地方(Upper Amazon)，エクアドル(Ecuador)，ペルー(Peru)およびボリビア(Bolivia)に産する．

2. ***Dismorphia lygdamis lygdamis*** HEWITSON （♂）　　コバネシロチョウ(雄)

この類の中では特に後翅が広く，前翅の狭い種類である．エクアドル(Ecuador)，ペルー(Peru)，およびボリビア(Bolivia)に産する．

3. ***Dismorphia cubana cubana*** H.-SCHÄFFER （♂）　　ベニコバネシロチョウ

雌は雄より淡色，キューバ(Cuba)に普通に産し，タテハチョウ科の毒蝶 *Heliconius*

類の或種によく似ている．

4.　*Pinacopteryx eriphia eriphia* GODART　（♂）　ミスジシロチョウ（雄）

雌雄大差ないが，雌の黄色部は淡い．4亜種あり，原亜種はセネガル（Senegal）からアンゴラ（Angola）まで分布する．亜種 *literata* BUTLER は東アフリカ（E. Africa）からソマリランド（Somaliland）まで，亜種 *lacteipennis* BUTLER はエチオピア（Abyssinia）およびヌビア（Nubia）に，亜種 *mabillei* AURIVILLIUS はマダガスカル（Madagascar）に産する．

5.　*Anapheis creona severina* STOLL　（♂）　アフリカシロチョウ（雄）

旧くは *Pieris* 属として取扱はれた種類である．雌は多少黄色を帯び後翅の黒縁が広い．幼虫はフウチョウソウ科の *Capparis* 属を食べる．熱帯アフリカに広く分布する．原亜種 *creona* CRAMER はセネガル（Senegal）からニジェリア（Nigeria）にかけて産し，雌雄共に後翅の外縁の黒色部が広い．写真に示した亜種 *severina* は南アフリカ（S. Africa）および西アフリカ（W. Africa）および東アフリカ（E. Africa）の一部に産する．他に *agrippina* FELDER（S. & E. Africa, Madagascar），*boguensis* FELDER（Congo, E. Africa, Abyssinia, Sudan, etc.）等の亜種がある．

6.　*Zerene caesonia caesonia* STOLL　（♂）　イヌモンキチョウ（雄）

雌は黒色部が淡く，少く，前翅端が雄より尖り，裏面がやゝ赤味を帯びる．幼虫はマメ科のナマリグサを食べる．合衆国（U.S.A.）に最も普通な種類で，北米からアンデス山脈（Andes Mts.）に沿ってアルゼンチン（Argentina）にまで分布し，多くの亜種に分けられる．原亜種は北米（N. America）産．*centralamericana* STAUDINGER（C. America），*cerbera* FELDER（Venezuela），*bernardino* EDWARDS（California），*cesonides* STAUDINGER（Bolivia）等があり，この他よく似た種類で，恐らく本種の亜種と考えられる種類に *philippa* FABRICIUS（Bolivia），*cynops* BUTLER（Haiti），*helena* REAKIRT（Bolivia）等がある．

7.　*Catopsilia pomona pomona* FABRICIUS　（♂）　ウスキシロチョウ（雄）

雌は黒色部が発達し，外縁と前翅中室端に黒紋が現れる．地方変化は余りないが，型が多く，表面が一様に黄色のものを f. *citronella* FRUHSTORFER，後翅裏面に大きな褐色斑のあるものを f. *catilla* CRAMER，表面の黄色が濃く，裏面が橙色がかるものを f. *hida* BUTLER という．その他若干の型があり，之等の型の出現する頻度は地方によって異る．

Plates 69〜70

東洋熱帯に最も普通に見られる種類で，西はバルチスタン(Baluchistan)から東はソロモン群島(Solomon Is.)まで，北はヒマラヤ(Himalaya)，南支那(S. China)および台湾(Formosa)から南はオーストラリアの北部(N. Australia & Queensland)にまでおよんでいる．

    8. *Colotis puniceus puniceus* BUTLER　(♂)　　スジグロツマムラサキシロチョウ(雄)

雌は前後翅の外縁が広く黒色で，前翅端に3個の小赤紋があるだけであるが，赤紋が白色になった型を f. *albomaculatus* AURIVILLIUS といい，前翅端だけ黒色部が多くなり地色が黄色を帯びるが，他は雄と変りないものを f. *flavescens* AURIVILLIUS という．東アフリカ(E. Africa)に産する．

【Plate 70】

    1. *Phoebis avellaneda avellaneda* H.-SCHÄFFER　(♂)　　ベニオオキチョウ(雄)

雌は地色が黄色く，前後翅の外縁および亜外縁に黒紋列を列ね，後翅の大半は赤い．幼虫はマメ科の *Cassia* を食べる．この類の中では最も美しい種類で，西インド諸島(W. Indies)のキューバ(Cuba)に産する．アメリカのこの類は東洋のウスキシロチョウ *Catopsilia* 属と同一にされることもあるが，現在は *Phoebis* 属として *Catopsilia* 属から分けられることが多い．

    2. *Phoebis cipris neocipris* HÜBNER　(♀)　　コツバメオオキチョウ(雄)

雄は前翅基半分と，前縁と亜外縁を除く後翅の大部分が橙色を帯びる．ブラジル(Brazil)とペルー(Peru)に産し，亜種 *neocipris* はブラジル(Brazil)の産，雄雌共に外縁が濃色で，裏面の色も濃い．亜種 *intermedia* BUTLER は中米(C. America)産で，淡色である．

    3. *Phoebis sennae eubule* LINNÉ　(♂)　　ワタリオオキチョウ(雄)

北米(N. America)からアルゼンチン(Argentina)に至る地域に広く分布する最普通種．雌は雄より濃色．外縁に黒紋列があり，前翅中室に黒紋がある．原亜種 *sennae* LINNÉ は裏面が濃色で黒紋が多く，西インド諸島(W. Indies)の産．*drya* FABRICIUS は小型で，黒紋が弱い．*eubule* は6, 7月および9, 10月に発生するが，*drya* は西インド諸島(W. Indies)と南米のチリー(Chile)とペルー(Peru)で11, 12月と3, 4月に発生する．

Plates 70～71

   4. *Phoebis philea philea* LINNÉ （♂）   ベニモンオオキチョウ（雄）

雌は橙黄色，外縁および前翅の亜外縁に黒紋列があり，前翅の中室端に黒紋があり，後翅の外縁は広く暗赤色．合衆国(U. S. A.)南部のテキサス(Texas)から南ブラジル(S. Brazil)に至る広い地域に分布し，所によっては極く普通に産する．亜種 *thelestris* ILLIGER は雄の前翅の橙色部が大きく，雌の赤色部が広い．西インド諸島(W. Indies)に産する．

   5. *Phoebis rurina rurina* FELDER （♂）   ツバメオオキチョウ（雄）

雌は小型，淡色，一様に赤味を帯び，後翅外縁は広く濃い暗赤色を帯びる．尾状突起のあるウスキシロチョウ類の代表種で，原亜種はベネズェラ(Venezuela)，コロンビア(Colombia)からエクアドル(Ecuador)を経てペルー(Peru)にまで達している．亜種 *intermedia* BUTLER は中米(C. America)の産，雄の前翅の橙色部がほとんど消失し，雌の地色が白っぽい．

   6. *Phoebis agarithe maxima* NEWMAN （♂）   アメリカオオキチョウ（雄）

雌は翅が円く，外縁の黒色部が広い．幼虫はマメ科植物を食べる．合衆国(U. S. A.)の南部から中南(C. America)および西インド諸島(W. Indies)を経てブラジル(Brazil)およびパラグァイ(Paraguay)に至る地域に広く分布する普通種．原亜種 *agarithe* BOISDUVAL は中米(C. America)から南米(S. America)の最南部を除くほとんど全域に産し，亜種 *antillea* BROWN は西インド諸島(W. Indies)産，写真に示した亜種 *maxima* は合衆国(U. S. A.)のメキシコ湾(G. of Mexico)に沿った地方に産し，他に亜種 *fisheri* EDWARDS がカリフォルニア半島(Lower California)に産する．

【Plate 71】

   1. *Hebomoia glaucippe liukiuensis* FRUHSTORFER （♂）   ツマベニチョウ（雄）

雌は暗色，黒色部が多く，翅端の赤色部が少い．西はインド(India)から東はフィリッピン(Philippines)およびモルツカ諸島北部(N. Moluccas)まで，北はヒマラヤ(Himalaya)，南支那(S. China)および九州(Kyushu, S. Japan)から南はチモール島(Timor)およびチモルラウト島(Timor-Laut)に至る広い地域に分布し，極めて変化が多く各島毎に夫々異った亜種を産する場合が多い．写真は琉球列島の沖縄島(Okinawa, Loo-Choo Is.)に産する亜種 *liukiuensis* の雌雄で，最も大型で美しい亜種の一つである．原亜種 *glaucippe* LINNÉ は南支那(S. China)，海南島(Hainan)，およびトンキン(Tonkin)か

らビルマ(Burma)を経て北インド(N. India)におよび，台湾(Formosa)産の亜種 *formosana* FRUHSTORFER に似ている．この他後翅の外半が黄色になったアンダマン諸島(Andamans)産の亜種 *roepstorffi* WOOD-MASON，極めて大型なセレベス(Celebes)産の亜種 *celebensis* WALLACE，白色部が汚黄色を帯びる，バトジャン産の亜種 *sulphurea* WALLACE，色白部が全部美しい鮮黄色になったニアス島（Nias）産の亜種 *vossi* MAITLAND 等が最も顕著な亜種である．

2. *Hebomoia glaucippe liukiuensis* FRUHSTORFER （♀）
 ツマベニチョウ（雌）

―マダラチョウ科 Danaidae―

【Plate 72】

1. *Idea* (*Hestia*) *logani mevaria* FRUHSTORFER (♂)　ホソバオオゴマダラ(雄)

雌雄相違がない．マレー(Malaya)からジャバ(Java)に至る地域に分布し，各地に普通で，若干の亜種に分けられる．原亜種 *logani* MOORE はマレー(Malaya)産，写真に示した亜種 *mevaria* はジャバ(Java)産，他に *alceste* FRUHSTORFER(Natuna Is.), *alcine* FRUHSTORFER(Borneo), *diana* FRUHSTORFER(Batu I.), *druryi* MOORE(Sumatra) 等の亜種があり，何れも斑紋が多少異る．

2. *Idea* (*Idea*) *idea d'urvillei* FRUHSTORFER (♂)　クロオビオオゴマダラ(雄)

雌雄相異ない．セレベス(Celebes)からモルッカ諸島(Moluccas)およびニューギニア(N. Guinea)にかけて広く分布し，各地に普通．多くの亜種があり，斑紋がかなり変化する．原亜種 *idea* LINNÉ はアンボイナ(Amboina)産．写真の亜種 *d'urvillei* はニューギニア(N. Guinea)およびワイゲウ島(Waigeu)の産．外に *aruna* FRUHSTORFER(Aru Is.), *blanchardi* MARCHAL(Celebes), *keyensis* FRUHSTORFER(Key Is.), *theia* FRUHSTORFER(Halmahera, etc.)等々多くの亜種がある．

【Plate 73】

1. *Idea* (*Idea*) *hypermnestra belia* WESTWOOD (♂)　コガタオオゴマダラ(雄)

雌雄相異ない．原亜種 *hypermnestra* WESTWOOD はボルネオ(Borneo)産．写真の亜種 *belia* はジャバ(Java)産．他に *hera* FRUHSTORFER(Sumatra), *linteata* BUTLER (Malaya)等の亜種がある．

2. *Amauris* (*Cadytis*) *vashti vashti* BUTLER (♂)　コモンシロマダラ(雄)

雌雄大差ない．西アフリカ(W.Africa)に広く分布し，コンゴー(Congo)やニジェリア(Nigeria)等にも産する．

― *84* ―

Plates 73～74

3. ***Danaus*** (***Radena***) ***juventa doreyana*** JOICEY & TALBOT　(♂)
　　トガリコモンアサギマダラ(雄)

雌雄大差ない．スマトラ(Sumatra)，ボルネオ(Borneo)，およびフィリッピン(Philippines)以東の地域に広く分布し，極めて多くの亜種に分けられる．原亜種 *juventa* CRAMER は白色部が遥かに多く，ジャバ(Java)の産．写真に示した亜種 *doreyana* はニューギニア(N. Guinea)産で最も黒い亜種である．この他に *catella* FRUHSTORFER(Bismarck Is.)，*ishma* BUTLER(Celebes)，*kinitis* FRUHSTORFER(Borneo)，*luzonica* MOORE(Philippines)，*pseudosimilis* VAN EECKE(Sumatra)等々50余の亜種がある．

4. ***Danaus*** (***Ravadeba***) ***schenkii kirbyi*** GROSE-SMITH　(♂)　　ウスキマダラ(雄)

雌雄大差ない．原亜種 *schenkii* KOCH はソロモン群島(Solomon Is.)の産，写真に示した亜種 *kirbyi* はニューギニア(N. Guinea)産．他に *citrina* C. & R. FELDER(Kei Is.)，*gloriola* BUTLER(Aru)，*clinias* GROSE-SMITH(Bismarck Is.)，*timorica* GROSE-SMITH(Timor)等の亜種がある．

【Plate 74】

1. ***Danaus*** (***Danaus***) ***plexippus plexippus*** LINNÉ　(♂)　　オオカバマダラ(雄)

雌雄相違がない．幼虫はトウワタを食べる．北および南アメリカ(N. & S. America)の寒地を除いたほとんど全域におよび，更に海を越してヨーロッパ西部(W. Europe)および南太平洋の島々(Islands of S. Pacific)に移動(migration)し，アメリカの中でも大群をなして移動するので有名な種類である．我国でも東京附近で一度採集されたことがあり，小笠原諸島(Bonin Is.)では定着している．台湾でも以前はトウワタを栽培すると飛来したが，現在ではほとんど採集されない．中米(C. America)から南米の北部(N. S. America)にかけてのものは前翅が暗色で外縁の紋が純白で，亜種 *nigrippus* HAENSCH に属する．また地色が暗褐色の型を f. *fumosus* HULST といい南米に多い．

2. ***Danaus*** (***Lymnas***) ***chrysippus dorippus*** KLUG　(♂)　　カバマダラ(雄)

台湾に普通で，我国でも稀に採れるカバマダラ *D. chrysippus bowringi* MOORE のアフリカ亜種で，前翅に白帯がない．この型はインド(India)にも稀に産する．興味あることには台湾等に産するメスアカムラサキ *Hypolimnas misippus* L. の雌は前翅に白帯があるが，アフリカのこの亜種の産する地方のメスアカムラサキの雌は前翅に白帯がない f. *inaria* CRAMER に属する．

Plate 74

　カバマダラ D. *chrysippus* L. は変化多く，原亜種は北アフリカ(N. Africa)からインド(India)にかけて産し，*alcippoides* MOORE (India～Malaya)，*bataviana* MOORE (Java, etc.)，*bowringi* MOORE(Tonkin, China, Formosa, etc.)，*clarippus* WEYMER(Nias)，*cratippus* FELDER(Moluccas)，*felderi* SNELLEN(Celebes)，*kanariensis* FRUHSTORFER(Canarie Is.)，*petilia* STOLL(Australia, etc.)，*vigelii* HEYLAERTS (Sumatra, etc.)等多くの亜種がある．

　3． *Danaus* (*Danaida*) *genutia sumatranus* MOORE　(♀)　スジグロカバマダラ(雌)
　インド(India)からニューギニア(N. Guinea)に至る地域に産する最普通種．原亜種 *genutia* CRAMER はインド(India)からインドシナ半島(Indo-China Peninsula)を経て南支那(S. China)および台湾(Formosa)に広く分布する．写真に示した亜種 *sumatranus* MOORE はスマトラ東北部(NE. Sumatra)に普通．後翅が白い．この他白色部分の多少によって *intermedius* MOORE(Malaya)，*adnana* SWINHOE(Philippines)，*alexis* WATERHOUSE & LYELL(Australia)，*bandjira* MARTIN(Borneo)，*bonguensis* FRUHSTORFER(N. Guinea)，*decipiens* BUTLER (Solomon Is.)等々多くの亜種に分けられている．

　4． *Amauris* (*Amauris*) *niavius dominicanus* TRIMEN　(♂)　シロモンマダラ(雄)
　雌雄大差ない．コンゴー(Congo)からエチオピア(Abyssinia)以南のアフリカに分布する普通種．*Hypolimnas dubia*(Pl. 109, fig. 3)等タテハチョウ科やアゲハチョウ科に本種に擬態する種類が多い．原亜種 *niavius* LINNÉ は西アフリカ(W. Afirca)からコンゴー(Congo)にかけての産．写真に示した亜種 *dominicanus* は東およで南アフリカ(E. & S. Africa)産．他にエチオピア(Abyssinia)に亜種 *aethiops* ROTHSCHILD がある．

　5． *Danaus* (*Ravadeba*) *cleonus shelfordi* FRUHSTORFER　(♀)
　　ウスキヒメアサギマダラ(雌)
　テナセリム(Tenasserim)からモルッカ諸島(Moluccas)にかけて広く分布し，多くの亜種に分けられる．原亜種 *cleonus* STOLL はモルッカ諸島(Moluccas)産．写真に示した亜種 *shelfordi* はボルネオ(Borneo)産．最もよく知られている亜種 *aspasia* FABRICIUS はタイ国(Thai)，マレー(Malaya)等に産する．この他 *cerilla* FRUHSTORFER(Palawan)，*keiensis* VAN EECKE(Key Is.)，*luciptena* WESTWOOD(Celebes)，*philomela* ZINKEN(Java)，*thargalia* FRUHSTORFER (Sumatra)，*vitrina* FELDER (Philippines) 等々多くの亜種がある．

【Plate 75】

1. *Tithorea regalis regalis* STICHEL （♂）　モンミスジマダラ(雄)

雌雄差異がない．一見タテハチョウ科のミスジチョウ *Neptis* 属の種類に似ていて，マダラチョウ科の種類とは思えない．この属の中でもエクアドル(Ecuador)とペルー(Peru)に産する *T. pavonia* BUTLER が最もミスジチョウに似ている．写真の *regalis* はコロンビア(Colombia)に産する．よく似た *bomplandii* GUÉRIN は前翅後縁の白紋が小さい．これはコロンビア(Colombia)からボリビア(Bolivia)にかけて分布する．

2. *Pteronymia lincera lincera* H.-SCHÄFFER （♂）　スカシマダラ(雄)

雌雄ほとんど変化がない．エクアドル(Ecuador)からコロンビア(Colombia)を経てギアナ(Guiana)および，トリニダッド島(Trinidad)にまで達している．近似種が多い．亜種 *alina* STAUDINGER は透明部が赤味を帯び，ボリビア(Bolivia)に産する．

3. *Ithomia drymo pellucida* WEYMER （♂）　マルバネスカシマダラ(雄)

雌は雄と大差ないが，黒縁が幾分広い．原亜種 *drymo* HÜBNER は前翅中室端の黒帯が短く，雌の後翅中室端に黒色部がある．ブラジル(Brazil)に産する．写真の亜種 *pellucida* はブラジル(Brazil)とトリニダッド島(Trinidad)の産．亜種 *napho* H.-SCHÄFFER は前翅の黒帯が短く，雌雄共後翅の中室端に黒色部がない．エクアドル(Ecuador)に産する．

4. *Hyposcada adelphina virginiana* HEWITSON （♂）　チャイロトンボマダラ(雄)

雌雄大差ない．中米(C. America)から南米の北部(N. S. America)にかけて産する普通種．原亜種 *adelphina* BATES は翅幅が広く，褐色部が狭く，コロンビア(Colombia)とパナマ(Panama)に産する．写真に示した亜種 *virginiana* はメキシコ(Mexico)と中米の北部(N. C. America)の産．亜種 *evanides* HAENSCH は黒色部が褐色を帯び，中米のコスタリカ(Costa Rica)に産する．

5. *Danaus* (*Melinda*) *mercedonia mercedonia* KARSCH （♂）
　　コモンウスグロマダラ(雄)

雌雄大差ない．東アフリカ(E. Africa)に普通に産する．アゲハチョウ科の *Melindopsis rex mimeticus*(Pl. 35, fig. 2)は本種に擬態している．

Plates 75〜76

6. *Aprotopos psidii ino* FELDER （♂）　　トンボマダラ

雌雄大差ない．一見同じマダラチョウ科の *Thyridia confusa* BUTLER に似ていてよく混同される．南米の中北部に分布し，原亜種 *psidii* LINNÉ はギアナ(Guiana)とアマゾン地方(Amazon)に分布し，黒条が広い．写真の亜種 *ino* は黒条が細く，エクアドル(Ecuador)およびペルー(Peru)に産する．

7. *Tellervo zoilus nedusia* HÜBNER （♂）　　シロモンチビマダラ(雄)

雌雄ほとんど変化がない．ニューギニア(N. Guinea)を中心とした地方に産し，西はモルッカ諸島(Moluccas)，東はソロモン群島(Solomons)，南はオーストラリア(Australia)の最北部に達している．一属一種で，多くの地方型がある．原亜種 *zoilus* FABRICIUS はオーストラリアのクイーンスランド(Queensland)およびヨーク岬(Cape York)に産する．写真に示した亜種 *nedusia* はニューギニア西部（W. N. Guinea)産，他に主なものだけでも *fallax* STAUDINGER(Waigeu), *niveipicta* BUTLER(Key Is.), *hiero* GODMAN(Solomon Is.), *assarica* CRAMER(S. Moluccas)等の亜種がある．

8. *Lycorea cleobaea cleobaea* GODART （♂）　　トラフマダラ(雄)

雌雄大差ない．中米(C. America)および西インド諸島(W. Indies)から南米の中北部(C. & N. S. America)にかけて広く分布する普通種．他の蝶および蛾に本種に擬態する種類が少くない．写真に示した原亜種は西インド諸島(W. Indies)の産．他に *atergatis* DOUBLEDAY & HEWITSON (C. America), *pales* FELDER(Amazon), *cinnamomea* WEYMER(Amazon)等の亜種がある．

9. *Mechanitis nessaea lysimnia* FABRICIUS （♂）　　キオビマダラ(雄)

雌雄余り相違がない．ブラジル(Brazil)に最も普通な種類で，3亜種がある．原亜種 *nessaea* HÜBNER は中部(C. Brazil)の産，前翅端紋は黄色．亜種 *sulphurescens* HAENSCH はバヒア(Bahia, Brazil)の産，前翅端紋は黄色，その内方の2小紋を欠く．亜種 *lysimnia* は中部および南部(C. & S. Brazil)の産，写真の通り翅端紋が白い．

【Plate 76】

1. *Euploea (Euploea) phaenarete callithoe* BOISDUVAL （♂）　　オオムラサキマダラ

ムラサキマダラ属（*Euploea*）中の最大種．雌は前翅の後縁の突出が弱く，後翅の淡褐色の性標がない．セイロン(Ceylon)からニューギニア(New Guinea)に至る東洋熱帯に広

Plates 76〜77

く分布し，台湾（Formosa）にも産する．以前は数種の独立種に分けられていたが，最近の雄交尾器の研究で，アンボイナ（Amboina）から記載された *phaenareta* SCHALLER 唯一種に統一された．然し，雄の前翅後縁の形状でモルッカ諸島（Moluccas）以東の *phaenareta* 型と以西の *corus* 型とに大別される．写真に示した亜種 *callithoe* BOISDUVAL はニューギニア（N. Guinea）の産で，変化が多い．一般に他のムラサキマダラ属の種類は東漸する程青紫色の光輝が弱くなり，ニューギニアのものはほとんど光らなくなるのに本種だけはその逆の傾向があるのも面白い．*corus* FABRICIUS (Ceylon), *althaea* SEMPER (Philippines), *juvia* FRUHSTORFER (Formosa), *castelnaudi* C. & R. FELDER (Indochina, Thailand, Malaya, etc.), *butleri* MOORE (Borneo), *gyllenhalii* LUCAS (Java), *statia* FRUHSTORFER (Sumatra), *celebica* ERUHSTORFER (Celebes), *unibrunnea* SALVIN & GODMAN (Duke of York), *heurippa* SALVIN & GODMANN (Solomons) 等々多くの亜種がある．

2. ***Euploea*** (***Trepsichrois***) ***mulciber basilissa*** CRAMER （♂）
　　ツマムラサキマダラ（雄）

台湾に最も普通に産するツマムラサキマダラ *E. mulciber barusine* FRUHSTORFER と同一種である．雌は全く異り，黄白条が発達する（fig. 3）．東洋熱帯各地に広く分布する最も普通種であるが，セレベス（Celebes）と小スンダ列島（Lesser Sunda Is.）を含むワラセア（Wallacea）から東には分布しない．原亜種 *mulciber* CEAMER はインド（India），ビルマ（Burma），南支那（S. China）からインドシナ半島（Indo-China Peninsula）全域およびマレー（Malaya）に広く分布する．写真に示した亜種 *basilissa* はジャバ（Java）産で，前翅の白紋が強い．この他に *diocletia* GEYER (Philippines), *paupera* STAUDINGER (Palawan), *portia* FRUHSTORFER (Borneo & Natuna Is.), *vandeventeri* FORBES (Sumatra), *verhuelli* MOORE (Nias) 等々多くの亜種がある．

3. ***Euploea*** (***Trepsichrois***) ***mulciber basilissa*** CRAMER （♀）
　　ツマムラサキマダラ（雌）
4. ***Euploea*** (***Adigama***) ***redtembacheri stolli*** WEYMER （♂）　　シロオビマダラ（雄）

雌は淡色，前翅後縁の突出が弱く，白点が強い．最近の研究により今まで，ビルマ（Burma）からモルッカ（Moluccas）諸島までの各地から記載された多くの種類が同一種の地方亜種と見做されることになり，その中最も古いセレベス（Celebes）から記載された *redtembacheri* C. & R. FELDER が代表種名となった．地方変化多く，全く別種の観があるものも少なくない．写真の *stolli* WEYMER はジャバ（Java）産，この他主な亜種に *camaralzeman* BUTLER (Indochina, Burma, Thailand), *malayica* BUTLER (Malaya), *scudderi* BUTLER (Borneo), *cratis* BUTLER (Philippines), *formosana* MATSUMURA (Formosa) 等がある．

【Plate 77】

1. ***Euploea (Salpinx) treitschkei ursula*** BUTLER （♂）　ウスグロマダラ（雄）

雌は fig. 6 に示す通り全く異る．ニューギニア（N. Guinea）からソロモン群島（Solomon Is.）を経てフィジー島（Fiji）および木曜島（Thursday Is.）におよぶ地域に限って分布する．原亜種 *treitschkei* BOISDUVAL はニューアイルランド島（N. Irland）産，写真に示した *ursula* はアドミラリティー諸島（Admirality Is.）産，外に *aenea* BUTLER（Solomon Is.），*coerulescens* PAGENSTECHER（N. Britain），*jessica* BUTLER（Fiji），*olivacea* GROSE-SMITH（N. Guinea），*salomonis* RIBBE（Shortland Is.），*viridis* BULTER（Thursday Is.）等の亜種がある．

2. ***Euploea (Salpinx) diocletianus alcidice*** GODART　（♂）　シロモンルリマダラ（雄）

雌は前翅後縁の円味がなく，白紋が多い．インド（India）からマレー（Malaya）を経てジャバ（Java）およびボルネオ（Borneo）に至る地域に普通に産する美しい種類で，アゲハチョウ科やタテハチョウ科中にこの種類に擬態する種類がかなり知られている．地方変化が多く，原亜種 *diocletianus* FABRICIUS はアッサム（Assam）からビルマ（Burma），アンナン（Annan），マレー（Malaya）を経てスマトラ（Sumatra）にまで達している．写真に示した亜種 *alcidice* はジャバ（Java）産，原種と白斑が多少異る，この他に *aërithus* FRUHSTORFER（Natuna Is.），*lowii* BUTLER（Borneo），*ramsayi* MOORE（Nepal, Sikkim）等の亜種がある．

3. ***Euploea (Crastia) eleutho eleutho*** QUOY & GAIMARD　（♂）　サイパンマダラ（雄）

雌雄著しい差異はないが，雌は前翅の性標を欠く．オーストラリア（Australia）から裏南洋諸島（Micronesia）にかけて分布し，場所によっては極く普通に産する．写真に示した原亜種 *eleutho* は裏南洋のマリアナ群島（Mariana Is.）およびサモア諸島（Samoa Is.）等に産する．この他 *eleutheria* FRUHSTORFER（Teeon I.），*ancile* FRUHSTORFER（Dammer, Kisser, etc.），*corinna* McLEAY（Australia），*euclus* MISKIN（Cape York），*niewenhuisi* HULSTAEDT（N. Guinea）等の亜種がある．

4. ***Euploea (Adigama) wallacei catana*** FRUHSTORFER　（♀）　ボカシマダラ（雌）

雌雄著しい差異はない．モルッカ諸島（Moluccas）からニューギニア（N. Guinea）にかけて分布する普通種．原亜種 *wallacei* FELDER はモルッカ諸島北部（N. Moluccas）の産，濃色で，雌には前翅に小白点が現れる．写真に示した亜種 *catana* はニューギニア西部（W. N. Guinea）産，前翅の淡色部が赤褐色を帯びる．この他 *ares* FRUHSTORFER（Buru），*biaka* FRUHSTORFER（Biak I.），*confusa* BUTLER（Waigeu），*gilda* FRUHSTOREER（Obi），

BUTLER (Waigeu), *gilda* FRUHSTORFER (Obi), *grayi* C. & R. FELDER (Aru) 等多くの亜種がある.

5. ***Euploea (Calliploea) visenda visenda*** BUTLER
シロオビヒメマルバネマダラ (雄)

雌雄大差ないが，雌は前翅の後縁が突出しない．写真に示した原亜種はチモールラウト島 (Timor-Laut) に普通．他に *ornata* FRUHSTORFER (Key Is.) および *lonta* FRUHSTORFER (Babber) の2亜種がある.

6. ***Euploea (Salpinx) treitschkei ursula*** BUTLER (♀) ウスグロマダラ (雄)

7. ***Euploea (Adigama) alecto barea*** FRUHSTORFER (♂) オオウスグロマダラ (雄)

雌は淡色，前翅の後縁は直線状，前翅に数個の小白点を現す．モルッカ諸島 (Moluccas) からニューギニア (N. Guinea) にかけて分布し，数亜種あり，所によっては普通に産する．写真の亜種 *barea* FRUHSTORFER はニューギニア北西部 (NW. N. Guinea) の産，原価種 *alecto* BUTLER はアンボイナ (Amboina) 等の産，この他 *monilifera* MOORE (N. Australia), *nox* BUTLER (Aru), *occulta* BUTLER (S. N. Guinea) 等数亜種がある.

8. ***Euploea (Crastia) core core*** CRAMER (♂) ウスグロシロオビマダラ (雄)

雌雄大差ない．インド (India) からマレー (Malaya) にかけて産する普通種で，花や湿地に集まる．原亜種 *core* はインド (India) 産，他に *asela* MOORE (Ceylon), *graminifera* BUTLER (Malaya), *vermiculata* BUTLER (N. India) 等の亜種がある．また最近の研究ではインドシナ (Indochina) の *godartii* LUCAS，ジャバ (Java) の *howorthi* BUTLER など多くの種が本種 *core* CRAMER の亜種と見做されるようになり，その分布も遠く小スンダ諸島 (Lesser Sunda) にまで及び．外観は全く別種の観を呈する.

—ジャノメチョウ科 Satyridae—

【Plate 78】

1. *Isodema adelma latifasciata* LATHY （♂）　シロオビゴマダラヒカゲ(雄)

　雌雄大差ないが雌は大型．中部および西部支那(C. & W. China)に産する特異な種類で，従来はタテハチョウ科に入れられていたものであるが，最近ジャノメチョウ科へ移された．2亜種あり．原亜種 *adelma* FELDER は中支那(C. China)産，写真に示した西部支那(W. China)産の亜種 *latifasciata* に比較して前翅の白帯が狭い．台湾にはこの属の別種タイワンゴマダラ *I. formosana* ROTHSCHILD を産する．

2. *Rhaphicera dumicola dumicola* OBERTHÜR　（♂）　シナマダラヒカゲ(雄)

　雌雄大差ない．西部支那(W. China)に限って産するが少い．一見ウラジャノメ *Pararge* 属に近い．

3. *Rhaphicera satricus satricus* DOUBLEDAY　（♂）　アカマダラヒカゲ(雄)

　雌雄大差ない．ウラジャノメ *Pararge* 属として扱はれることもある．西部支那(W. China)からアッサム(Assam)にかけて産する．アッサムでは稀ではないが，支那ではむしろ稀な種類である．

4. *Loxerebia polyphemus polyphemus* OBERTHÜR　（♂）
　　オオウラナミベニヒカゲ(雄)

　雌雄大差ない．この属の中で最も大きな種類で西部支那(W. China)の奥地に産する．この属はベニヒカゲ *Erebia* 属とウラナミジャノメ *Ypthima* 属との中間に位するもので裏面はウラナミジャノメ類に似ている．西部支那(W. China)からヒマラヤ(Himalaya)にかけての地域に数種を産する．

5. *Pararge praeusta praeusta* LEECH　（♂）　キオビウラジャノメ(雄)

　雌雄大差ない．西部支那(W. China)に産する．成虫は7,8月頃に発生し普通に見られる．

Plates 78〜79

6. ***Neorina crishna crishna*** WESTWOOD （♂）　オナガシロオビオオヒカゲ（雄）

　雌雄は著しい差異がない．写真に示した原亜種 *crishna* はジャバ（Java）に産する．他に亜種 *archaica* FRUHSTORFER がテナセリム（Tenasserim）に産するが，その中間の産地が知られていない．

7. ***Tisiphone abeona abeona*** DONOVAN （♂）　ベニモンクロヒカゲ（雄）

　極めて個体変化の多い種類であるが，雌雄の差は著しくない．幼虫はイネ科植物を食べる．オーストラリア（Australia）の東半部に極く普通な種類である．

――タテハチョウ科 Nymphalidae――

8. ***Amnosia decora decora*** DOUBLEDAY （♀）　アオオビジャノメタテハ（雌）

　一見ジャノメチョウ科の種類の様であるが，タテハチョウ科に属し，ムラサキ *Hypolimnas* 属に近い．雄は前翅の斜帯がより青味を帯びて太く，後翅の眼状紋が不明瞭．マレー（Malaya）からジャバ（Java）に至る地域に分布し，若干の亜種に分けられる．写真に示した原亜種はジャバ（Java）産．マレー（Malaya）産は *perakana* FRUHSTORFER，スマトラ（Sumatra）産は *eudamia* GROSE-SMITH，ニアス（Nias）産は *decorina* FRUHSTORFER，ボルネオ（Borneo）産は2型あり山地のものは *buluana* FRUHSTORFER，平地のものは *petronia* FRUHSTORFER に属する．幼虫はイラクサ科植物を食べる．

【Plate 79】

――ジャノメチョウ科 Satyridae――

1. ***Zethera incerta incerta*** HEWITSON （♂）　オオゴマダラヒカゲ（雄）

　雌は雄と大差ないが，より淡色で白っぽい．セレベスの北部（N. Celebes）に限って産する珍種で，雌雄共にマダラチョウ科の *Ideopsis vitrea* BLANCHARDT に擬態し，混って飛んでいるという．

2. ***Haetera piera piera*** LINNÉ （♀）　スカシジャノメ（雌）

　雌は雄より暗色，透明なジャノメチョウとして著名な種類で．ギアナ（Guiana）からブラジル（Brazil）にかけて普通に産し，森林内に多い．*diaphona* LUCAS（Bahia, C. Brazil），*negra* FELDER（Rio Negro），*unocellata* WEYMER（Bolivia）等の亜種がある．

3. ***Pierella nereis nereis*** DRURY （♀）　シロオビコバネジャノメ（雌）

雄は前翅端の小白紋がほとんど消失する．ブラジル中南部(C. & S. Brazil)に産する普通種．

4. *Pierella lena lena* Linné (♀)　　コバネジャレメ(雌)

雄は後翅の青味が弱い．ギアナ(Guiana)からブラジル(Brazil)にかけて普通．*brasiliensis* Felder(Rio Negro & Amazon)，*glaucolena* Staudinger(Mapiri)，*amalia* Weymer(Upper Amazon)等の亜種がある．

5. *Taygetis albinotata albinotata* Butler (♂)　　シロホシジャノメ(雄)

雌雄大差ない．裏面は2本の白帯と後翅の外縁に沿って細い黄帯がある．ボリビア(Bolivia)とペルーの南部(S. Peru)に産する稀種．

—フクロチョウ科　Brassolidae—

【Plate 80】

Caligo brasiliensis brasiliensis FELDER　(♂)(Underside)
フクロチョウ(雄, 裏面)

表面は，雄では灰色，基半分が青灰色，方向によって紫を帯びる．雌は濃灰色．従来 *C. eurilochus* CRAMER の亜種とされて来たが，独立した別種とする者が多い．中米の南部から南米の最南部を除く大部分に広く分布するフクロチョウ *Caligo* 類の代表種．広く分布するので地方変化が多く，原亜種 *brasiliensis* はブラジル中南部(C. & S. Brazil)からアルゼンチン(Argentina)にかけての産．この他 *morpheus* STICHEL(Colombia～Peru)，*galba* DEYROLLE(N. Colombia)，*caesia* STICHEL(Venezuela)，*minor* KAYE(Trinidad)，*sulana* FRUHSTORFER(C. America)等の亜種がある．幼虫はバナナを食べる．

【Plate 81】

1. *Caligo prometheus prometheus* KOLLAR　(♂)　コフクロチョウ(雄)

雌雄著しい差異がない．後翅は方向によって美しい濃紫色に変る．幼虫はバナナ類の葉を食べる．コロンビア(Colombia)とエクアドル(Ecuador)に限って産し，数亜種に分けられる．写真に示した原亜種はコロンビア(Colombia)の産．この他 *atlas* RÖBER(Ecuador)，*anaximandus* FRUHSTORFER(E. Colombia)，*epimetheus* C. & R. FELDER(E. Colombia)等の亜種がある．

2. *Caligo martia martia* GODART　(♀)　マエモンフクロチョウ(雄)

雌雄大差ないが，雄は後翅内縁に性標があり，前翅端の小白紋を欠く．フクロチョウ類では最も稀な種類で，幼虫はバナナ類を食べ，成虫は熟した果実に来る．ブラジル南部(S. Brazil)からウルグァイ北部(N. Urguay)にかけて分布するが，ほとんど地方変化がない．

Plates 82~83

【Plate 82】

1. *Penetes pamphanis pamphanis* DOUBLEDAY （♂）　　カバイロモルフォモドキ（雄）

雌雄著しい差異がない．幼虫は未知．一見アゲハチョウ科のものの様な感じで，とてもフクロチョウ科の種類とは思えない．裏面にも全く波状紋や眼状紋がない．少い種類で一属一種だけ．ブラジル（Brazil）だけに産する．

2. *Caligo atreus atreus* KOLLAR （♂）　　キオビフクロチョウ（雄）

フクロチョウ類中の最大種で最も美しい種類でもある．雌雄著しい差異がない．前翅は美しい紫で，方向によって濃さが異る．白帯は地方によって異る．パナマ（Panama）からペルー（Peru）にかけて分布し，写真に示した原亜種はコロンビア（Colombia）産．この他 *ajax* DOUBLEDAY（Venezuela），*dentina* DRUCE（Peru），*agesilaus* DRUCE（Ecuador, W. Colombia），*dionysos* FRUHSTORFER（Panama）等の亜種がある．またメキシコ（Mexico）からグァテマラ（Guatemala）に至る中米に産する *C. uranus* H.-SCHÄFFER は本種の亜種とされることもある．

【Plate 83】

1. *Opsiphanes tamarindi sikyon* FRUHSTORFER （♂）
　　シロオビヒメフクロチョウ（雄）

一見タテハチョウ科の種類の様であるが，後翅裏面には明かな眼状紋がある．雌は翅が広く円味があり，前翅の斜帯が常に白い．メキシコ（Mexico）からボリビア（Bolivia）に至る地域に広く分布し，多くの亜種に分けられる．原亜種 *tamarindi* C. & R. FELDER はベネズエラ（Venezuela）に産し，前翅の帯が黄色い．写真の亜種 *sikyon* FRUHSTORFER はメキシコ（Mexico）からコロンビア（Colombia）に至る地域の産．この他 *kleisthenes* FRUHSTORFER（W. Colombia），*corrosus* STICHEL（Ecuador），*cherocles* FRUHSTORFER（E. Colombia），*terenzius* FRUHSTORFER（N. Brazil）等の亜種を産する．

2. *Caligo beltrao beltrao* ILLIGER （♂）　　ツマキフクロチョウ（雄）

雌雄著しい差異がないが，雄は後翅内縁に性標がある．*C. atreus* と共にフクロチョウ類では最も美しい種類の一つである．幼虫はバナナ類を食べる．成虫は日中は森林の陰所に潜み，夕刻の短い時間だけ活動するが，路上に群がることもある．ブラジル中南部（C. & S. Brazil）およびアルゼンチン北部（N. Argentina）にのみ産し，地方変化はほとんどない．

【Plate 84】

1. *Eryphanis polyxena amphimedon* C. & R. FELDER （♂）
    ムラサキフクロチョウ(雄)

雌雄は多少異り，原亜種では紫の部分が少く，弱いが，*amphimedon* では逆に強い．中米から南米の最南部を除くほとんど全域に分布する普通種．幼虫は竹を食べる．地方変化が多く原亜種 *polyxena* MEERBURGH はギアナ(Guiana)からブラジル中北部(C. & N. Brazil)に至る地域とトリダッド島(Trinidad)の産．写真の亜種 *amphimedon* は紫色の部分が多く中南ブラジル(C. & S. Brazil)，パラグァイ(Paraguay)およびアルゼンチン(Argentina)の産．この他 *wartii* BOISDUVAL(Mato Grosso)，*cheiremon* FRUHSTORFER(Bolivia)，*tristis* STAUDINGER(S. Peru)，*novicia* STICHEL(Ecuador)，*lycomedon* C. & R. FELDER(C. America & Colombia)，*spintharus* FRUHSTORFER(E. Colombia)等の亜種がある．

2. *Caligopsis seleucida seleucida* HEWITSON （♀）　　ナミスジフクロチョウ(雌)
    ボリビア(Bolivia)に産する珍種である．

—ワモンチョウ科　Amathusiidae—

【Plate 85】

1. ***Taenaris hyperbola automola*** KIRSCH　(♂)　メダマチョウ(雄)

雌雄著しい差異はないが，雌の翅は円味が強い．原亜種 *hyperbola* KIRSCH はニューギニア西部(W. N. Guinea)産，写真に示した亜種 *automola* KIRSCH はニューギニア北部(N. N. Guinea)産，他に *versteegi* EECKE(C. N. Guinea)および *concolor* HULSTAERT(SW. N. Guinea)の2亜種がある．この類はジャングルヒカゲともいう．

2. ***Taenaris dimona dinora*** GROSE-SMITH & KIRBY　(♂)　アオメダマチョウ(雄)

雌は雄より淡であるが，他の点で大差ない．モルッカ諸島(Moluccas)，ニューギニア(N. Guinea)およびその周辺の島々に分布する普通種．密林中の暗所を好む．地方変化が著しく，多くの亜種がある．原亜種 *dimona* HEWITSON はアルー諸島(Aru Is.)産．写真の亜種 *dinora* はニューギニア東北部(NE. N. Guinea)産，他に *desdemona* STAUDINGER(Ceram), *offaka* FRUHSTORFER(Waigeu), *sorronga* FRUHSTORFER(W. N. Guinea), *thaema* FRUHSTORFER(SE. N. Guinea)等々多くの亜種がある．

3. ***Taenaris catops westwoodi*** STAUDINGER　(♂)
　ウスイロメダマチョウ(雌)

メダマチョウ類中では最も広く分布し，最も変化の多い種類の一つである．全ニューギニア(N.Guinea)とその周辺の島々に産し，原亜種 *catops* WESTWOOD はアルー諸島(Aru)産，写真に示した亜種 *westwoodi* は中部および東北ニューギニア(C.& NE. N. Guinea)産．他に *selenides* STAUDINGER(Waigeu), *jobina* FRUHSTORFER(Jobi), *pamphaga* KIRSCH(W. N.Guinea), *mylaecha* WESTWOOD(Louisiade Is.)等々極めて多くの亜種が知られている．

【Plate 86】

1. *Stichophthalma nourmahal nourmahal* Westwood (♀)
    チャイロワモンチョウ(雄)

雌雄著しい差異はないが，雌はやや淡色．ワモンチョウ類中の珍種で，3亜種に分けられる．原亜種は北インドのシッキム(Sikkim)およびアッサム(Assam)産．亜種 *nurinissa* Nicéville はブータン(Bhutan)産，これは後翅の外縁に鉾状の黒紋がある．この他海南島(Hainan)に亜種 *chuni* Joicey & Talbot を産する．

2. *Stichophthalma camadeva nicévillei* Rüber (♂)
    ムラサキワモンチョウ(雄)

雌雄著しい差異はない．地色が紫色ではあるが，斑紋は本質的にはワモンチョウ *S. howqua* と変りがない．実際裏面はワモンチョウの雌とそっくりである．北インド(N. India)からビルマ(Burma)にかけて分布し，4亜種に分けられる．原亜種 *camadeva* Westwood は地色が白っぽく，シッキム(Sikkim)産．写真の亜種 *nicévillei* は最も普通に見られるもので，アッサム(Assam)産，紫が強い．他の亜種 *camadevoides* Nicéville は北ビルマ(N. Burma)に産し，亜種 *nagaensis* Rothschild はナガヒル(Naga Hill)に産する．

【Plate 87】

1. *Stichophthalma sparta sparta* Nicéville (♂) ウスイロワモンチョウ(雌)

雌は雄より大型で淡色，裏面の緑色が強い．一見ワモンチョウ *S. howqua* Westwood によく似ているが．前後翅共に基部の方が濃色で，前翅の翅端部は淡色，裏面の外縁部はワモンチョウより明かに広く，インドの *S. camadeva* Westwood (Pl. 86, fig. 2) によく似ている。インドのアッサム (Assam) 地方から北ビルマ (N. Burma) にかけて分布し，北ビルマ (N. Burma) に亜種 *archbaldi* Tytler を産する．

2. *Stichophthalma howqua suffusa* Leech (♂) ワモンチョウ(雄)

雌は雄より大型で淡色，裏面の色彩が多少異る．北インド(N. India)からトンキン(Tonkin)を経て西部および中支那(W. & C. China)，更に台湾(Formosa)にまで分布し，この属中で最も広く分布する種類である．地方変化多く，地色および黒紋が著しく変化し，別種とされるものもある．原亜種 *howqua* Westwood は中南支那(C. & S. China)の産，台湾(Formosa)の亜種ワモンチョウ *formosana* Fruhstorfer に以ている．西部支那(W. China)の亜種 *suffusa* Leech(fig. 2)は写真の様に淡色で後翅の黒色部が多い．

この他 *miyana* FRUHSTORFER (S. China), *bowringi* JOICEY & TALBOT (Hainan), *tonkiniana* FRUHSTORFER (Tonkin) *wilhelma* RÖBER (Assam) 等の亜種がある.

【Plate 88】

1. *Zeuxidia luxerii luxerii* HÜBNER （♂）　　トガリバワモンチョウ（雄）

雌雄はかなり異り，雌は大型，前翅が横に長く，青色部を全く欠き，褐色，前翅に灰白色の斜帯がある．ジャバ(Java)に多い種類で1～3月に発生する．亜種 *succulenta* STICHEL はスマトラ(Sumatra)に産する．

2. *Thaumantis odana odana* GODART （♂）　　クロワモンチョウ（雄）

雌雄大差ないが，雌は紫色が弱く，翅端の白紋がはっきりしている．樹蔭を好み，地上近くを飛び，熟した果物に集まる．マレー(Malaya)からジャバ(Java)にかけて分布し，少くない．地方変化が多く，原亜種はジャバ(Java)の産，他に *cyclops* RÖBER(S. Borneo), *panwila* FRUHSTORFER(N. Borneo), *paramita* FRUHSTORFER(Sumatra), *yantiva* FRUHSTORFER(Nias), *pishuna* FRUHSTORFER(Malaya)等の亜種がある．

モルフォの囮採集

モルフォ (*Morpho*) の蒐集で世界第一を誇ったフランスの LE MOULT が，その昔自分で始めて *Morpho* を採った時のことを自叙伝 "Mes chasses aux papillons" に書いている．それは彼の父が仏領ギアナの刑務所の所長に任命され，彼を伴なって1899年赴任した直後のことである．

　Morpho menelaus を時々見掛けるのだが，いつも高い所ばかり飛んでいて網がとどかない．ある日辛うじて一匹捕ったところが，残念ながら翅のいたんだ標本だった．しかし何しろ始めての獲物なので，木の幹に寄りかかりながら翅をひろげてそのすばらしい青い光りに見とれていると，一匹の *Morpho* が近づいて来た．苦もなくそれを捕って喜んでいると，また一匹，また一匹と続々やって来る．始めの破れた標本が囮になって他の同類を寄せ集めるのだ．この経験にヒントを得て，それからは囮採集法を盛んに実施して好成績をあげたという．

　囮として最も有効なのは青く光ったモルフォで，黒地に細い青斑のある *achilles* や *leonte* のようなものは駄目である．青く光ったものなら *menelaus*, *rhetenor*, *adonis* 等何れも同様に有効で，モルフォ等は細かい種類の違いは感じない．FRITZ MÜLLER によると，モルフォの雄は何れもレモンのような好い香気を出すそうであるが，囮として役に立つのは香気ではなく，矢張り翅が強く光を反射することによるらしい．

―モルフォチョウ科　Morphidae―

【Plate 89】

Morpho (*Iphimedeia*) *hecuba hecuba* LINNÉ　(♀)　　太陽蝶(雌)

モルフォチョウ類中の最大種で，また西半球産蝶類中の最大種でもある．南米のアマゾン河(Amazon)流域を中心とした地方に産し，下流地方からギアナ(Guiana)にかけてのものは雌雄共に褐色で明るいが，上流地方のものは雌の橙褐色部が青くなり，雄も暗色になり，時には青色を呈することがある．アマゾン下流(Lower Amazon)の亜種 *obidonus* FRUHSTORFER だけはさほど稀でもないが，他の亜種は何れも稀か採集困難で入手し難い．写真に示した原亜種 *hecuba* はギアナ(Guiana)の産で，最も大きく，稀である．この他 *heracles* FRUHSTORFER(C. Amazon), *cisseis* C. & R. FELDER(SE. Amazon), *cisseides* FRUHSTORFER(Upper Amazon, Ecuador), *phanodemus* HEWITSON (Upper Amazon), *polyidos* FRUHSTORFER(Venezuela)等の亜種がある．

【Plate 90】

1. *Morpho* (*Iphimedeia*) *theseus fruhstorferi* RÜBER　(♂)　　テセウスモルフォ(雄)

雌雄著しい差異がない．後翅の外縁が歯状に突出する点でよく似た *M. hercules* DALMANN, *M. perseus* CRAMER 等から区別出来る．多くの地方変化があるが，大部分のものは次の *M. perseus* CRAMER(fig. 2)に似た色彩をしており，写真に示した亜種 *fruhstorferi* の様に全面銀白色のものは他の亜種は勿論，他の多くの *Morpho* 類の中にも見当らない．この亜種はエクアドル(Ecuador)に産する珍種である．原亜種 *theseus* DEYROLLE はコロンビア(Colombia)の産．この他 *aratos* FRUHSTORFER(C. America), *justitiae* GODMAN & SALVIN(Mexico), *aquarius* BUTLER (Panama, Costa Rica, Colombia), *thiasus* FRUHSTORFER(Colombia), *susarion* FRUHSTORFER(Bolivia), *amphitrion* STAUDINGER(Peru), *yaritanus* FRUHSTORFER(Venezuela), *juturna* BUTLER(Rio Negro)等の亜種がある．

2. *Morpho* (*Iphimedeia*) *perseus lilianae* Le Moult （♂）　ペルセウスモルフォ（雄）

雌に3型あり，基部の青味がかったもの(f. *perseus* Cramer)，地色が青味がかったもの(f. *crameri* Kirby)および中央の帯が黄褐色のもの(f. *metellus* Cramer)に分けられる．ギアナ(Guiana)からアマゾン(Amazon)および中部ブラジル(C. Brazil)，更にコロンビア(Colombia)からボリビア(Bolivia)に至るアンデス山地(Andes)に広く分布し，多くの地方変化がある．成虫は樹上高く飛びなかなか捕え難い．原亜種 *perseus* Cramer はアマゾン(Amazon)およびギアナ(Guiana)の産，写真に示した亜種 *lilianae* はベネズエラ(Venezuela)の産．この他に *iphiclus* Felder(Colombia)，*scipio* Felder(Surinam)，*richardus* Fruhstorfer(Minas Geraes)等の亜種がある．

【Plate 91】

1. *Morpho* (*Morpho*) *polyphemus polyphemus* Doubleday & Hewitson （♂）
　　シロモルフォ（雄）

雌雄大差ない．中米に産する珍種で，飛び方が速く，なかなか捕え難い．原亜種はメキシコ(Mexico)からパナマ(Panama)にかけて産する．亜種 *luna* Butler はメキシコ(Mexico)の産．黒紋がよく発達する．

2. *Morpho* (*Morpho*) *catenarius catenarius* Perry （♂）　ミズアオモルフォ（雄）

雌は後翅亜外縁の黒帯が強く，裏面に波状の模様が強く発達する．その極端に発達したものを f. *marmorata* Fruhstorfer という．また黒紋の発達したものを f. *nigrescens* Fruhstorfer という．幼虫はマメ科の *Inga semialata* を食べ，群集する．成虫は12月頃に極く普通に見られる．原亜種はブラジル南部(S. Brazil)からウルグァイ(Urguay)にかけて産し，アルゼンチン(Argentina)には亜種 *argentinas* Fruhstorfer を産する．

【Plate 92】

1. *Morpho* (*Morpho*) *achilles aguiros* Le Moult （♂）　アキレスモルフォ（雄）

雌雄大差ない．幼虫はやはりマメ科の *Platymiscium* を食べ，群集することはない．成虫は湿地に集まる．南アメリカの中北部(C. & N. S. America)に広く分布する普通種で，青色部の多少によって多くの亜種に分けられる．写真の亜種 *aguiros* はベネズエラ(Venezuela)の産．原亜種 *achilles* Linné はギアナ(Guiana)の産で，帯が狭い．この他 *amazonicus* Fruhstorfer(Amazon)，*hector* Röber(Colombia)，*pindarus* Fruhstorfer(Matto Grosso)，*trojanus* Röber(Paraguay)，*coelestis* Butler(S. Brazil)等の亜種がある.

2. *Morpho* (*Morpho*) *achillaena violaceus* FRUHSTORFER （♂）
アキレナモルフォ（雄）

前種と同様に雌雄著しい差異はない．前種とは翅の基部まで青味を帯びる点で区別される．分布は前種より狭くほとんどブラジル(Brazil)に限られるが，やはり若干の亜種が知られている．原亜種 *achillaena* HÜBNER は青味を帯び，ブラジル南部(S. Brazil)に普通．写真の亜種 *violaceus* は翅表が紫を帯びる唯一のモルフォでブラジル南部(S. Brazil)に普通に産し，幼虫は *Platymiscium* を食べる．この他 *anakreon* FRUHSTORFER (Pernambco, E. Brazil), *bahiana* FRUHSTORFER(C. Brazil), *paulista* FRUHSTORFER(S. Brazil)等の亜種がある.

[Plate 93]

1. *Morpho* (*Morpho*) *peleides peleides* KOLLAR （♂） ペレイデスモルフォ（雄）

雌雄著しい差異がないが，雌は淡色で，時には中央の帯だけ細く残すだけのものもある．林間に多く，陽の当る梢を飛ぶ様なことはない．メキシコ(Mexico)からエクアドル(Ecuador)に至る地域に分布し，多くの亜種に分けられる．写真に示した原亜種 *peleides* はコロンビア(Colombia)の産．この他 *montezuma* GUÉRIN(Yucatan, Mexico), *zela* FRUHSTORFER(Mexico), *octavia* BATES(Guatemala), *hyacinthus* BUTLER(Honduras), *pudicis* FRUHSTORFER(Nicaragua), *limpida* BUTLER(Costa Rica), *cortone* FRUHSTORFER(Colombia), *maculata* RÖBER(Ecuador), *corydon* GUÉRIN(Venezuera), *peleus* RÖBER(Venezuela), *narcissus* STAUDINGER(Panama), *insularis* FRUHSTORFER(Trinidad)等多くの亜種がある.

2. *Morpho* (*Morpho*) *deidamia deidamia* HÜBNER （♂） デイダミアモルフォ（雄）

雌は翅が大きく，円味があって，*M. achilles*(Pl. 92, fig. 1)に似ている．飛び方は強く速い．ギアナ(Guiana)からボリビア(Bolivia)に至る地域に広く分布する．写真の原亜種 *deidamia* はギアナ(Guiana)の産．亜種 *erica* FRUHSTORFER は裏面の銀白色の網目状の部分が狭く，アマゾン下流地方(Lower Amazon)に産する．この他 *neoptolemus* WOOD(Upper Amazon), *hermione* RÖBER(Colombia), *briseis* FELDER(Peru), *electra* RÖBER(Bolivia)等の亜種がある.

Plates 94～95

【Plate 94】

1. *Morpho* (*Morpho*) *aega aega* HÜBNER （♂）　エガモルフォ（雄）

美しい種類であるが，最も普通で，最も小型なモルフォチョウの一種である．雌（fig.2）は褐色で美しくなく，稀であるが，中には写真の様に前翅に青味を僅かに表すもの（f. *mixta* FRUHSTORFER）および青味が強く表れるもの（f. *pseudocypris* FRUHSTORFER）等がある．ブラジル中南部（C. & S. Brazil）に産し，主として雌の相異によって，*mellinia* FRUHSTORFER および *bisanthe* FRUHSTORFER の2亜種がある．

2. *Morpho* (*Morpho*) *aega aega* HÜBNER （♀）　エガモルフォ（雌）

3. *Morpho* (*Morpho*) *sulkowskyi sirene* NIEPELT （♂）
スルコウスキーモルフォ（雌）

雌は茶褐色，青白色の光沢がある．雄の美しい真珠光沢は方向によって淡紫色に変る．コロンビア（Colombia）からペルー（Peru）に至る地域に産し，数亜種に分けられる．写真に示した亜種 *sirene* はエクアドル（Ecuador）の産で最も大型である．原亜種 *sulkowskyi* KOLLAR はコロンビア（Colombia）の産，前翅端の円味が強い．この他 *zephyritis* BUTLER（Peru）および *eros* FRUHSTORFER（Bolivia, SE. Peru）の両亜種がある．

4. *Morpho* (*Morpho*) *portis portis* HÜBNER （♂）　ポルチスモルフォ（雄）

ブラジル中南部（C. & S. Brazil）に産する美しい種類であるが *M. aega* 程に普通ではない．雌は褐色でむしろ稀である．原亜種 *portis* はリオデジャネイロ（Rio de Janeiro）附近の産．亜種 *thamyris* FELDER はそれより更に南部の産で，前翅の黒縁が稍々広く，青味が強い．亜種 *psyche* FELDER は最も南部の産，黒縁が更に広く，青味もより強い．

5. *Morpho* (*Morpho*) *portis portis* HÜBNER （♂）（Underside）
ポルチスモルフォ（雄裏面）

【Plate 95】

1. *Morpho* (*Morpho*) *rhetenor rhetenor* CRAMER （♂）　レテノールモルフォ（雄）

モルフォチョウ類中で最も濃色で，最も光輝の強い種類である．雄は飛ぶ時には半マイルも先から認められるという．前翅端が突出しているのも他種に認められない特徴であ

る．雌(fig. 2)は黄褐色で全く光らなく，稀である．アマゾン地方(Amazon)から北の南米に分布し，若干の亜種に分けられる．写真に示した原亜種 *rhetenor* はギアナ(Guiana)の産で全く白斑がなく，雄は多少緑を帯びる．亜種 *eusebes* FRUHSTORFER はアマゾン地方(Amazon)の産，雄の前翅の亜外縁に1～4個の小黄白斑があり，原亜種よりやや大型である．亜種 *augustinae* LE CERF(Pl. 96, fig. 1)は雄はやや光輝が弱く，紫色を帯び，不明瞭な白帯と亜外縁に白斑列がある．ベネズエラ(Venezuela)に産する．亜種 *cacica* STAUDINGER は南ペルー(S. Peru)に産し，雄の中央に白紋列があり，時に亜外縁に白点列が現れることもある．亜種 *helena* STAUDINGER(Pl. 96, fig. 2)は雄の中央に白帯があり美しく，北ペルー(N. Peru)に産し，モルフォチョウ類中最高の貴重品である．

2. *Morpho* (*Morpho*) *rhetenor rhetenor* CRAMER (♀)　　レテノールモルフォ(雌)

【Plate 96】

1. *Morpho* (*Morpho*) *rhetenor augustinae* LE CERF (♂)　　レテノールモルフォ(雄)
(Pl. 95 参照)

2. *Morpho* (*Morpho*) *rhetenor helena* STAUDINGER (♂)　　レテノールモルフォ(雄)
(Pl. 95 参照)

【Plate 97】

1. *Morpho* (*Morpho*) *cypris cypris* WESTWOOD (♂)　　キプリスモルフォ(雄)
雌は *M. rhetenor* CR. の雌によく似ているが，雌雄共に翅端の突出が弱い．モルフォチョウ類中最も光輝の強い種類で，*rhetenor* の様な濃色でなく，光輝は更に強い．中米の南部(S. C. America)からコロンビア(Colombia)にかけて産し，本種の産地には *rhetenor* は産しない．Volcan de Chiriqui 産の亜種 *bugaba* STAUDINGER は小型で白帯が広い．

2. *Morpho* (*Morpho*) *cypris cypris* WESTWOOD (♀)　　キプリスモルフォ(雌)

【Plate 98】

1. *Morpho* (*Morpho*) *anaxibia anaxibia* ESPER (♂)　　アナクシビアモルフォ(雄)
雌は fig. 2 に示す通りで大型，赤褐色の二重の紋列がある．雄は一様に青藍色を呈するが光輝に乏しい．また体にまで青藍色鱗を有する種類はモルフォチョウ類中本種一種だ

けである．雄はこの様に他に余り類例がないが，雌の斑紋は本種もやはり次に示す *menelaus* 群中の種類であることを示している．ブラジル南部（S. Brazil）に産する．地方変化は少く，最南部に産するものは小型で明るく，亜種 *pelias* FRUHSTORFER に属する．

2. *Morpho* (*Morpho*) *anaxibia anaxibia* ESPER （♀）　　アナクシビアモルフォ（雌）

【Plate 99】

1. *Morpho* (*Morpho*) *menelaus nakaharai* LE MOULT subsp. nov. （♂）
　　メネラウスモルフォ（雄）

アマゾン下流地方のオビドス地方（Obidos）産のものはギアナ（Guiana）産の原亜種 *menelaus* LINNÉ に似ているが，僅かではあるが一定した差異があり，中原の親友，仏人 E. Le Moult 氏はこれを新亜種と認め，中原のためにこれに新名を与え，以下に記載することにした．以下は同氏の記載である．

Morpho menelaus nakaharai Le Moult (Nova Subsp.)

Un de mes correspondants du Brésil m'a envoyé, il y a déjà quelque temps, une centaine de *Morpho menelaus* provenant du Rio Curusamba, situé au Nord de l'Amazone dans l'état de Para. Cette race se distingue du *menelaus* verus des Guyane francaise et hollandaise

1°). — par la teinte de la face ventrale des quatre ailes, toujours brun noirâtre, au lieu du brun rougeâtre.

2°) — à la face dorsale, la marge noire des quatre ailes est en moyenne le double de celle de la marge typique. Donc *nakaharai* est la première tendance vers les larges marges noires des sous-espèces du Brézil occidental et meridional.

3°) — Par contre, les franges blanches des parties concaves entre les nervures sont moitié moins larges que chez les *menelaus* typiques. La taille est la même que chez des derniers.

Holotype ♂ et paratypes ♂ ma collection (je n'ai pas de femelle).

Je dédie cette nouvelle sous-espèce à mon aimable correspondant japonais, le Docteur Waro Nakahara. Par E. Le Moult (Paris).

2. *Morpho* (*Morpho*) *menelaus melacheilus* STAUDINGER (♂)
　　メネラウスモルフォ(雄)

雌は Pl. 100 に示す様に大型で，亜外縁に褐色乃至白色の紋列があり，青色部の大小濃淡紋列等は亜種によって相異する．原亜種 *menelaus* LINNÉ はアギアナ(Guiana)の産，最小の亜種で，最も光輝が強く，やや緑色を帯びる．これによく似た型がアマゾン下流のオビドス(Obidos)地方にも産し，これは *nakaharai* LE MOULT(fig. 1)という．また雄の黒縁の広い *terrestris* BUTLER もアマゾン下流(Lower Amazon)の産である．写真に示した亜種 *melacheilus* STAUDINGER はアマゾン上流のイキトス(Iquitos)附近の産で，大型で翅端の突出は強い．亜種 *occidentalis* FELDER は銅緑色味が強く Rio Negro 産．亜種 *nestira* HÜBNER(Pl. 100)はブラジル中南部(C. & S. Brazil)の産，大型で黒縁が広い．ブラジル中東部の Minas Geraes 産の亜種 *mineiro* FRUHSTORFER は更に大型で，黒縁が広く，表面は青色．この他サンパウロ(Sao Paulo)附近には亜種 *ornata* FRUHSTORFER がある．

【Plate 100】

　　Morpho (*Morpho*) *menelaus nestira* HÜBNER (♀)　　メネラウスモルフォ(雌)

【Plate 101】

1. *Morpho* (*Morpho*) *godarti godarti* GUÉRIN (♂)　　ゴダートモルフォ(雄)

雌は *M. menelaus* L. の雌によく似ている．*aega* 群に真珠色を帯びた淡色の種類がある様に *menelaus* 群にも本種の様に淡色の種類がある．ボリビア(Bolivia)とペルー(Peru)の産．原亜種はボリビア(Bolivia)の産，この他 *alexandra* HEWITSON, *alexandrowana* DRUCE(Pozuzo)および *assarpai* RÖBER(S. Peru)等の亜種がある．

2. *Morpho* (*Morpho*) *menelaus nakaharai* LE MOULT (♂)(Underside)
　　メネラウスモルフォ(雄, 裏面)

【Plate 102】

1. *Morpho* (*Morpho*) *didius didius* HOPFFER (♂)　　ディディウスモルフォ(雄)

雌は著しく大型，*menelaus* L. に似て広い白帯がある．光るモルフォチョウ類では次種と共に最も大型の種類である．雄は *menelaus* より淡色で，やや紫を帯びる．ペルー(Peru)に産する．他にやはりペルー(Peru)に産する亜種 *argentiferus* FRUHSTORFER があり，雌が多少異る．

2. ***Morpho*** (***Morpho***) ***amathonte julanthiscus*** FRUHSTORFER （♂）

アマトンテモルフォ（雄）

雌は *didius* や *menelaus* に似る．丁度 *didius* と *menelaus* の中間に位する種類で，どちらかといへば後者により近い．コロンビア（Colombia）からニカラグア（Nicalagua）にかけて産し，3亜種に分けられる．原亜種 *amathonte* DEYROLLE はコロンビア（Colombia）の産，明るく，やや銀色がかった反射がある．亜種 *centralis* STAUDINGER は明るく，中米（C. America）の産．写真の亜種 *julanthiscus* はエクアドル（Ecuador）の産で，著しく大型で，*didius* よりも大型のものがある．濃色で青味が著しく強い．

沢 山 採 れ た 珍 種

DAYROLLE が始めて記載した *Morpho eugenia* は翅が特徴のあるオパールのような淡色をしていて，すぐ目につく．昔は Nantes の博物館に雌雄各一頭があったというが，それが不注意のため破損して了ったため，LE MOULT が Sables Blancs 地方で新たに二，三頭採集するまでは"伝説的な蝶"として，その実在が疑はれ，STAUDINGER も FRUHSTORFER も *eugenia* を *adonis* の異名とした位であった．

LE MOULT はその後フランスに一時帰国中その *eugenia* の標本をあるイギリスの蒐集家に非常な高価で譲った．そこで Sables Blancs に同行した現地の採集人に手紙を出して，一頭50フランで買うから是非この蝶を採って呉れと依頼した．それから僅か3ヵ月後，この *Morpho eugenia* の，しかも完全な標本が，何んと1000頭ほど届いた．絶対珍品と思っていた *eugenia* がこんなに多数手に入ったので彼は驚喜した一方，約束した代金5万フランの調達に大変な苦労をしたそうである。それ以来，彼は採集を依頼するのに一頭いくらと代金を前もって約束しないことにしたという．

われわれも，昔あれ程稀だった台湾のフトオアゲハが近年になって何百という数が採れていることを知っている．どんな稀な蝶でも一生懸命に探すと沢山いる場所が見付かるものなのであろうか？

―タテハチョウ科 Nymphalidae―

【Plate 103】

1. *Heliconius charithonius charithonius* LINNÉ (♂)　　キジマドクチョウ(雄)

雌雄相違がない．合衆国南部(S. U.S.A.)から中米(C. America)および西印度諸島(W. Indies)を経て南米の北部(N. S. America)からペルー(Peru)およびチリーの北部(N. Chile)にかけて広く分布する最普通種．中米(C. America)および西印度諸島(W. Indies)にはどこでも極めて普通であるが，合衆国(U.S.A.)では産地が局地的になる．エクアドル(Ecuador)，ペルー(Peru)およびチリー(Chile)の北部には前翅の帯が消えかかつた亜種 *peruvianus* FELDER を産しジャマイカ島(Jamaica)には亜種 *simulator* RÖBER を産する．

2. *Heliconius sapho leuce* DOUBLEDAY (♂)　　シロモンドクチョウ(雄)

雌雄変化がない．中米(C. America)からペルー(Peru)にかけて産する種類で，少なくない．3亜種に分けられ，原亜種 *sapho* DRURY はコロンビア(Colombia)からペルー(Peru)にかけて分布し，前翅に1白帯がある．亜種 *eleusinus* STAUDINGER はコロンビア西部(W. Colombia)の産，前翅に連続しかけた2白帯がある．写真に示した亜種 *leuce* は中米(C. America)の産で，前翅の2白帯が広く融合する．なお *sapho* の亜種とされていた，前翅に黄帯があり，後翅の外半が白または黄色の *H. primularis* BUTLER は，現在は別種とされている．これはエクアドル(Ecuador)とコロンビア(Colombia)に産する．

3. *Heliconius wallacei wallacei* REAKIRT (♂)　　モンキドクチョウ(雄)

雌雄変化がない．南米の北部(N. S. America)に普通の種類で，森林の路上等に他の似た種類と共に群飛している．変化の多い種類で，写真に示した型は元来 *H. clytia* CRAMER の一亜種とされて来たが，この名は既に *Papilio clytia* LINNÉ に先占されていて使えない．トリニダッド島(Trinidad)からギアナ(Guiana)，コロンビア(Colombia)を経てアマゾン(Amazon)およびペルー(Peru)におよび，多くの型がある．*clytia* CRAMER は元来前翅の紋が白色なものに附けられた名である．

4. *Heliconius cydno cydnides* STAUDINGER f. *epicydnides* STAUDINGER （♂）
   シロオビドクチョウ（雄）

雌雄大差ない. 南米の北部（N. S. America）のコロンビア（Colombia）を中心とした地方に広く分布し, 多くの亜種に分けられ, その各々がまた幾つかの型に分けられている. 然し各亜種の中には全く異った外観を呈するものもあり, その分布域も重複し合っているので, 再検を要するものと思われる. 各亜種は前翅に黄紋を有し, 後翅の帯は白色の *cydno* DOUBLEDAY(Colombia), *cydnides* STAUDINGER(Colombia), *alithea* HEWITSON (Ecuador), *cordula* NEUST. (Venezuela), *broncus* STICHEL(Peru), *hahneli* STAUDINGER(Venezuela), 前翅に白紋があり, 後翅に黄帯のある *temerinda* HEWITSON (Colombia), 前後翅とも黄斑のある *hermogenes* HEWITSON(Colombia), 前後翅共に白斑のある *chioneus* BATES(Panama, Colombia), *galanthus* BATES(C. America), および前翅白斑があり, 後翅の白斑のほとんど消失した *zelinde* BUTLER(Colombia)等の亜種がある.

5. *Heliconius heurippa heurippa* HEWITSON （♂）　アトグロドクチョウ（雄）

雌雄大差ない. コロンビア（Colombia）に産し, 写真に示した原亜種の外は, 亜種 *tenuifasciatus* NEUSTETTER がやはりコロンビア（Colombia）に産する. 本種と同一視されていた *H. wernickei* STAUDINGER および *H. rubellius* GROSE-SMITH は現在では夫々独立種とされている.

6. *Heliconius erato amazonus* STAUDINGER （♂）　アカスジドクチョウ（雄）

雌雄大差ない. 先の *cydno* よりも更に変化の多い種類で, 前翅に橙赤紋があり他に紋のないもの. 前翅の基部に橙赤色部の現れるもの. 後翅橙条の現れるもの. 前翅に黄斑の現れるものおよびこの夫々の組合せがあり極めて変化に富む. ギアナ（Guiana）からアマゾン（Amazon）を経てエクアドル（Ecuador）およびペルー（Peru）にまでおよんでいるが, コロンビア（Colombia）では僅かに一部分に産するに過ぎない. 原亜種 *erato* LINNÉ はギアナ（Guiana）の産, 亜種 *amazonus* はアマゾン（Amazon）の産, 他に *magnificus* RIFFARTH(Guiana, Peru, Ecuador), *extremus* KAYE(Colombia), *eratophylla* JOICEY (N. Peru)等の亜種があり, 更に多くの型がある.

7. *Heliconius cyrbia cyrbia* GODART （♂）　シロヘリドクチョウ（雄）

コロンビア（Colombia）およびエクアドル（Ecuador）に産する小型の美しい毒蝶である.

余り変化のない種類で *cyriba* GODART(Ecuador), *venus* STAUDINGER(Colombia), *juno* RIFFARTH(Bolivia ?)等の亜種がある.

 8. *Heliconius schulzi schulzi* RIFFARTH (♂) キマダラドクチョウ

マダラチョウ科の *Melinaea, Athyrtis, Mechantis* 等の属に一見よく似ていて，混同し易い．また毒蝶類の中にもよく似た種類が極めて多い．ブラジル(Brazil)に産する．

【Plate 104】

 1. *Heliconius narcaea narcaea* GODART (♂) キオビドクチョウ(雄)

本種も先の *H. schulzi* の一群に入り，毒蝶のトップに来る種類である．やはりマダラチョウ類の或群によく混同される．ブラジル南部(S. Brazil)に産し，数個の型がある．

 2. *Miyana meyeri meyeri* KIRSCH (♂) スカシバクロホソチョウ(雄)

東南アジアに産する数少い毒蝶の一つである．後翅の黒縁は雌よりも雄の方が広い．幼虫はソテツ類を食べるというが，これは誤りで，恐らくトケイソウ類を食べるものであろう．ニューギニア西部(W. N. Guinea)に産する．

 3. *Acraea perenna perenna* DOUBLEDAY (♂) アカマダラホソチョウ(雄)

雌雄大差ない．写真に示した原亜種 *perenna* は西アフリカ(W. Africa)からアンゴラ(Angola)に至る地域およびウガンダ(Uganda)とナイロビ(Nairobi)に産する．他に *thesprio* OBERTHÜR(Katanga, Nyassaland, E. Africa)，および *kaffana* ROTHSCHILD(Abyssinia)の両亜種がある．

 4. *Acraea natalica pseudegina* WESTWOOD (♂) チャマダラホソチョウ(雄)

雌は雄より暗色．原亜種は前翅がより明るく，東および南アフリカ(E. & S. Africa)，アンゴラ(Angola)およびコンゴー南部(S. Congo)に産する．写真の亜種 *pseudegina* はセネガル(Senegal)からニジェリア(Nigeria)にかけての産．他にアンゴラ(Angola)からカメルン(Cameroon)，ウガンダ(Uganda)を経てエチオピア(Abyssinia)に至る地域に産する亜種 *abadina* RIBBE がある．

 5. *Telchinia violae violae* FABRICIUS (♂) ヘリグロホソチョウ(雄)

雌雄大差ない．幼虫はトケイソウ類を食べる．インド(India)およびセイロン(Ceylon)の平地に普通に産する毒蝶の1種で，カマキリ類でさえも嫌って捕えないという．

6. ***Acraea asboloplintha asboloplintha*** KARSCH （♂）　アトキホソチョウ（雄）

雌は後翅が淡色．東アフリカ（E. Africa）およびウガンダ（Uganda）に産する．亜種 *rubescens* ELTRER は後翅が濃色で，前翅の後縁にも同色の紋がある．これはタンガニーカ（Tanganyika）に産する．

7. ***Acraea rogersi rogersi*** HEWITSON （♂）　ゴマダラホソチョウ（雄）

雌は雄よりも黄褐色部が濃色で不明瞭．西アフリカ（W. Africa）からアンゴラ（Angola）に至る地域に分布する．黄褐色部が暗色になった型を f. *salambo* GROSE-SMITH という．

【Plate 105】

1. ***Colaenis julia julia*** FABRICIUS （♂）　チャイロドクチョウ（雄）

雌は雄よりもやや淡色，前翅の後縁に不明瞭な黒条がある．合衆国の南部（S. U.S.A.）から中米（C. America）を経てペルー（Peru）からパラグァイ（Paraguay）にかけて分布し，西印度諸島にも産する．若干の地方変化があり，*delia* FABRICIUS（C. America, Venezuela, Colombia, W. Indies, etc.），*cillene* CRAMER（Cuba），*nudesla* STICHEL（Brazil），*titio* STICHEL（Bolivia）等の亜種や型があり，この中 *cillene* が最も明るく，黒色部がほとんどない．幼虫はトケイソウ科植物を食べる．

2. ***Dione juno juno*** CRAMER （♂）　ウラギンドクチョウ（雄）

前種と次種の中間に位するが，後翅裏面には明らかな銀紋がある．雌は雄と大差ないが，大型で，黒色部が多い．写真に示した原亜種はブラジル（Brazil）の産．またエクアドル（Ecuador）にも産するという．この他 *andicola* BATES（Mt. Chimborazo），*huascama* REAKIRT（Mexico, C. America）等の亜種がある．幼虫はトケイソウ科植物を食べる．

3. ***Dione vanillae vanillae*** LINNÉ （♂）　ヒョウモンドクチョウ（雄）

合衆国（U.S.A.）南部から南米（S. America）のほとんど全域に広く分布する普通種．雌は著しく暗色を帯びる．裏面はウラギンヒョウモンに似た多くの細長い銀紋がある．幼虫はやはりトケイソウ科植物を食べる．著しい変化はなく，裏面の銀紋の消失しかかった亜種 *lucina* FELDER が南米の南部（S. S.America）に産する．毒蝶類 *Heliconius* とヒョウモンチョウ類 *Argynnis* は一見した所全く系統の異ったものの様に見えるが，その中間にこの *Colaenis* や *Dione* 属を置くと比較的容易に似ていることがわかる．実際この毒蝶 *Heliconius* や *Colaenis*, *Dione* 等は幼虫の形態もヒョウモンチョウ類に類似し，食

4. *Argynnis childreni childreni* GRAY (♂)　　オオヤマミドリヒョウモン(雄)

アジア産のヒョウモンチョウ類の中で最も美しい種類である．雌は翅が広く，暗色，後翅の暗青色部が著しく広い．ヒマラヤ(Himalaya)地方に普通に産し，西部のものは小さく，亜種 *sakontala* MOORE，東部のものは大型で，原亜種 *childreni* に属する．原亜種は更に北ビルマ(N. Burma)にも産し，ここで西部支那(W. China)から中支那(C. China)にまで分布する亜種 *caesarea* FRUHSTORFER と交代する．

【Plate 106】

1. *Marpesia petreus petreus* CRAMER (♂)　　ホソオツルギタテハ(雄)

南米に最も普通に産する種類で，幼虫はウルシ科のカシューナット(*Anacardium*)を食べる．一見 *Colaenis julia*(Pl. 105, fig. 1)に似ていて，飛翔中は区別が出来ないという．

2. *Megalura chiron chiron* FABRICIUS (♂)　　タテジマツルギタテハ(雄)

雌雄大差ない．幼虫はクワ科のイチジク類やクワ類を食べる．中米(C. America)および西印度諸島(W. Indies)から南米(S. America)の大部分に広く分布する普通種である．前翅の白点がなく，裏面が黄色を帯びるものを f. *chironides* STAUDINGER といい，西印度諸島(W. Indies)に産する．*Megalura* 属や先の *Marpesia* 属(fig. 1)は東洋およびアフリカの熱帯に産するイシガキチョウ *Cyrestis* 属に最も近く，食草も同様にクワ科の主としてイチジク *Ficus* 属を食べるものが多い．南米に多くの種類があり，1部分は北米の南部にまで侵入している．

3. *Protogonius hippona quadridentatus* BUTLER (♂)　　カナエタテハ(雄)

雌雄大差ない．幼虫はコショウ *Piper nigrum* を食べる．飛翔中は毒蝶の一種．*Heliconius narcaea*(Pl. 104, fig. 1)に似るという．中米の南部(S. C. America)からボリビア(Bolivia)およびブラジル(Brazil)にかけて普通に産し，地方変化および個体変化が極めて多く，全く別種の様なものもある．原亜種 *hippona* FABRICIUS はギアナ(Guiana)からアマゾン(Amazon)にかけて分布し，前翅の黄帯が広く，後翅の黒色部が多い．この他 *cecrops* DOUBLEDAY(C. America)，*bogotanus* BUTLER(Colombia)，*chiricanus* RÖBER (Chiriqui)，*fassli* RÖBER(W. Colombia)，*trinitatis* RÖBER(Trinidad)，*divisus* BUTLER(Peru, Bolivia)，*aequatorialis* BUTLER(Ecuador)，*drurii* BUTLER(Brazil) 等の亜種があり，写真の亜種 *quadridentatus* BUTLER はボリビア(Bolivia)に産する．

4.　*Metamorpha dido wernickei* Röber　（♂）　アサギタテハ

　雌雄大差なく，雌は雄よりやや淡色である．毒蝶 *Heliconius* に近い類で，幼虫はやはりトケイソウ類を食べる．中米(C. America)からブラジル(Brazil)およびボリビア(Bolivia)にかけて広く分布し，斑紋と色彩の相異によって若干の亜種に分けられる．原亜種 *dido* Linné はギアナ(Guiana)からペルー(Peru)およびボリビア(Bolivia)にかけて産し，斑紋が青緑色．亜種 *ostara* Röber は大型で黄緑色，コロンビア(Colombia)からペルー(Peru)にかけて産する．亜種 *diatonica* Fruhstorfer は中米(C. America)産で *ostara* より小型で濃色．写真に示した亜種 *wernickei* はブラジル(Brazil)に産する．

[Plate 107]

　1.　*Cyrestis nivea nivea* Zinken-Sommer　（♂）　ツマグロイシガキチョウ（雄）

　雌雄大差ない．ジャバ(Java)やボルネオ(Borneo)を中心に北はインドシナ半島(Indo-China Peninsula)を北上してトンキン(Tonkin)まで，東は一方ではパラワン(Palawan)まで，他方ではバリ(Bali)およびロンボク(Lombok)を経てスンバワ島(Sumbawa)まで達しているが，インド(India)やセレベス(Celebes)にはおよんでいない．多くの亜種に分けられるが，写真に示したのはジャバ(Java)産の原亜種である．他に *nivalis* Felder (Malaya, Burma, Sumatra), *borneensis* Martin(Borneo), *tonkiniana* Fruhstorfer(Tonkin), *fadorensis* Kheil(Nias), *superbus* Staudinger(Palawan), *sumbawana* Martin(Sumbawa)等の亜種がある．

　2.　*Cyrestis lutea lutea* Zinken-Sommer　（♂）　メスジロイシガキチョウ（雄）

　雌雄は斑紋はほとんど変化がないが，雌は白色で，一見先の *C. nivea* Zink.(fig. 1)によく似ていて，甚だ稀である．ジャバ(Java)とバリ島(Bali)にだけ限って産し，バリ島のものは亜種 *doliones* Fruhstorfer という．

　3.　*Victorina* (*Amphirene*) *superba superba* Bates　（♂）　シロオビタテハ

　雌雄大差ない．幼虫はキツネノマゴ科植物を食べる．中米(C. America)に普通に産するが，地方変化は余りない．

　4.　*Cethosia penthesilea penthesilea* Cramer　（♂）　ハレギチョウ（雄）

　雌雄余り異らないが，雌は褐色部が暗色でくすんでいて黒紋が多い．幼虫はトケイソウ科植物を食べる．ジャバ(Java)から小スンダ列島(Lesser Sunda Is.)を経てオーストラ

リア(Australia)の西北部にまで達している種類で，若干の亜種に分けられ，どこでも極く普通に産する．写真に示した原亜種はジャバ(Java)産，他に *elgitha* FRUHSTORFER (Bali), *diffusa* FRUHSTORFER(Sumbawa), *paksha* FRUHSTORFER(Wetter, etc.), *filiola* FRUHSTORFER(Sumba)等の亜種がある．

5. *Rhinopalpa polynice elpinice* FELDER (♂)　　ソトグロカバタテハ(雄)

雌は雄と似た斑紋をしたものから，全く異り，黄褐色の広い帯があり，その外側に眼状紋列のあるものまで，種々の変化がある．幼虫はクワ科の *Gonocephalus* 属を食べる．アッサム(Assam)からマレー(Malaya)を経てフィリッピン(Philippines)およびセレベス(Celebes)に至る地域に広く分布するが，トンキン(Tonkin)および小スンダ諸島(Lesser Sunda Is.)には産しない．雄は余り著しい地方変化がないが，雌は著しい地方変化がある．原亜種 *polynice* CRAMER はスマトラ(Sumatra)産，写真に示した *elpinice* はジャバ(Java)およびバリ島(Bali)産．他に *birmana* FRUHSTORFER(Assam, Burma, etc.), *eudoxia* GUÉRIN(Malaya), *elema* FRUHSTORFER(Borneo), *stratonice* FELDER (Philippines), *megalonice* FELDER(N. Celebes)等々多くの亜種がある．

【Plate 108】

1. *Hypolimnas salmacis platydema* ROTHSCHILD & JORDAN (♂)
　　サザナミムラサキ(雄)

雌には青色部が灰白色または灰黄色を呈する個体がある．原亜種 *salmacis* DRURY はシエラレオネ(Sierra Leone)からコンゴー(Congo)を経てウガンダ(Uganda)まで分布し，前翅の亜外縁に白点列があり白帯が狭い．写真に示した亜種 *platydema* はウガンダ(Uganda)からエチオピア(Abyssinia)にかけて分布し，前後翅の青色部内の白色部が広い．亜種 *monteironis* DRUCE は前翅の亜外縁の白点が全くない．オールドカラバル(Old Calabar)からアンゴラ(Angola)およびウガンタ(Uganda)にかけて分布する．またギニア湾(G. of Guinea)のサントーム島(Sao Thome I.)には亜種 *thomensis* AURIVILLIUS を産する．

2. *Hypolimnas dexithea dexithea* HEWITSON (♂)　　ハガタムラサキ(雄)

雌雄大差ない．この属の中では最も美しい種類で，マダガスカル島(Madagascar)の東部および北部の森林に限って産する．鋸歯状に突出した外縁は他に類例がない．

【Plate 109】

1. *Hypolimnas alimena heteromorpha* RÜBER （♂）　　ルリオビムラサキ（雄）

雌は2型あり，褐色で時に外縁に白帯のあるものと雄と同様に青色の帯のあるものとある．モルッカ諸島（Moluccas）およびニューギニア（N. Guinea）を中心とした地方に広く分布し，極めて地方変化が多く，多くの亜種に分けられている．原亜種 *alimena* LINNÉ は南モルッカ諸島（S. Moluccas）の産で外縁の白紋が小さく，青色を帯び青帯が狭い．写真に示した亜種 *heteromorpha* はケイ諸島（Key Is.）産，雌は褐色で，外半分が黄白色を呈する．この他 *bandana* FRUHSTORFER（Banda I.），*eligia* FRUHSTORFER（Waigeu），*talauta* FRUHSTORFER（Talaut Is.），*polymena* FELDER（Aru Is.），*curicta* FRUHSTORFER（N. Guinea），*lamina* FRUHSTORFER（NE.-Australia），*diphridas* FRUHSORFER（Solomon Is.），*inexpectata* GODMAN & SALVIN（Bismarck Is.）等々多くの亜種がある．

2. *Hypolimnas antilope anomala* WALLACE （♂）　　ヤエヤマムラサキ（雄）

雌雄大差ないが，インドネシア（Indonesia）およびフィリッピン（Philippines）地方の雌はムラサキマダラ類に似て美しい青藍色を呈するが，モルッカ諸島（Moluccas）およびニューギニア（N. Guinea）地方のものは雌雄共に褐色である．共にマダラチョウ科のムラサキマダラ *Euploea* 属の種類に擬態している．地方変化が極めて多く，原亜種 *antilope* CRAMER はモルッカ諸島北部（N. Moluccas）の産で，雌雄同色のものの代表である．同系統の亜種には *typhlis* FRUHSTORFER（N. Guinea），*lutescens* BUTLER（Fiji），*mela* FRUHSTORFER（Fergusson Is.）等がある．写真に示した亜種 *anomala* は雌が青い系統の代表でマレー（Malaya）からジャバ（Java）にかけて分布する．この系統には *discandra* WEYMER（Lesser Sunda Is.），*albula* WALLACE（Timor），*intersticta* BUTLER（Borneo），*euvaristos* FRUHSTORFER（S. Philippines, Palau Is.），*truentus* FRUHSTORFER（N. Philippines, Loo-Choo Is.）等の亜種がある．

3. *Hypolimnas dubia mima* TRIMEN （♂）　　シロムラサキ（雄）

サハラ砂漠以南のほとんどアフリカ全土に分布し，その地方によって異ったマダラチョウ科の種類に擬態し，また同一地方でも異った2種以上の種類に擬態した異った型がある為に極めて変化に富んだ種類である．原種 *dubia* PALLAS は西アフリカ（W. Africa）の産でマダラチョウ科の *Amauris tartarea* MABILLE に擬態する．南および東アフリカ（S. & E. Africa）産の亜種は亜種 *mima* TRIMEN に属し，f. *mima* は *Amauris echeria*

STOLL に擬態し，写真に示した f. *wahlbergi* WALLENGREN は *Amauris niavius* LINNÉ (Pl. 74, fig. 4)に擬態する．またマダガスカル(Madagascar)産の亜種は *drucei* BUTLER に属する．

4. ***Hypolimnas bolina iphigenia*** CRAMER (♀)　　リュウキュウムラサキ(雌)

インド・マレー地区(Indo-Malayan Region)からオーストラリア(Australia)に至る地域に広く分布し，北は台湾および琉球に達している．雄は余り著しい地方変異がないが，雌は極めて変化に富み，多くの亜種に分けられる．一般に西の地域のものは個体変化が著しくないが，東の地域のものは同一地域のものでも著しい個体変化がある．原亜種 *bolina* LINNÉ はインド(India)から南支那(S. China)に至る地域から南はタイ国(Thai)にまでおよんでいて雌の後翅の斑紋は弱いかまたは全く欠く．写真の亜種 *iphigenia* はジャバ(Java)を中心に北はマレー(Malaya)から小スンダ列島(Lesser Sunda Is.)にまでおよび，雌が大型で後翅の白紋と前翅の赤紋がよく発達する．台湾産は *kezia* BUTLER に属し，雌の後翅の白紋がない．フィリッピン諸島(Philippines)と琉球産は *philippensis* BUTLER に属し，雌の後翅に白紋が発達し，時に前翅に赤紋が現れることがある．この他 *lisianassa* CRAMER(Celebes), *alcithoë* CRAMER(Moluccas), *constans* BUTLER(Australia), *palauensis* FRUHSTORFER(Palau), *pallescens* BUTLER(Fiji), *inconstans* BUTLER(Samoa), *pulchra* BUTLER(New Caledonia)等々多くの亜種がある．幼虫はスベリヒユ科の植物を食べる．

【Plate 110】

1. ***Precis lavinia lavinia*** CRAMER (♂)　　アメリカタテハモドキ(雄)

雌は雄より褐色が強く，後翅の青味が弱い．幼虫はオオバコ類等を食べる．合衆国(U. S.A.)より南米全域(S. America)に広く分布し，地方変化と個体変化が多い．写真に示した原亜種は南米に広く分布し，北米産の亜種 *coenia* HÜBNER は前翅の斜帯が白色を帯びる．

2. ***Precis hierta hierta*** FABRICIUS (♂)　　ルリボシタテハモドキ(雄)

雌雄著しい差異なく，雌では眼状紋が表れる．幼虫はキツネノマゴ科のオギノツメ属(*Hygrophila*)を食べる．南支那(S. China), 海南島(Hainan)からビルマ(Burma)およびインド(India)を経てアラビア(Arabia)およびアフリカ(Africa)にまで広く分布している．アラビア(Arabia), シリア(Syria)およびアフリカ(Africa)産のものは小型で，黄紋が淡く小さい．これを亜種 *crebrene* TRIMEN という．

3. ***Yoma algina odilia*** FRUHSTORFER （♂）　パプアキオビコノハ（雌）

雌は後翅に眼状紋が表れ，帯が橙色のものと白色のものとある．ニューギニア（N. Guinea）とその周辺の島々に産し多くの亜種がある．原亜種 *algina* BOISDUVAL はワイゲウ島（Waigeu）産，前翅端の黒紋が小さい．写真はフェルグッソン諸島（Fergusson Is.）産の亜種である．他に *vestina* FRUHSTORFER（W. N. Guinea），*netonia* FRUHSTORFER（E. N. Guinea），*kokopona* HAGEN（Bismarck Is.）等若干の亜種がある．

4. ***Salamis parhassus parhassus*** DRURY （♂）　ウスアオシンジュタテハ（雌）

雌雄大差ない．写真に示した原亜種は西アフリカ（W. Africa）産．南および東アフリカ（S. & E. Africa）およびエチオピア（Abyssinia）に広く分布する亜種 *aethiops* PALLAS は外縁の黒色部が狭く，中央の縦条を欠く．

5. ***Salamis anacardii duprei*** VINS. （♂）　トガリシンジュタテハ（雌）

熱帯アフリカに広く分布する種類で，数亜種に分けられる．雌は多少黄色を帯び，外縁の黒色部が広い．原亜種 *anacardii* LINNÉ は西アフリカ（W. Africa）産．前翅端の黒色部が少い．亜種 *ansorgei* ROTHSCHILD は赤味を帯び黒紋が多少異る．アンゴラ（Angola）の産．亜種 *nebulosa* TRIMEN は黒色部が多く，ナタール（Natal）からエチオピア（Abyssinia）に至る東アフリカ（E. Africa）に産する．写真に示した亜種 *duprei* VINS. はマダガスカル島（Madagascar）の産，尾状突起が著しく長い．

【Plate 111】

1. ***Catagramma pastazza pastazza*** STAUDINGER （♂）　ムラサキウズマキタテハ（雌）

雌は後翅の内角に青色紋があるが，雄の様な美しい幻色はない．エクアドル（Ecuador）ペルー（Peru）よりボリビア（Bolivia）に至るアンデス山地（Andes）および奥アマゾン（Upper Amazon）に分布する．多少の変化があり，前翅の橙紋が減退したものを f. *excelsa* STAUDINGER，幻色の特に強いものを f. *speciosa* RÖBER という．裏面の斑紋は Fig. 2 に示す通りである．本種は従来よく似た *C. excelsior* HEWITSON の亜種とされていたが触角が完全に黒く，先端が黄色くなく，後翅の青色部がはっきりしている点で異る．

2. ***Catagramma pastazza pastazza*** STAUDINGER （♂） (Underside)

ムラサキウズマキタケハ（裏面）

3. ***Catagramma sorana sorana*** Godart （♂）　　ハガタウズマキタテハ（雄）

雌は大差ないが，前翅端の紋が白っぽい．後翅裏面にある青紫色の波状紋で一見して他の種類から区別できる．原亜種 *sorana* は中部ブラジル (C. Brazil) およびペルー (Peru) からアルゼンチン (Argentina) およびボリビヤ (Bolivia) に産し，亜種 *callaecia* Fruhstorfer は前翅の赤帯が太く後翅の赤紋が長く，ベネズエラ (Venezuela) に産する．このほかボリビア (Bolivia) に亜種 *horstii* Mengel および *menesa* Fruhstorfer がある．

4. ***Catagramma sorana sorana*** Godart （♂）(Underside)
　　ハガタウズマキタテハ（裏面）

5. ***Callithea leprieuri leprieuri*** Feisth. （♂）　　アカネタテハ（雄）

雌は紫の幻色が弱い．後翅の裏面は暗緑色に光り，数条の黒点列があり，基部は狭く真紅色．ギアナ (Guiana) およびアマゾン下流 (Lower Amazon) に分布する．

6. ***Perisama saussurei saussurei*** Guérin （♂）　　マエルリウラスジタテハ（雄）

裏面は黄褐色．2黒条の間に小さな黒点列がある．雌雄ほとんど変化がない．ブラジル (Brazil) に産する．この類は表裏共によく斑紋が似ている上に種類が多いので識別はなかなか困難である．

7. ***Callicore neglecta neglecta*** Salvin （♂）　　ウラモジタテハ（雄）

雌雄変化なく，グアテマラ (Guatemala) からコロンビア (Colombia) を経てペルー (Peru) までに最も普通に見られる種類で，裏面(fig. 8)に顕著な8字形の紋がある．この属も表裏の斑紋が極めてよく似た種類が沢山あるので識別は困難である．北米の南部(S. U. S. A.) から南米 (S. America) 全体に多くのよく似た種類がある．なおこの属名に *Diaethria* を使うこともある．

8. ***Callicore neglecta neglecta*** Salvin （♂）(Underside)　　ウラモジタテハ（裏面）

9. ***Perisama humboldtii humboldtii*** Guérin （♂）　　キイロウラスジタテハ（雄）

雌雄大差ない．裏面は fig. 11 に示す通りである．ベネズエラ (Venezuela) からコロンビア (Colombia) を経てペルー (Peru) にかけて分布し，*rhodoptera* Butler(Peru)，*divergens* Butler(Ecuador)，*ouma* Dogn.(Ecuador)等似た種類が多い．

Plates 111〜112

10. ***Catagramma hydaspes hydaspes*** DRURY （♂）　ヒメウズマキタテハ（雄）

雌雄大差ない．ブラジル南部(S. Brazil)からパラグァイ(Paraguay)にかけて普通に産する．カタグラマ *Catagramma* 類中では最も小さい種類の一つである．裏面は fig. 13 に示してある．3亜種あり，パラグァイ(Paraguai)に *delmas* FRUHSTORFER，ペルー(Peru)に *Peregrinata* DILLON，アマゾン(Amazon)に *dubiosa* DILLON を産する．

11. ***Perisama humboldtii humboldtii*** GUÉRIN （♂）(Underside)
　　キイロウラスジタテハ（裏面）

12. ***Perisama euriclea euriclea*** DOUBLEDAY & HEWITSON （♂）
　　シロウラスジタテハ（雄）

雌雄大差ない．コロンビア(Colombia)およびベネズエラ(Venezuela)に産する．よく似た種類に *P. vaninka* HEWITSON があるが，前翅端に不明瞭な帯があり，裏面の赤色部が多い．これはコロンビア(Colombia)からペルー(Peru)にかけて産する．裏面は fig. 14 に示してある．

13. ***Catagramma hydaspes hydaspes*** DRURY （♂）(Underside)
　　ヒメウズマキタテハ（裏面）

14. ***Perisama euriclea euriclea*** DOUBLEDAY & HEWITSON （♂）(Underside)
　　シロウラスジタテハ（裏面）

【Plate 112】

1. ***Batesia hypochlora hypochlora*** FELDER （♂）　ベーツタテハ（雄）

雌は雄よりも光沢が鈍く，青味が弱い．幼虫は未知．原亜種はアマゾン上流地方(Upper Amazon)に稀ではない．亜種 *hypoxantha* GODMAN & SALVIN はエクアドル(Ecuador)に産し，裏面の色彩が異る．

2. ***Catonephele numillia penthia*** HEWITSON （♂）　ミツボシタテハ（雄）

雌雄全く異り，雌は前翅に黄紋があり，後翅の大部分は暗赤色．外縁は黒くその中に細い黄条がある．この属の他の種類は前後翅を貫ねる太い橙色条があり，雌は乳白または黄色の3条があり，一見台湾のタイワンヒトスジ *Parathyma* 属を思はせる．幼虫はアミガサギリ類(*Alchornia*)を食べる．若干の地方変化があり原亜種 *numillia* CRAMER はギア

Plates 112〜113

ナ(Guiana)とアマゾン(Amazon)の産．後翅外縁の青藍色紋がよく発達する．写真に示した亜種 *penthia* はブラジル(Brazil)に産する．他に *esite* FELDER(C. America, Colombia)および *neogermanica* STICHEL(Paraguay)の両亜種がある．

3. ***Didonis biblis biblis*** FABRICIUS （♂）　アカヘリタテハ

雌雄大差ない．幼虫はトウダイグサ科の *Traga volubilis* を食べる．我国のミスジチョウ *Neptis* 類に近く，翅を拡げて止る．中米(C. America)からパラグァイ(Paraguay)に至るほとんど全南アメリカ(S. America)に広く分布する普通種で，若干の地方型がある．原亜種 *biblis* はコロンビア(Colombia)からブラジル南部(S. Brazil)まで普通，他に *aganisa* BOISDUVAL(C. America), *parisa* DOUBLEDAY & HEWITSON(Guiana), *nectanabis* FRUHSTORFER(Brazil), *sisygambis* FRUHSTORFER(Brazil)等の亜種がある．

4. ***Siderone thebais thebais*** FELDER　（♂）　ベニコノハ(雄)

雌雄著しい相違はない．幼虫は未知であるが，同属の *S. marthesia* CRAMER はクロウメモドキ科の *Casearia silvestris* を食べる．南米の北部に産し，写真に示した原亜種 *thebais* はコロンビア(Colombia)の産，他に亜種 *galanthis* CRAMER がギアナ(Guiana)に産する．

5. ***Ageronia (Peridromia) arethusa arethusa*** CRAMER　（♂）　カスリタテハ(雄)

雌は雄よりも前翅が尖り，青藍色紋が多く，前翅に黄白色の斜帯がある．幼虫は未知．メキシコ(Mexico)からボリビア(Bolivia)に至る地域に広く分布する．若干の地方変異があり，原亜種 *arethusa* はギアナ(Guiana, Amazon)に産する．この他 *saurites* FRUHSTORFER(C. America, Colombia, Trinidad), *palliolata* FRUHSTORFER(Lower Amazon), *thearida* FRUHSTORFER(Peru, Bolivia)等の亜種がある．

【Plate 113】

1. ***Prepona pheridamas pheridamas*** CRAMER　（♂）　ルリオビプレポナ(雄)

雌は雄よりも帯の青味が弱い．幼虫は未知．3亜種あり．原亜種はギアナ(Guiana)からコロンビア(Colombia)およびアマゾン(Amazon)を経てエクアドル(Ecuador)およびペルー(Peru)にまで達している．この他 *phila* FRUHSTORFER(SE. Brazil)および *attalis* FRUHSTORFER(Bolivia)の2亜種がある．

Prepona 属は南米特産の属で，*Agrias* 属に次いで南米特産の美しいタテハとして著名である．裏面の模様は旧世界のフタオチョウ類 *Charaxes* に近似し，飛び方や，飛翔中

Plates 113～114

に音を出す習性も似ているという．然し一方では，幼虫や習性はコムラサキ類 *Apatura* にも似ているという．約30種ばかりあり，地方変化が著しい．

   2. ***Prepona chromus xenarchus*** FRUHSTORFER （♂）　　ヘリボシプレポナ（雄）

雌は雄と同様の型と前翅に淡褐色部のある f. *ochracea* FASSL とある．アンデス山地（Andes）に産し，若干の地方型がある．原亜種 *chromus* GUÉRIN はコロンビア（Colombia）産，後翅の青い部分が小さい．写真に示した亜種 *xenarchus* はペルー（Peru）産で，青い部分が大きい．この他 *chiliarches* FRUHSTORFER（Venezuela）および *fassli* RÖBER（Bolivia）の2亜種があり，南方のもの程青色部が大きく，眼状紋が発達する．

   3. ***Prepona antimache andicola*** FRUHSTORFER （♂）　　オオルリオビプレポナ（雄）

雌は青帯が狭く弱い．この類中の大型種で，中米（C. America）および西インド諸島（W. Indies）から南米（S. America）の南部を除くほとんど全部に分布し，多くの亜種に分けられる．原亜種 *antimache* HÜBNER はブラジル東南部（SE. Brazil）の産，前翅端に近い紋が大きく，帯は狭い．写真に示した亜種 *andicola* はベネズエラ（Venezuela）からエクアドル（Ecuador）を経てペルー（Peru）に至る地域の産．この他 *demophoon* HÜBNER（Guiana, Amazon），*gulina* FRUHSTORFER（C. America, Colombia），*thebais* FRUHSTORFER（Brazil），*lyde* FRUHSTORFER（Bolivia），*tyrias* FRUHSTORFER（S. Brazil），*insulicola* FRUHSTORFER（W. Indies），*ilmatar* FRUHSTORFER（Trinidad），*crassina* FRUHSTORFER（Cuba）等の亜種がある．

【Plate 114】

   1. ***Ageronia*** (***Ageronia***) ***guatemalana marmarice*** FRUHSTORFER （♂）　シモフリタテハ

雌雄大差ない．幼虫は未知．中米（C. America）に産する種類で，かなりの地方変異がある．写真に示した亜種 *marmarice* はメキシコ（Mexico）産，原亜種 *guatemalana* BATES は中米（C. America）のほとんど大部分に産し，他に *eupolema* FRUHSTORFER（Yucatan），*elata* FRUHSTORFER（Espiritu Santo）等の亜種がある．

Ageronia 属の種類は南アメリカから北米の南部にかけて20余種類があり，中南米特産の一群で，他の地域に産するタテハチョウ科中には近縁なものを探すことが出来ない．習性も全く特異で，飛翔中に高音を発し，樹幹に翅を拡げて，丁度シャクトリガ類の様な止り方をし，その場合翅の模様が樹皮に似ていて，一種の保護色をしているという．なお現在は *Ageronia* の代りに *Hamadryas* を使うこともある．

2. *Megalura marcella marcella* FELDER （♂）　ムラサキツルギタテハ（雄）

雌雄は全く異り，雌は紫色部と橙色部が全くなく，前翅の橙色部に白い斜帯がある．中米（C. America）と南米の北部（N. S. America）に普通に産する．*Megalura* 属の中では最も美しい種類の一つである（Pl. 106 参照）．

3. *Historis orion orion* FABRICIUS （♂）　オリオンタテハ（雄）

雌雄著しい差異はない．幼虫は *Embauba* を食べる．飛翔は強く湿地や熟した果物に集まる．メキシコ（Mexico）および西インド諸島（W. Indies）から最南部を除く南アメリカ（S. America）のほとんど全域に分布する普通種であるが，地方変化はほとんどない．

4. *Polygrapha cyanea cyanea* GODMAN & SALVIN （♂）　ルリフタオチョウ（雄）

雌は極めて稀でよく判っていない．幼虫も未知である．エクアドル（Ecuador）およびペルー（Peru）に産する珍種で，裏面は細かい波状模様がある．旧世界のフタオチョウ *Charaxes* 類に近いものと考えられている．

5. *Gynaecia dirce dirce* LINNÉ （♂）　ウラナミタテハ（雄）

雌雄大差ない．幼虫は *Embauba* を食べる．ホンジュラス（Honduras）以南の中米（C. America）および西印度諸島（W. Indies）からパラグァイ（Paraguay）およびブラジル南部（S. Brazil）に至る地域に極く普通な種類で，小さな型を *dircoides* SEPP. という．地方変異は殆どない．

【Plate 115】

1. *Charaxes durnfordi staudingeri* ROTHSCHILD （♂）　ヘリボシフタオチョウ（雄）

雌は雄と大差ないが更に大型で白色部が拡がる．アッサム（Assam）からマレー（Malaya）を経てジャバ（Java）に至る地域に分布するが少い．原亜種 *durnfordi* DISTANT はマレー（Malaya）の産．写真に示した亜種 *staudingeri* はジャバ（Java）の産．他に *nicholi* GROSE-SMITH（Assam, Burma, Tenasserim）, *connectens* NICÉVILLE（Sumatra）および *everetti* ROTHSCHILD（Borneo）等の亜種がある．

2. *Charaxes polyxena baya* MOORE （♂）　ツマグロチャイロフタオチョウ（雄）

雌は大型，やや緑を帯び，黒縁の内側に白帯のあるものと，黄褐色帯のあるものとある．インド・マレー地方（Indo-Malayan Region）に広く最も普通に産する種類である．

Plates 115～116

原亜種 *polyxena* CRAMER は南および西部支那(S. & W. China)産. 写真に示した亜種 *baya* はジャバ(Java)産. 他に *agna* MOORE(Burma & Tenasserim), *asaphon* WESTWOOD(Ceylon), *imna* BUTLER(India), *hierax* FELDER(Sikkim), *crepax* FRUHSTORFER(Borneo), *ajax* FAWC.(W. Sumatra), *acolus* FRUHSTORFER(NE. Sumatra) 等々多くの亜種がある. 幼虫はマメ科のネムノキ属(*Albizzia*)を食べる. またヘンルーダ科の *Acronychia* 属の植物も食べるという.

3. ***Charaxes harmodius harmodius*** FELDER (♂)　チャイロフタオチョウ(雄)

雌は黄色が強く, 黒色部が少なく, 尾状突起が長い. 写真に示した原亜種はジャバ(Java)産. 外にスマトラ(Sumatra)に *martinus* ROTHSCHILD & JORDAN, パラワン島(Palawan)に *harpagon* STAUDINGER の両亜種がある.

4. ***Polyura dolon magniplaga*** ROTHSCHILD (♂)　ウスイロフタオチョウ(雄)

雌雄大差ないが, 雌は極めて稀である. ヒマラヤ(Himalaya)から北ビルマ(N. Burma)を経てラオス(Laos)および四川省(Szetchuan)に達している. 稀な種類で, 写真に示した亜種 *magniplaga* はアッサム(Assam)産. 原亜種 *dolon* WESTWOOD はヒマラヤ(Himalaya)産. またネパール(Nepal)からブータン(Bhutan)にかけて亜種 *centralis* ROTHSCHILD & JORDAN, 北ビルマ(N. Burma)からラオス(Laos)にかけて亜種 *grandis* ROTHSCHILD & JORDAN, 更に西部支那(W. China)に亜種 *carolus* FRUHSTORFER を産する.

5. ***Polyura athamas attalus*** FELDER (♂)　オビモンフタオチョウ(雄)

雌はやや大型, 淡色で, 帯が広い. 幼虫はマメ科のネムノキ類(*Albizzia*)を食べる. 北はヒマラヤ(Himalaya)および南支那(S. China)から南はジャバ(Java)に至る地域に広く分布し, 多くの亜種に分けられる. 原亜種 *athamas* DRURY は南支那(S. China)トンキン(Tonkin)および北ビルマ(N. Burma)の産, 写真に示した *attalus* は最も南方の亜種でジャバ(Java)に産する. 他に *madeus* ROTHSCHILD(Ceylon), *agrarius* SWINSON (S. India), *samatha* MOORE(S. Burma, Malaya), *uraeus* ROTHSCHILD & JORDAN (Borneo)等の亜種がある.

【Plate 116】

1. ***Charaxes lucretius lucretius*** CRAMER (♂)　キオビフタオチョウ(雄)

雌は暗褐色, 白帯がある. 西アフリカ(W. Africa)のシエラレオネ(Sierra Leone)から

アンゴラ(Angola)およびウガンダ(Uganda)に至る地方の森林地方に普通に産する．地方変化はほとんどない．

2. ***Charaxes etheocles hollandi*** BUTLER （♂）　　スルスミフタオチョウ(雄)

雌雄共極めて変化に富み多くの型がある．一般に雌は雄より遥かに大型．尾状突起が長く，種々の斑紋がある．雄は黒色，青紋があるものと無いものとある．熱帯アフリカに広く分布し，写真の *hollandi* は最も斑紋の少い型で西アフリカ(W. Africa)からアンゴラ(Angola)およびウガンダ(Uganda)にかけて分布する．

3. ***Charaxes eupale dilutus*** ROTHSCHILD （♂）　　アオフタオチョウ(雄)

フタオチョウ類では最も特異な種類で，緑色の種類は他にない．原亜種 *eupale* DRURY はシエラレオネ(Sierra Leone)からアンゴラ(Angola)にかけて分布する．写真に示した亜種 *dilutus* ROTHSCHILD は大型で，前翅端の濃色部が淡色で明瞭でない．コンゴー(Congo)からニアサランド(Nyassaland)にかけて産する．

4. ***Charaxes tiridates tiridates*** CRAMES （♂）　　カスリフタオチョウ(雄)

雌は前後翅の基半分が緑がかった灰褐色，前翅の中央に斜の白帯があり，翅端に白点がある．南アフリカ(W. Africa)からアンゴラ(Angola)およびウガンダ(Uganda)に至る地域に産する普通種．亜種 *marginatus* ROTHSCHILD & JORDAN はエチオピア(Abyssinia)の産．外縁の黄褐紋が大きく，帯状になる．

5. ***Charaxes candiope candiope*** GODART （♂）　　オナガフタオチョウ(雄)

雌は多少暗色で，尾状突起が短い．ほとんど熱帯アフリカ(Tropical Africa)の全域に分布し，西はシエラレオネ(Sierra Leone)から北はエチオピア(Abyssinia)，南はナタール(Natal)まで広く分布するが変化に乏しい．他に *velox* GRANT(Socotra I.)および *thomasius* STAUDINGER(Thomé I.)の2島嶼型がある．

6. ***Pyrrhogyra catharinae catharinae*** STAUDINGER （♂）　　シロモンタテハ(雄)

雌雄大差ない．幼虫は未知．ブラジル南部(S.Brazil)からボリビア(Bolivia)にかけて少なくない．

【Plate 117】

1. *Kallima paralekta paralekta* HORSFIELD (♂)　ムラサキコノハチョウ雄

雌は褐色を帯び，前翅端が尖る．コノハチョウ *K. inachus* BOISDUVAL に似ているが，前翅に透明紋がない．ビルマ(Burma)からジャバ(Java)に至る地域に産し，少くない．幼虫はキツネノマゴ科の *Strobilanthes* 属の植物を食べる．若干の亜種があり，写真に示した原亜種 *paralekta* はジャバ(Java)産．亜種 *limborgi* MOORE はビルマ(Burma)およびテナセリム(Tenasserim)の産．*amplirufa* FRUHSTORFER はマレー(Malaya)産．他にスマトラ(Sumatra)の *tribonia* FRUHSTORFER およびボルネオ(Borneo)の *buxtoni* MOORE 両亜種がある．

2. *Doleschallia bisaltide bisaltide* CRAMER (♂)
　　イワサキコノハ(雄)

雌雄大差ないが，雌は雄より大型で淡色．幼虫はキツネノマゴ科の *Graptophyllum* 属の植物を食べる．広く分布する種類で西はインド(India)から東はフィリッピン(Philippines)およびモルッカ諸島(Moluccas)を経てビスマルク諸島(Bismarck Is.)およびソロモン群島(Solomons)にまでおよぶがニューギニア(N. Guinea)には産しない．北は南支那(S. China)および琉球(Loo-Choo Is.)におよんでいるが，やはり台湾には産しない．写真はジャバ(Java)産の原亜種であるが，他に極めて多くの亜種がある．*philippensis* FRUHSTORFER(Philippines, Loo-Choo Is.), *continentalis* FRUHSTORFER(S.China, Hainan, Tonkin) *malabarica* FRUHSTORFER(India), *pratipa* FELDER(Malaya), *borneensis* FRUHSTORFER(Borneo), *celebensis* FRUHSTORFER(Celebes), *cethega* FRUHSTORFER(Moluccas), *gurelca* GROSE-SMITH(Bismarck Is.)等はその代表的なものである．

3. *Zaretes isidora strigosa* STAUDINGER (♂)　マドコノハ(雄)

雌は大型，翅に円味強く，淡色で，斑紋が明瞭．時に前翅の透明紋が雄で消失する型がある．原亜種 *isidora* CRAMER はギアナ(Guiana)の産，大型で，雄は濃褐色，透明紋がない．写真の亜種 *strigosa* は南ブラジル(S. Brazil)産．この他に *russeus* FRUHSTORFER(Colombia), *zethus* WESTWOOD(Lower Amazon, Paraguay), *ellops* MÉNÉTRIÉS(C. America), *cacica* STAUDINGER(Peru, Bolivia), *leopoldina* FRUHSTORFER(Brazil)等の亜種がある．

4. *Salamis augustina augustina* BOISDUVAL （♂）　カバイロコノハ（雄）

雌雄大差ない．マダガスカル島（Madagascar）およびその東のブルボン島（Bourbon）の特産種である．

5. *Anaea electra electra* WESTWOOD （♂）　トガリバキノハ（雄）

雌は淡色，黒色部が淡く，前翅端の突出は弱い．幼虫は未知．メキシコ（Mexico）からコロンビア（Colombia）にかけて分布するが稀である．他の *Anaea* とは全く異った外観を有する（Pl. 119, fig. 5 参照）．

【Plate 118】

1. *Hestinalis nama nama* DOUBLEDAY （♂）　カバシタゴマダラ（雄）

雌雄大差ない．カバシタアゲハ *Chilasa agestor* と共にタイワンアサギマダラ *Danaus* (*Caduga*) *melaneus* に擬態するという．ヒマラヤ（Himalaya）から北は西部支那（W. China），東は海南島（Hainan），南はスマトラ（Sumatra）にまでおよんでいる．原亜種 *nama* はヒマラヤ（Himalaya）から西部支那（W. China）およびトンキン（Tonkin）にかけて分布し，稀ではない．スマトラ（Sumatra）の高地に産するものは亜種 *namida* FRUHSTORFER に属し，黒っぽい．またマレー（Malaya）には亜種 *ruvanella* FRUHSTORFER を産する．

2. *Euripus halitherses halitherses* DOUBLEDAY （♂）　エグリゴマダラタテハ（雄）

雌は全く異り，マダラチョウ科のムラサキマダラ *Euploea* 属に擬態し多くの型がある．f. *halitherses* は後翅が大部分白色，前翅に白帯がある．f. *nyctelius* DOUBLEDAY は黒褐色で，前翅の外側は紫色を帯びる．また f. *alcathaeoides* NICÉVILLE は完全に黒褐色．この他種々の型がある．地方変化も多く原亜種はシッキム（Sikkim）からビルマ（Burma）を経てトンキン（Tonkin）に至る地域に普通に産する．他に *pfeifferae* FELDER（Malaya），*sumatrensis* FRUHSTORFER（Sumatra），*niasicus* FRUHSTORFER（Nias），*javanus* FRUHSTORFER（Java），*borneensis* DISTANT（Borneo），*palawanicus* FRUHSTORFER（Palawan），*lucasioides* SEMPER（Philippines）等々多くの亜種があり，それぞれにまた多くの異った雌型がある．

3. *Neurosigma doubledayi doubledayi* WESTWOOD （♂）　テンジクゴマダラ（雄）

雌は大型，翅端が円く，前翅の基部と後翅の中央の小部が橙色である以外，他の斑紋は

全部白色．北インド(N. India)に産する珍種で，2亜種に分けられる．写真に示した原亜種はシッキム(Sikkim)およびブータン(Bhutan)産，他の亜種 *nonius* NICÉVILLE は小型，淡色で後翅に橙色部がない．カレンヒル(Karen-Hills)に産する．

4. *Sephisa princeps cauta* LEECH （♂）　カバイロゴマダラ(雄)

従来台湾のダイミョウキゴマダラ *S. daimio* MATSUMURA と共にヒマラヤ(Himalaya)に産する *S. dichroa* KOLLER の亜種とされていたものであるが，この3者は夫々異った独立種である．原亜種 *princeps* FIXSEN はアムール(Amurland)，朝鮮(Korea)および満洲(Manchuria)に産し，大型で淡色である．写真に示した亜種 *cauta* は西部支那(W. China)に産する．雌は両型共に大型で白斑が発達する．幼虫はナラ類を食べる．

5. *Stibochiona coaesia coaesia* HÜBNER （♂）　ルリモンスミナガシ(雄)

雌は大型で，前翅の白点が発達し，後翅の外縁部が広く白い．一見タカサゴイチモンジ *Euthalia* 属に似ているが，スミナガシ *Dichorragia* 属に最も近い．原亜種はジャバ(Java)に産し少くない．他にニアス島(Nias)に *rothschildi* FRUHSTORFER，スマトラ西部(W. Sumatra)に *kannegieteri* FRUHSTORFER の2亜種がある．

6. *Dichorragia nesimachus pelurius* FRUHSTORFER （♂）　スミナガシ(雄)

我国のスミナガシ *nesiotes* FRUHSTORFER と同一種である．ヒマラヤ(Himalaya)から西部支那(W. China)を経て台湾(Formosa)および日本(Japan)におよび，一部はインドシナ半島(Indo-China Peninsula)を経て南下し，スマトラ(Sumatra)，ジャバ(Java)よりセレベス(Celebes)にまで達している．写真に示したものは最も大きな亜種でセレベス(Celebes)産，稀である．原亜種 *nesimachus* BOISDUVAL はヒマラヤ(Himalaya)およびアッサム(Assam)産．他に *nesseus* GROSE-SMITH(W.China)，*deiokes* FRUHSTORFER(Malaya)，*niasicus* FRUHSTORFER(Nias)，*machates* FRUHSTORFER(Sumatra)，*mannus* FRUHSTORFER(Java)，*formosanus* FRUHSTORFER(Formosa)その他の亜種がある．

7. *Euthalia lubentina indica* FRUHSTORFER （♂）　アカホシイナズマ(雄)

赤紋を有する特異な種類である．雌は大型で，前翅に斜の白帯または白斑がある．また後翅に白帯が現われるものもある．幼虫はヤドリギ類の種々の *Loranthus* 属を食べる．原亜種 *lubentina* CRAMER は南支那(S. China)およびトンキン(Tonkin)産，写真に示した亜種 *indica* は北インド(N. India)からビルマ(Burma)にかけての産．その他

Plates 118～119

psittacus FRUHSTORFER (Ceylon), *arasada* FRUHSTORFER (S. India), *chersonesia* FRUHSTORFER (Malaya), *mariae* FRUHSTORFER (Sumatra), *culminicola* FRUHSTORFER (Java), *whiteheadi* GROSE-SMITH (Borneo), *philippensis* FRUHSTORFER (Philippines) その他多くの亜種があり，特に雌の斑紋が異る．

【Plate 119】

1. *Nessaea obrinus obrinus* LINNÉ (♂)　アケボノタテハ(雄)

雌雄は全く異り，雌は fig. 2 に示す通り，後翅の橙紋がない．ギアナ(Guiana)からアマゾン(Amazon)を経てボリビア(Bolivia)まで分布する．地方変化はないが，よく似た種類が若干ある．

2. *Nessaea obrinus obrinus* LINNÉ (♀)　アケボノタテハ(雌)

3. *Smyrna blomfildia blomfildia* FABRICIUS (♂)　オオカバタテハ(雄)

雌は暗色で，前翅の黒色部の内側に黄褐色の斜帯がある．コロンビア(Colombia)からパラグァイ(Paraguay)およびペルー(Peru)まで各地に普通に産する．中米(C. America)に産するものは亜種 *datis* FRUHSTORFER に属し，小型で淡色である．

4. *Cymothoe caenis caenis* DRURY (♂)　ウスキタテハ(雄)

雌は全く異り，全体黒褐色，前後翅を貫く太い縦の白帯がある．この属中の最普通種で，大群をなして移動することがある．西アフリカのシエラレオネ(Sierra Leone)からアンゴラ(Angola)およびウガンダ(Uganda)に至る地域に広く分布し，雌に数型がある．

5. *Anaea glauce glauce* FELDER (♂)　アオキノハタテハ(雄)

雌は大型，淡色，前翅の後縁が後角の近くで大きく割られる．斑紋は緑から青まで色々の変化がある．若干の地方変化があり，原亜種はコロンビア(Colombia)の産．この他 *felderi* RÖBER (Ecuador), *centralis* RÖBER (Panama) 等の亜種がある．南米にはこれによく似た種類がとても多い．

6. *Parthenos sylvia sylvia* GODART (♂)　トラフタテハ(雄)

雌雄著しい差異はない．幼虫はウリ科およびツヅラフジ科のコンロンカ属(*Cocculus*)を食べるという．北は南支那(S. China)および北インド(N. India)からニューギニア(N. Guinea)およびソロモン群島(Solomon Is.)まで広く分布し，地方変化が極めて多いが，一

Platss 119〜120.

般に大陸産のものは前翅の白斑の発達が著しく,東の地域のもの程発達が弱い.然し,バリ島(Bali)からチールラウト島(Timorlaut)に至る小スンダ列島(Lesser Sunda Is.)およびオーストラリア(Australia)には不思議にも産しない.写真に示したものはジャバ(Java)産の原亜種であるが,他に *sylla* DONOVAN(S. China), *gambrisius* FABRICIUS(NE.India, Burma), *virens* MOORE(S. India), *cyaneus* MOORE(Ceylon), *lilacinus* BUTLER(Malaya), *sumatrensis* FRUHSTORFER(Sumatra), *borneensis* STAUDINGER(Borneo), *butlerinus* FRUHSTORFER(Palawan), *philippensis* FRUHSTORFER(Philippines), *salentia* HOPFFER(Celebes), *ellina* FRUHSTORFER(N. Moluccas), *guineensis* FRUHSTORFER(N. Guinea)等々多くの亜種がある.

7. *Panacea procilla procilla* HEWITSON （♂） ウラベニタテハ(雄)

雌は大型,やや淡色.幼虫は未知.雄は我国のスミナガシに似た習性があり路上の湿地や汚物に群がり,陽のよく当る山頂の樹上で雌を待つ.後翅裏面は褐赤色.アンデス山地の北部(N.Andes)に産し,原産地はコロンビア(Colombia)である.この他 *lysimache* GODMAN & SALVIN(Mt. Chiriqui), *divalis* BATES(Upper Amazon)等の亜種がある.

【Plate 120】

1. *Euthalia duda duda* STAUDINGER （♂） ニジオビイナズマ(雄)

雌雄著しい差異はない.タカサゴイチモンジ *Euthalia* 属の中では最も美しい種類で,シッキム(Sikkim)からアッサム(Assam)にかけて産する珍種である.この他亜種 *sakota* FRUHSTORFER が西部支那(W. China)の奥地に産する.これは淡色で前翅の白斑が小さい.

2. *Limenitis daraxa daraxa* MOORE （♂） アオオビイチモンジ(雄)

雌は大型,雄と著しい差異はない.インドの東北部(NE. India)からマレー(Malaya)を経てスマトラ(Sumatra)およびボルネオ(Borneo)に達している.写真に示した原亜種はヒマラヤ(Himalaya)からアッサム(Assam)およびビルマ(Birma)を経てトンキン(Tonkin)およびアンナン(Annan)までおよぶ.この他亜種 *theoda* FRUHSTORFER はマレー(Malaya)およびスマトラ(Sumatra)に,亜種 *viridicans* FRUHSTORFER はボルネオ(Borneo)の山地に産する.

3. *Euthalia franciae rajah* FELDER （♂） キオビイナズマ(雄)

雌は大型,帯が淡色,極めて稀である.インドの東北部(NE. India)とビルマ北西部

(NW. Burma)に限って産する種類で，少い．2亜種あり，原亜種 *franciae* GRAY はネパール(Nepal)からブータン(Bhutan)に至るヒマラヤ地方(Himalaya)の産で帯が広い．写真に示した亜種 *rajah* はアッサム(Assam)地方の産で，帯が狭い．

4. ***Limenitis procris neutra*** FRUHSTORFER （♂）

チャイロイチモンジ（雄）

雌雄大差ない．幼虫はアカネ科の *Mussaenda* 属の植物を食べる．イチモンジチョウ *Limenitis* 属中で最も広く分布する種類の1つでインド(India)から小スンダ列島(Lesser Sunda Is.)に至る間に産し，多くの亜種があり，原亜種 *procris* CRAMER は南支那(S.-China)，トンキン(Tonkin)からビルマ(Burma)およびヒマラヤ(Himalaya)にかけて少くなく，写真に示した亜種 *neutra* はジャバ(Java)に普通である．この他 *undifragus* FRUHSTORFER(S. India)，*calidasa* MOORE(Ceylon)，*milonia* FRUHSTORFER(Malaya)，*minoë* FRUHSTORFER(Sumatra)，*agnata* FRUHSTORFER(Borneo)，*florensis* FRUHSTORFER(Flores)等々多くの亜種がある．

5. ***Limenitis dudu dudu*** WESTWOOD （♂）　　ムラサキイチモンジ（雄）

台湾(Formosa)産ムラサキイチモンジ *jinamitra* FRUHSTORFER の原亜種である．雌雄大差ない．台湾産のものより帯が多少黄色を帯び狭い．インド東北部(NE. India)から北ビルマ(N. Burma)にかけて産する．他にスマトラの高地に亜種 *bocki* MOORE を産する．

6. ***Euthalia kardama kardama*** MOORE （♂）　　マダライナズマ（雄）

雌は雄と大差ないが大型で翅の円味が強い．西部および中支那(W. & C. China)に普通に産する種類であるが，他の地方には分布しない．

7. ***Limenitis albomaculata albomaculata*** LEECH （♂）

モンシロイチモンジ（雄）

雌は全く異り，黄白色の帯があり，一見オオイチモンジ *L. populi* LINNÉ に似ている．西部支那(W. China)およびチベット東部(E. Tibet)に産する．本種だけでなく本書に示したイチモンジチョウ類 *Limenitis* は何れも真の *Limenitis* 属ではなく，幾つかの異った属に別けられねばならないが，その考証が困難であるので，従来通りの *Limenitis* を用いておいた．

【Plate 121】

1. ***Euthalia japis boettgeri*** Fruhstorfer （♂）　　ヘリオビイナズマ(雄)

雌は大型，白帯の内側に白紋列が現われる．ジャバ(Java)に特産の種類で，原亜種 *japis* Godart は東部(E. Java)の産，白帯が顕著で，雌の内側の白紋列は前後翅共に顕著に現われる．写真に示した亜種 *boettgeri* は西部(W. Java)産で，白帯が弱く，雌の内側の白帯は極めて不明瞭である．

2. ***Euthalia teuta teuta*** Moore （♂）　　イチモンジイナズマ(雄)

雌は大型，淡色で帯が白いものが多い．インドマレー地区(Indo-Malayan Region)に広く分布する種類で，従来は *teuta* および *bellata* の2種に分けられていたものである．写真に示したのはアッサム地方(Assam)に産する原種で，帯が黄色い．この他 *nupta* Nicéville(Burma)，*goodrichi* Distant(Malaya)，*eurus* Nicéville(Sumatra)，*bellata* Druce(Borneo)，*externa* Nicéville(Nias)，*eion* Nicéville(Java)，*eson* Nicéville(Palawan)，*veyana* Fruhstorfer(Flores)，*piratica* Semper(Philippines)等多くの亜種がある．

3. ***Euthalia monina salia*** Moore （♂）　　ハガタイナズマ(雄)

雌雄共に変化が多く，同一地方でも多くの型がある．幼虫はノボタン科の *Clidemia* 属の植物を食べる．地方変化が多く，原亜種 *monina* Fabricius はマレー(Malaya)産．写真に示した亜種 *salia* はジャバ(Java)産．他に *erana* Nicéville(Sumatra)，*natuna* Fruhstorfer(Natuna Is.)，*bipunctata* Vollenhoven(Borneo)，*suluana* Fruhstorfer(Sulu Is.)，*sramana* Fruhstorfer(Bali)，*obsoleta* Fruhstorfer(Lombok)等の亜種がある．

4. ***Parathyma nefte nefte*** Cramer （♂）　　ネフテミスジ(雄)

雌は全く異り，タイワンヒトスジ *P. cama* Moore の様に三本の橙黄色帯がある．幼虫はトウダイグサ科のカンコノキ属(*Glochidion*)の植物を食べる．北インド(N. India)および南支那(S.-China)からマレー(Malaya)を経てジャバ(Java)およびボルネオ(Borneo)に至る地域に分布し，多くの亜種がある．原亜種 *nefte* はジャバ(Java)産で，他に *inara* Doubleday(India & Burma)，*asita* Moore(NE. Burma)，*seitzi* Fruhstorfer(S. China)，*nivifera* Butler(Tenasserim)，*subrata* Moore(Malaya)，*matthiola* Fruhstorfer(Borneo)，*subratina* Fruhstorfer(Sumatra)等の亜種がある．

5. ***Limenitis sinensium sinensium*** OBERTHÜR （♂）　キボシイチモンジ(雌)

雌は大型で淡色. 北支那(N. China)から西部支那(W. China)の奥地にかけて産する珍種で, 一見イチモンジ類とは思えない.

6. ***Euthalia dunya mahara*** FRUHSTORFER （♂）　ホソオビイナマズ(雌)

雌雄大差ないが, 雌は大型, 白紋が大きい. 幼虫はノボタン科の *Clidemia* 属の植物を食べる. マレー(Malaya)からジャバ(Java)に至る地域に分布し, 若干の亜種がある. 原亜種 *dunya* DOUBLEDAY はマレー(Malay)およびテナセリム(Tenasserim)産, 写真に示した亜種 *mahara* はジャバ(Java)産, 他にスマトラ(Sumatra)に *manaya* FRUHSTORFER, ボルネオ(Borneo)に *monara* FRUHSTORFER, およびニアス島(Nias)に *saidja* VAN DE POLL の3亜種がある.

7. ***Limenitis libnites libnites*** HEWITSON （♂）　トラフイチモンジ(雄)

雌は前翅の白紋が無く, 赤褐色の帯が橙色を帯びる. セレベス(Celebes)の特産種で, 他のイチモンジチョウ類中に似た種類がない.

8. ***Parathyma larymna larymna*** DOUBLEDAY （♂）　ラリムナミスジ(雄)

雌雄大差ないが, 雌は大型で, 翅が円く, 斑紋が大きく白色. マレー(Malaya)からジャバ(Java)に至る地域に分布し, 若干の亜種に分けられる. 写真に示した原亜種 *larymna* はジャバ(Java)産. マレー(Malaya)産は亜種 *siamensis* FRUHSTORFER に, スマトラ(Sumatra)産は亜種 *selessana* FRUHSTORFER に, ボルネオ(Borneo)産は亜種 *elisa* FRUHSTORFER に属し, 他に *agina* FRUHSTORFER(Palawan), *bangkanensis* FRUHSTORFER(Banka I.)および *subcurvata* FRUHSTORFER(Nias)の諸亜種がある.

【Plate 122】

1. ***Adolias dirtea boisduvalii*** BOISDUVAL （♂）　オオイナズマ(雄)

雌雄全く異るが, 裏面は似ている. (fig. 2 参照). 幼虫は柿類を食べる. ヒマラヤ(Himalaya)および南支那(S. China)からジャバ(Java)およびフィリッピン(Philippines)に至る地域に広く分布する種類で, 多くの亜種に分けられる. 一見次のオオムラサキに似ているが, 全く別の系統のものでタカサゴイチモンジ(*Euthalia*)属に含められたこともある. 原亜種 *dirtea* FABRICIUS はインド東部(E. India)の産. 写真に示した亜種 *boisduvalii* はジャバ(Java)産. 他に *pardalis* MOORE(海南島, Hainan), *eleanor* FRUHSTOR

Plates 122〜132

FER(Tonkin), *khasiana* SWINHOE(Assam, etc.), *jadeitina* FRUHSTORFER(Burma & Tenasserim), *dirteana* CORBET(Malaya), *montana* HAGEN(Sumatra), *gigantea* FRUHSTORFER(Nias), *annae* HAGEN(Bawean), *palawana* MOORE(Palawan), *ellora* FRUHSTORFER(Philippines)等多くの亜種があり，よく似た種類に A. *canescens* BUTLER, A. *aegle* DOHELTY, A. *aestes* HEWITSON, A. *cyanipardus* BUTLER等があり夫々多くの亜種がある．

2. ***Adolias dirtea boisduvalii*** BIOSDUVAL （♀） オオイナズマ（雌）

3. ***Sasakia charonda charonda*** HEWITSON （♂） オオムラサキ（雄）

日本(Japan)，朝鮮(Korea)，南満洲(S.Manchuria)，台湾(Formosa)，中部および西部支那(W.China)に産する．日本以外のものは裏面に斑紋が表われ，*coreana* LEECH という．

【Plate 123】

1. ***Limenitis zayla zayla*** DOUBLEDAY （♂） オオチャイロイチモンジ（雄）

イチモンジチョウ属(*Limenitis*)中の最大種で，ヒマラヤ(Himalaya)からアッサム(Assam)にかけて稀でない．雌雄大差ないが，雌は白帯が前翅では長く，後翅では狭い．

2. ***Basilarchia astyanax astyanax*** FABRICIUS （♂） アオイチモンジ（雄）

雌雄大差ない．幼虫はナラ類，ヤナギ類，サクラ類等かなりの雑食性．北アメリカに産する唯一のジャコウアゲハ類 *Battus philenor* アオジャコウアゲハに擬態する種類として有名である．ロッキー山脈(Rocky Mts.)以東，合衆国(U.S.A.)の南半からメキシコ(Mexico)まで広く分布する．若干の変化があり，後翅に赤紋列のある型を f. *atlantis* NAKAHARA，後翅に白帯の現われた型を f. *albofasciata* NEWCOMB という．またアリゾナ(Arizona)のものは亜種 *arizonensis* EDWARDS に属し，前翅端の白点を欠き，裏面の青味が強い．

3. ***Basilarchia archippus floridensis*** STRECKER （♂） カバイチモンジ（雄）

雌雄大差ない．幼虫はポプラやヤナギ類を食べる．オオカバマダラ *Danaus plexippus* LINNÉ に擬態する種類として著名である．原亜種 *archippus* CRAMER は淡色で明るく，カナダ南部(S. Canada)から合衆国(U.S.A.)の全域に産し，写真に示した亜種 *floridensis* はメキシコ湾(G. of Mexico)に沿った地方に産し，濃色で暗い．合衆国西部(W. U.S.

A.)からアリゾナ(Arizona)にかけて産するものは黒条が弱く，暗色で，同地に産する *D. berenice* に擬態する．

4. ***Heterochroa bredowi californica*** BUTLER （♂）　ツマキイチモンジ(雄)

斑紋は，中南米に多くの種類がある *Adelpha* 属の種類によく似る．雌雄著しい差異はない．幼虫はナラ，カシ類を食べる．写真に示した亜種 *californica* は合衆国(U.S.A.)の西部に産し，裏面の紫色が淡い．原亜種 *bredowi* GEY はアリゾナ(Arizona)からメキシコ(Mexico)を経てグアテマラ(Guatemala)におよび，裏面の紫色が濃い．

5. ***Basilarchia arthemis arthemis*** DRURY （♀）　シロオビアオイチモンジ(雌)

雌雄ほとんど差異がない．幼虫はヤナギ類を食べる．カナダ南部(S.Canada)および合衆国(U.S.A.)の北東部に普通に産する．また白帯の減退した型を f. *proserpina* EDWARDS という．南部では *B. astyanax* と交代する．中原は *astyanax* を本種の南方亜種と認めたが，別種とする人が多い．

【Plate 124】

1. ***Euphaedra spatiosa spatiosa*** MABILLE （♂）　オオボカシタテハ(雄)

雌は開張100 mmに達する大型でこの属中の最大種であるが，斑紋は雄と大差ない．カメルン(Cameroon)からコンゴー(Congo)およびウガンダ(Uganda)にかけて分布する．

2. ***Euphaedra medon medon*** LINNÉ （♂）　ウスアオボカシタテハ(雄)

雌は大型で，前翅端に白紋があり，後翅は広く黒色に縁取られる．また淡紫色または淡青色の縦帯のあるもの(f. *agnes* BUTLER)等数型がある．西アフリカ(W. Africa)からコンゴー(Congo)およびウガンダ(Uganda)にかけて広く分布する．

3. ***Euphaedra eleus eleus*** DRURY （♂）　ヘリボシボカシタテ(雄)

変化の著しい種類で多くの型がある．然しどの型も後翅の亜外縁に白紋列がある．シエラレオネ(Sierra Leone)からウガンダ(Uganda)に至る地域に広く分布する．亜種 *zampa* WESTWOOD は青みがかった灰緑色，全く橙褐色部分がない．シエラレオネ(Sierra Leone)に産する．この他多くの型がある．

4. ***Euphaedra themis themis*** HÜBNER （♂）　ヨイロボカシタテハ(雄)

この属の中では美しい種類の一つで，極めて変化が多い．雌は雄と大差ない．シエラレ

オネ(Sierra Leone)からコンゴー(Congo)を経てアンゴラ(Angola)に至る地域に広く分布し，10余の型がある．

5. *Victorina* (*Amphirene*) *epaphus epaphus* LATREILLE (♂)
ツマアカシロオビタテハ(雄)

雌雄大差ない．*V. superba*(Pl. 107, fig. 3)に似るが，前翅の白帯の外側が褐色で，後翅の凹凸が弱い．メキシコ(Mexico)からブラジル(Brazil)にかけて産する普通種であるが，広く分布する割に地方変化がほとんどない．

6. *Clothilda numida pantherata* MARTIN (♂)　ゴマダラヒョウモンダマシ(雄)

雌雄大差ない．一見ヒョウモンチョウ類 *Argynnis* に似るが，ヒョウモンチョウ類と毒蝶類 *Heliconius* の中間に位し，*Dione*(Pl. 105, figs. 2, 3)に近い．幼虫は全く判っていないが，恐らくトケイソウ類を食べるものであろう．原亜種 *numida* HÜBNER はキューバ(Cuba)産で，後翅外縁の黒帯中に小点紋がない．亜種 *pantherata* はキューバ(Cuba)およびハイチ(Haiti)産．共に稀である．最近本種をマダラチョウ科に含める者があるが，この説は直ちに従うことは出来ない．

【Plate 125】

1. *Bremeria ambica ambica* KOLLAR (♂)　イチモンジコムラサキ(雄)

雌は紫に光らない．幼虫はニレ類を食べる．ヒマラヤ(Himalaya)からインドシナ半島(Indo-China Peninsula)の全域に産し，一部はスマトラ(Sumatra)の高地にも産する．原亜種はカシミル(Kashmir)から北ビルマ(N. Burma)に至るヒマラヤ地方(Himalaya)に産し，稀ではない．他にカシミル(Kashmir)からチトラル(Chitral)にかけて亜種 *chitralensis* EVANS，アッサム(Assam)に亜種 *zanoa* HEWITSON，北ビルマ(N. Burma)に亜種 *garlanda* FRUHSTORFER，タイ国(Thai)に亜種 *miranda* FRUHSTORFER，トンキン(Tonkin)に亜種 *claribella* FRUHSTORFER を産し，スマトラ(Sumatra)の高地に亜種 *martini* FRUHSTORFER を産する．

2. *Chlorippe cyane reducta* RÖBER (♂)　アメリカコムラサキ(雄)

雌は全く異り，前後翅を貫く白帯があり，前翅の帯は橙黄色を帯びる．後翅の帯の周辺が僅に藍紫色に光るだけである．原亜種 *cyane* LATREILLE はコロンビア(Colombia)産，雄の前翅の後縁部に青藍色の小紋がある．写真に示した亜種 *reducta* は前翅の青藍紋が全く消失する．ペルー(Peru)に産する．

3. *Dilipa fenestra takacukai* SEOK （♂）　マドタテハ（雄）

雌雄共に前翅端に透明紋があり，この名がある．幼虫はエノキ類を食べるという．成虫は早春に発生する．原亜種 *fenestra* LEECH は西部支那(W.China)産．写真に示した亜種 *takacukai* は朝鮮(Korea)および南満洲(S.Manchuria)に産する．本種は *Dilipa* 属の模式種である印度(India)産の *D. morgiana* WESTWOOD とはかなり異ったものであり，恐らく別属のものであろう．

4. *Dilipa fenestra takacukai* SEOK （♀）　マドタテハ（雌）

5. *Bremeria chevana leechi* MOORE （♂）　ミスジコムラサキ（雄）

雌雄大差ないが，雄は白帯のあたりに多少紫青色の光沢がある．ヒマラヤ(Himalaya)から西部支那(W.China)にかけて産する種類で少い．原亜種 *chevana* MOORE はヒマラヤ(Himalaya)から北ビルマ(N.Burma)にかけての産，写真に示した亜種 *leechi* は西部支那(W.China)に産し，大型で濃色，青味が方向によっては強く表われる．*Bremeria* 属には他にシロモンコムラサキ *B. schrenckii* MÉNÈTRIÉS およびシロオビコムラサキ *B. nycteis* MÉNÈTRIÉS の両種が属する．

6. *Helcyra superba takamukui* MATSUMURA （♂）　シロタテハ（雄）

雌雄ほとんど変りない．西部支那(W.China)および台湾(Formosa)に分布し，原亜種 *superba* LEECH は西部支那(W.China)に産する．写真の亜種 *takamukui* は台湾の中部(C.Formosa)に産する．

【Plate 126】

1. *Agrias sardanaparus sardanaparus* BATES （♂）
サルダナパルスアグリアス（雄）

A. claudia(Pl. 129, fig. 1)と同一種とされることもある．アマゾン上流地方(Upper Amazon)からペルー(Peru)およびボリビア(Bolivia)にかけて分布する．原亜種 *sardanaparus* はアマゾン(Amazon)産，他に *sara* FRUHSTORFER(Peru), *bolivianus* STAUDINGER(Bolivia), *brunhilda* FASSL(Amazon)(fig. 3)等の亜種がある．

2. *Agrias sardanaparus sardanaparus* BATES （♀）
サルダナパルスアグリアス（雌）

Plates 126～128

   3. *Agrias sardanaparus brunhilda* Fassl （♀）
      サルダナパルスアグリアス(雌)

【Plate 127】

   1. *Agrias claudianus claudianus* Staudinger （♂）
      クラウディアヌスアグリアス(雄)

雌雄著しい差異がない．ブラジル南部(S.Brazil)に産する珍種である．亜種 *plausibilis* Fruhstorfer は後翅の赤紋が大きく，ブラジル(Brazil)に産する．

   2. *Agrias claudianus claudianus* Staudinger （♀）
      クラウディアヌスアグリアス(雌)

   3. *Prepona praeneste confusa* Niepelt （♂）　　ミイロプレポナ(雄)

赤い *Prepona* の代表種で，この類中では最も美しい種である．一見 *Agrias* 類に似る．雌は赤条が橙褐色で青い部分が著しく少い．稀な種類で，特に雌は少ない．原亜種 *praeneste* Hewitson はコロンビア(Colombia)の産，外縁の紋列が小さく青い部分も狭い．写真に示した *confusa* はペルー(Peru)に産する．この他亜種 *praenestina* Fruhstorfer がエクアドル(Ecuador)に産する．

【Plate 128】

   1. *Agrias phalcidon phalcidon* Hewitson （♂）　　ファルキドンアグリアス(雄)

裏面は白点列があり，緑条と橙色条がある．雌は青色部が少いかまたは全くない．アマゾン下流(Lower Amazon)地方に産するが稀である．地方変化は少く，僅かに前翅基部1/3 が橙黄色で後翅が黒色の亜種 *anaxagoras* Staudinger が Itaituba で採れているだけである．

   2. *Agrias pericles ferdinandi* Fruhstorfer （♂）　　ペリクレスアグリアス(雄)

A. amydon(Pl. 130) と *A. phalcidon*(fig. 1)および *A. hewitsonius* 群との中間に位する種類で，裏面は *phalcidon* に似ているが表面は *amydon* に近い．極めて稀な種で，原亜種 *pericles* Hewitson はアマゾンのテフェ(Tefe, Amazon)の産．写真の *ferdinandi* はもと *amydon* の亜種とされていたもので，ボリビア(Bolivia)の産．他に亜種 *xanthippus* Staudinger がアマゾン下流の Itaituba に産する．

3. ***Agrias beata beata*** STAUDINGER （♂）　ベアタアグリアス（雄）

雌は *phalcidon* と似ている．ペルー（Peru）産の珍種．裏面は *Perisama* 属のものに似ていて，*phalcidon* とは全く異る．またよく似た *hewitsonius* BATES は前後翅裏面の基部の半分近くが広く赤色または橙色を呈する．

【Plate 129】

1. ***Agrias claudia claudia*** SCHULZ　（♂）　クラウディアアグリアス（雄）

雌は雄と大差ないが，翅が円い．ギアナ（Guiana）からアマゾン（Amazon）を経てアンデス山地（Andes）にまで分布し，多くの亜種があるが，どれも稀である．原亜種 *claudia* はギアナ（Guiana）産．亜種 *sahlkei* HONRATH は前翅の後縁に大きな黒色部があり，仏領ギアナ（French Guiana）産．亜種 *croesus* STAUDINGER は翅端の黄紋が明瞭．ブラジルのパラ地方（Para, Brazil）に産する．この他 *claudina* GODART（S.Brazil），*maxentia* FRUHSTORFER（Peru），*godmani* FRUHSTORFER（C.Brazil）等多くの亜種があり，前に示した *A. claudianus*（Pl. 127, figs. 1, 2），および *A. sardanaparus*（Pl. 126）等に連続して来る．

2. ***Agrias narcissus narcissus*** STAUDINGER　（♂）　ナルキッススアグリアス（雄）

最も稀で最も美しい種類と称されている．ギアナ（Guiana）からアマゾン（Amazon）にかけて産し，原亜種 *narcissus*（fig. 2）はギアナ（Guiana）産．亜種 *obidonus* STAUDINGER（fig. 3）はアマゾン下流（Obidos, Lower Amazon）に産する．

3. ***Agrias narcissus obidonus*** STAUDINGER　（♀）　ナルキッススアグリアス（雌）
　　（Fig. 2 参照）

【Plate 130】

1. ***Agrias amydon zenodorus*** HEWITSON　（♂）　アミドンアグリアス

南米の中北部に広く分布する種類で，多くの亜種がある．原亜種 *amydon* HEWITSON（fig. 2）は後翅の青色部が少なく，コロンビア（Colombia）に産する．亜種 *muzoensis* FRUHSTORFER（fig. 3）は赤部分が多く，青い部分は逆に少い．コロンビア（Colombia）産．Fig. 1 の亜種 *zenodorus* HEWITSON はペルー（Peru）およびエクアドル（Ecuador）産．前翅の帯が橙色を帯び，後翅の青色部が大きい．他に *larseni* FASSL（Rio Negro），*amydonius* STAUDINGER（Upper Amazon），*tryphon* FRUHSTORFER（S.Brazil），*trajanus*

Plate 130

Fruhstorfer(Lower Amazon), *aurantiaca* Fruhstorfer(Guiana), *boliviensis* Fruhstorfer(Bolivia), 等々多くの亜種があり，何れも裏面には黄色の条紋がある．

2. ***Agrias amydon amydon*** Hewitson （♂）　　アミドンアグリアス(雄)
 （Fig. 1 参照）

3. ***Agrias amydon muzoensis*** Fruhstorfer （♂）　　アミドンアグリアス(雄)
 （Fig. 1 参照）

鵺（ぬえ）蝶

　Drury の Illustrations of Natural History : Figures of Exotic Insects, chiefly of Butterflies (1770〜82) の第28図版に奇怪な "蝶" が出ている．頭部はアゲハチョウ科に似て触角は明かに棍棒状（記載にもそう書いてある）．Rhopalocera に間違いない．所が翅はマダガスカルの美しいツバメガ *Chrysiridia madagascariensis* Less. のそっくりで，ただ後翅の尾状突起が全部欠けている．産地は "China" だそうである．原図は Moses Harris という人が描いたもので，正確無比な画工として知られた人だという．

　Duncan はその The Natural History of Foreign Butterflies (1837) にこの図を再掲して，これは *Chrysiridia madagascariensis* 不完全な標本を不用意に修理した（*Papilio* の頭を取り付けた）ものと正しく推定しているが，同時に蝶と蛾との中間型を代表する驚く可き珍種だという Swainson の説も引用している．Swainson はこの人工的 "鵺蝶" に *Ripheus dasycephalus* の名まで与えて自分の不明を後世につたえてしまった．

―テングチョウ科 Libytheidae―
―シジミタテハ科 Erycinidae―
―シジミチョウ科 Lycaenidae―
―セセリチョウ科 Hesperiidae―

【Plate 131】

1. ***Libythea*** (***Libythea***) ***geoffroy geoffroy*** GODART （♂）　ムラサキテングチョウ（雄）
変化の多い種類で，一般に雌は他のテングチョウ類に似た白紋または橙色紋が現われる．原亜種 *geoffroy* はジャバ（Java）およびロンボク島（Lombok）からチモール（Timor）にかけて産する．他に *almopra* MOORE（S. Burma, Laos, Thai, etc.），*celebensis*（Celebes），*phillippina* STAUDINGER（Philippines），*ceramensis* WALLACE（N. Moluccas），*eugenia* FRUHSTORFER（N. Guinea），*nicevillei* OLLIFF（Australia），*antipoda* BOISDUVAL（N. Caledonia），*orientalis* GODART（Solomon Is.）等多くの亜種がある．

2. ***Libythea*** (***Hypatus***) ***carineata carineata*** CRAMER （♂）
アメリカテングチョウ（雄）
北米から南米にかけて広く分布する普通種．我国のテングチョウ *L. leptis* と同様に幼虫はエノキ類を食べる．原亜種 *carineata* は中米（C. America）から南米（S. America）のほとんど全域に産し，橙紋が小さい．合衆国のものは亜種 *bachmani* KIRTLAND に属し橙紋が大きい．またキューバ（Cuba）とポルトリコ（Portorico）には後翅の橙斑が黄褐色で大きく拡大した亜種 *motya* BOISDUVAL を産する．

3. ***Diorina dysonii dysonii*** SAUNDERS （♂）　ツバメシジミタテハ（雄）
雌雄著しい差異はない．ペルー（Peru）およびボリビア（Bolivia）に産し，パナマ（Panama）にも産するという．

4. ***Eumaeus minyas minyas*** HÜBNER （♂）　マルバネシジミ（雄）
雌雄大差ない．合衆国の南部（S. U.S.A.）からブラジル（Brazil）にかけて普通に産す

る．中米産のものは青味が強く，特に強いものを f. *costaricensis* Draudt という．写真はメキシコ(Mexico)産でこの傾向の強いものである．またアマゾン(Amazon)のものは雌の青味が全くなく，f. *brasiliensis* Draudt という．

5. *Diorina arcius thia* Morris （♂）　オナガツバメシジミタテハ(雄)

雌雄大差ないが，雌は雄より尾状突起が長い．メキシコ(Mexico)からブラジル(Brazil)およびボリビア(Bolivia)にかけて分布する普通種．写真に示した亜種 *thia* はメキシコ(Mexico)よりパナマ(Panama)に至る中米(C. America)の産，白帯が弱く青色が強い．原亜種 *arcius* Linné はギアナ(Guiana)からアマゾン(Amazon)北部にかけての産．他に亜種 *huanus* Saunders がペルー(Peru)，ボリビア(Bolivia)およびアマゾン(Amazon)に産し，亜種 *amycus* Stichel が南ブラジル(S.Brazil)に産する．

6. *Lymnas cephise cephise* Ménétriés （♂）　ツマジロシジミタテハ(雄)

雌雄大差ない．メキシコ(Mexico)からパナマ(Panama)にかけての中米(C. America)に産するが余り多くない．原型 *cephise* は縁毛が黒く，前翅端も黒いが，写真に示した f. *acroleuca* Felder は前翅端と縁毛が白い．

7. *Necyria duellona duellona* Whytel （♂）　オナシツバメシジミタテハ(雄)

雌雄著しい相異はない．エクアドル(Ecuador)に産するが，恐らくはペルー(Peru)およびボリビア(Bolivia)に産す *N. bellona* Westwood の地方型であろう．*bellona* は若干の地方型があるが，青色部が広く，赤紋が大きい．

8. *Lymnas pixe pixe* Boisduval （♂）　ツマキシジミタテハ

雌雄大差ない．メキシコ(Mexico)から南米の中部(C. S. America)にかけて広く分布し，若干の亜種と多くの型に分けられる．原亜種 *pixe* はメキシコ(Mexico)その他の中米(C. America)の産で，後翅外縁の橙赤色紋が濃色，紋の多少によって多くの型がある．亜種 *zoega* Hewitson はブラジル(Brazil)，ペルー(Peru)およびボリビア(Bolivia)の産で，紋が橙色である．

9. *Dodona ouida ouida* Moore （♂）　トラフシジミタテハ(雄)

雌雄で多少色彩が異る．幼虫はヤブコウジ科植物を食べる．北インド(N. India)から西部支那(W. China)にかけて分布し，3亜種に分けられる．写真に示した原亜種 *ouida* はアッサム(Assam)産，亜種 *phlegra* Fruhstorfer はネパール(Nepal)産，亜種 *palaya*

FRUHSTORFER は西部支那(W.China)に産する．

10. ***Libythea myrrha rama*** MOORE （♂）　　キオビテングチョウ(雄)

雌雄著しい差異はない．西はカシミル(Kashmir)，北は西部支那(W.China)から南は小スンダ列島(Lesser Sunda Is.)に至る間に広く分布する．原亜種 *myrrha* GODART はジャバ(Java)，バリ島(Bali)およびロンボク島(Lombok)の産で斑紋が多少大きい．写真に示した亜種 *rama* はセイロン(Ceylon)産．この他 *sanguinalis* FRUHSTORFER(W. China, Burma, Himalaya, Kashmir, etc.)，*thira* FRUHSTORFER(Tonkin, Hainan, etc.)，*carma* FRUHSTORFER(S.India)，*myrrhna* FRUHSTORFER(Sumatra)，*hecura* FRUHSTORFER(Malaya)，*borneensis* FRUHSTORFER(Borneo)等の亜種がある．

11. ***Abisara echerius erilda*** FRUHSTORFER （♂）　　オキナワシジミタテハ(雄)

雌は淡色，前翅の白帯がかなりはっきり表われ，後翅眼状紋が明瞭である．南支那(S. China)およびインド(India)からジャバ(Java)およびフィリッピン(Philippines)にかけて分布する普通種で，琉球にも一亜種 *schedeli* FRUHSTORFER が産することになっているが，原記載以後採れたことがない．地方変化が多く，原亜種 *echerius* STOLL は南支那(S.China)の産．写真に示したのはジャバ(Java)の亜種 *erilda* である．この他 *saturata* MOORE(Hainan)，*laura* FRUHSTORFER(Philippines)，*tonkinianus* FRUHSTORFER(Tonkin)，*prunosa* MOORE(Ceylon)，*anyulata* MOORE(Assam, etc.)等々多くの亜種がある．

12. ***Curetis santana santana*** MOORE （♂）　　アカウラギンシジミ(雄)

雌は黒色部が著しく広く，赤橙色部は淡色，地域によって濃淡が異る．マレー(Malaya)からジャバ(Java)およびフィリッピン(Philippines)にかけて分布する種類で，若干の亜種に分けられる．写真に示した原亜種 *santana* はジャバ(Java)産，他に *malayica* FELDER(Malaya, Sumatra, Borneo)，*tagalica* FELDER(Philippines)等の亜種がある．

13. ***Helicopis cupido cupido*** LINNÉ （♂）　　ミツオシジミタテハ(雄)

雌は雄より淡色で，前翅の黄白紋が大きく，後縁が黒くない．南米北部から東部にかけて産し，トリニダッド島(Trinidad)にも産する．原亜種 *cupido* は南米北部の産，他に *trinitatis* SEITZ がトリニダッド(Trinidad)に，大型の亜種 *divergens* SEITZ がアマゾンの奥地(Upper Amazon)に産する．

Plates 131～132

14. ***Loxura atymnus matienus*** FRUHSTORFER （♂）　　オナガアカシジミ

雌は雄より多少暗色を帯びる．インド(India)から小スンダ列島(Lesser Sunda Is.)およびフィリッピン(Philippenes)に至る地域に広く分布し，黒色部の多少により多くの亜種に分けられる．原亜種 *atymnus* CRAMER はインド(India)からビルマ(Burma)にかけての産．写真に示した亜種 *matienus* はジャバ(Java)産．他に *arcuatus* MOORE(Ceylon), *suya* MOORE(S. India), *fuconius* FRUHSTORFER(Malaya, Borneo), *leminius* FRUHSTORFER(Sumatra), *yilma* FRUHSTORFER(Philippines)等々の亜種がある．

【Plate 132】

1. ***Phocides lilea lilea*** REAKIRT （♂）　　シロヘリセセリ(雄)

メキシコ(Mexico)からブラジル(Brazil)にかけて広く分布する普通種．合衆国(U. S. A.)の南部でも稀に採れることがある．

2. ***Pentila telesippe telesippe*** GRÜNBERG （♂）　　コケシジミ(雄)

雌雄大差ない．幼虫は地衣類を食べる．カメルーン(Cameroon)からギニア(Guinea)にかけて分布する．*Pentila* 属のシジミチョウ科は幼虫が地衣類を食べる点で特異で，アフリカ特産である．極めて多くの種類があり，タテハチョウ科の毒蝶 *Acraea* に擬態する種類が多い．

3. ***Sarbia damippe damippe*** MABILLE & BOULL （♂）　　キオビオオセセリ(雄)

よく似た種類が多いが，腹部が先端を除いて黒いので区別出来る．ブラジル(Brazil)に産する．

4. ***Deudoryx epijarbas cinnabarus*** FRUHSTORFER （♂）　　ヒイロシジミ(雄)

雌は黒褐色，時に赤紋がある．インド(India)，南支那(S. China)および台湾(Formosa)からオーストラリア北部(N. Australia)にかけて広く分布する普通種．多くの亜種がある．原亜種 *epijarbas* MOORE はインド(India)産，台湾には亜種 *menesicles* FRUHSTORFER を産し，写真に示した亜種 *cinnabarus* はマレー(Malay)，スマトラ(Sumatra)，ボルネオ(Borneo)およびジャバ(Java)に分布する．他に *amateus* FRUHSTORFER(Assam～Tonkin), *coriolanus* FRUHSTORFER(Philippines), *megakles* FRUHSTORFER(Celebes), *diovis* HEWITSON(NE. Australia)等多くの亜種がある．

5. *Proteides idas idas* CRAMER （♂）　　オオナガバセセリ（雄）

合衆国のアリゾナ(Arizona)から中米(C. America)を経て南米(S. America)全域に広く分布する普通種．キューバ(Cuba)に亜種 *sanantonis* LUCAS を産する．

6. *Poritia erycinoides erycinoides* FELDER （♂）　　キララシジミ（雄）

雌は全く異り，黒褐色，橙色紋を有するものや，雄の様な青藍色紋を持つもの等がある．マレー(Malaya)からジャバ(Java)にかけて分布し，若干の亜種がある．写真はジャバ(Java)産の原亜種．他にマレー(Malaya)に *phraatica* HEWITSON, スマトラ(Sumatra)に *manilia* FRUHSTORFER, ボルネオ(Borneo)に *phaluke* DRUCE およびフィリッピンのミンダナオ島(Mindanao, Philippines)に *phare* DRUCE の諸亜種を産する．

7. *Astraptes fulgerator fulgerator* WALCH （♂）　　アオネオオセセリ（雄）

雌は翅が円く広い．メキシコ(Mexico)からブラジル(Brazil)にかけて広く分布する普通種である．

8. *Thecla* (*Chrysozephyrus*) *esakii esakii* SONAN （♂）　　エサキミドリシジミ（雄）

台湾中北部(N. & C. Formosa)の高地に産する珍種である．雌は黒褐色，前翅に橙色斑がある．

9. *Erionota thrax thrax* LINNÉ （♂）　　オオマエキセセリ（雄）

インド(India)および南支那(S. China)からマレー(Malaya)を経て小スンダ列島(Lesser Sunda Is.)およびモルッカ諸島(Moluccas)にまで広く分布する．地域変化は少く．ニコバル諸島(Nicobals)産の *lara* SWINHOE, セレベス(Celebes)産の *sakita* RIBBE, およびモルッカ諸島北部(N. Moluccas)の *hastrubal* FRUHSTORFER 以外は区別されていない．写真はインド(India)産の標本である．

10. *Chisdes albofasciatus albofasciatus* HEWITSON （♂）
　　シロスジオナガセセリ（雄）

合衆国(U. S. A.)の南部から中米(C. America)一帯に分布する普通種．後翅裏面に銀白色の縦条がある．

11. "*Thecla*" *massyas massyas* LINNÉ （♂）　　オオルリフタオシジミ（雄）

パナマ(Panama)からブラジル南部(S. Brazil)にかけて広く分布し，少くない．青味

Plate 132

　が著しく濃いものを f. *cybele* GODMAN & SALVIN という．
　南米には"*Thecla*"と称されるシジミチョウの種類が極めて多く産するが，これはミドリシジミ類が *Zephyrus* と称され，カラスシジミ類が *Thecla* と称されていた時代のもので，前者が *Thecla*（現在では更に極端なまでに細分されているが）となり，後者が *Strymon* になった今日では当然所属を変更しなければならないが，これ等は真のカラスシジミ類 *Strymon* とは全く異り，多くの雑多な系統を総称しているので，その所属を決定することは極めて困難である．従ってここでは一応そのまま従来通り *Thecla* としておいたが，これが我国のミドリシジミ類と同一であるという意味ではない．

　12. ***Epargyreus exadeus exadeus*** CRAMER （♂）　　ブラジルオオチャバネセセリ（雄）
　メキシコ（Mexico）から南米（S. America）のほとんど全域に分布する普通種．幼虫はマメ科植物を食べる．

INDEX

INDEX

（数字の太字は原色図版を示し細字は頁数を示す）

A

abadina RIBBE, Acraea **104**, 111
Abaeis **67**, 76
abeona DONOVAN, Tisiphone **78**, 93
Abisara **131**, 143
abyssinicus POULTON, Melindopsis 35
achillaena HUBNER, Morpho **92**, 103
achilles LINNÉ, Morpho **92**, 102
Achillides **39-44**, 38-42
acolus FRUHSTORFER, Charaxes 124
aconophos GRAY, Graphium 55
Acraea **104**, 111, 112
acuminata FELDER, Gonepteryx 78
adaeus ROTHSCHILD, Tros 25
adamantius FELDER, Papilio 42
adamas ZINKEN, Tros 25
adelma FELDER, Isodema **78**, 92
adelphina BATES, Hyposcada 87
Adigama **76, 77, 89, 90**, 91
adittionis STRAND, Papilio 34
admiralitatis ROTHSCHILD, Troides 14
Adolias **122**, 133
adonarensis ROTHSCHILD, Graphium 53
adrastus FELDER, Papilio 43
adventus FRUHSTORFER, Papilio 40
aeacus C. & R. FELDER, Troides **21**, 20
aeboja FRUHSTORFER, Valeria 71
aega HÜBNER, Morpho **94**, 104
aegeus DONOVAN, Papilio **46**, 43
aegle DOHELTY, Adolias 134
aenea BUTLER Euploea 90
aenigma WALLACE, Chilasa 36
aequatorialis BUTLER, Protogonius 113
aërithus FRUHSTORFER, Euploea 90
aesacus NEY, Troides 14
aestes HEWITSON, Adolias 134

Aetheoptera **1, 13**, 14
aethiops PALLAS, Salamis 118
aethiops ROTHSCHILD, Amauris 86
affinis SNELLEN VAN VOLLENHOVEN, Aoa .. 70
afghana BANG-HAAS, Colias 67
africana STICHEL, Zerynthia 3
agamemnon LINNÉ, Graphium **55**, 52
aganippe DONOVAN, Delias **61**, 61
aganisa BOISDUVAL, Didonis 121
agarithe BOISDUVAL, Phoebis **70**, 82
agathina CRAMER, Mylothris **66**, 72
agathon GRAY, Aporia **59**, 57
agenor LINNÉ, Papilio 45
Ageronia **112, 114, 121**, 122
agesilaus DRUCE, Caligo 96
agesilaus GUÉRIN & PERCHERON, Graphium
  .... **57**, 55
agetes WESTWOOD, Graphium 50
agina FRUHSTORFER, Parathyma 133
aglaia LINNÉ, Delias **60**, 58
agna MOORE, Charaxes 124
agnata FRUHSTORFER, Limenitis 131
agrarius SWINSON, Eriboea 124
Agrias **126-130**, 137-140
agrippina FELDER, Anapheis 80
aguiros LE MOULT, Morpho **92**, 102
aias FRUHSTORFER, Colias 65
aidoneus DOUBLEDAY, Tros 24
ajax DOUBLEDAY, Caligo 96
ajax FAWC, Charaxes 124
albescens ROTHSCHILD Troides 17
albina BOISDUVAL, Appias **64**, 70
albinotata BUTLER, Taygetis **79**, 94
albinus WALLACE, Papilio **49**, 46
albiplaga FRUHSTORFER, Prioneris 60
albofasciatus HEWITSON, Chisdes **132**, 145
albolineatus FORBES, Papilio 46

albomaculata LEECH, Limenitis	120, 131	ambiguus ROTHSCHILD, Papilio	41
albomaculatus VERITY, Papilio	**44**, 42	amintha BLANCHARD, Gonepteryx	**68**, 78
albula CRAMER, Terias	**67**, 77	Amnosia	78, 93
albula WALLACE, Hypolimnas	116	amphimedon C. & R. FELDER, Eryphanis	84, 97
alcanor CRAMER, Papilio	45	amphis JORDAN, Graphium	48
alcathaeoides NICÉVILLE, Euripus	127	Amphirene	**107**, 124, 114, 136
alcesta STOLL, Leptosia	**67**, 75	amphitrion STAUDINGER, Morpho	101
alceste FRUHSTORFER, Idea	84	amphrysus CRAMER, Troides	**23**, 21
alcibiades FABRICIUS, Graphium	49	amplirufa FRUHSTORFER, Kallima	126
alcidice GODART, Euploea	**77**, 90	amurensis STAUDINGER, Sericinus	4
alcine FRUHSTORFER, Idea	84	amycus STICHEL, Diorina	142
alcippoides MOORE, Danaus	86	amydon HEWITSON, Agrias	**130**, 139
alcithoë CRAMER, Hypolimnas	117	amydonius STAUDINGER, Agrias	139
alecto FRUHSTORFER, Euploea	91	anacardii LINNÉ, Salamis	118
alexandra HEWITSON, Morpho	107	Anaea	**117**, **119**, 127, 129
alexandrae ROTHSCHILD, Troides	1, 2, 1	anakreon FRUHSTORFER, Morpho	103
alexandrowana DRUCE, Morpho	107	Anapheis	**69**, 80
alexanor ESPER, Papilio	**30**, 31	anaxagoras STAUDINGER, Agrias	138
alexis WATERHOUSE & LYELL, Danaus	86	anaxibia ESPER, Morpho	**98**, 105
algina BOISDUVAL, Yoma	**110**, 118	anaximandus FRUHSTORFER, Caligo	95
aliaska BANG-HAAS, Colias	66	anceus CRAMER, Papilio	**47**, 44
alima STAUDINGER, Pteronymia	87	anchises LINNÉ, Priamides	**28**, 28
alimena LINNÉ, Hypolimnas	**109**, 116	andicola BATES, Dione	112
alinderi BRYK, Melindopsis	35	andicola FRUHSTORFER, Prepona	**113**, 122
alitha FELDER, Terias	76	androcles BOISDUVAL, Graphium	**52**, 48
alithea HEWITSON, Heliconius	110	androgeus CRAMER, Papilio	31
almopra MOORE, Libythea	141	andromache STAUDINGER, Troides	**24**, 21
alpheios FRUHSTORFER, Papilio	46	angustatus STAUDINGER, Papilio	40
alphenor CRAMER, Papilio	46	angustifascia ROTHSCHILD, Delias	59
alpina VERITY, Colias	63	anna BRYK, Parnassius	5
alpinus STAUDINGER, Parnassius	**6**, 6	annae HAGEN, Adolias	134
altaica VERITY, Parnassius	10	anomala WALLACE, Hypolimnas	**109**, 116
altaico VERITY, Colias	66	ansorgei ROTHSCHILD, Papilio	33
althaea SEMPER, Euploea	89	ansorgei ROTHSCHILD, Salamis	118
alvinda BLANCHARD, Gonepteryx	78	Anteos	**68**, 77, 78
alyattes FELDER, Priamides	29	antheas ROTHSCHILD & JORDAN, Priamides	28
amalia WEYMER, Pierella	94	anthedon FELDER, Graphium	53
amasina STAUDINGER, Archon	4	antheum BUTLER, Graphium	**55**, 53
amateus FRUHSTORFER, Deudoryx	144	Anthoraris	**67**, 75
amathonte DEYROLLE, Morpho	108	antillea BROWN, Phoebis	82
Amathusiidae	85-88, 98-100	antilope CRAMER, Hypolimnas	**109**, 116
Amauris	**73**, **74**, 84, 86	antimache HÜBNER, Prepona	**113**, 122
amazonicus FRUHSTORFER, Morpho	**92**, 102	antimachus DRURY, Druryia	**37**, 37
amazonus STAUDINGER, Heliconius	**103**, 110	antinorii OBERTHÜR, Papilio	32
ambica KOLLAR, Bremeria	**125**, 136	antiope ROTHSCHILD, Troides	18

antiphates CRAMER, Graphium 49	arizonensis EDWARD, Basilarchia 134
antiphonus FRUHSTORFER, Graphium 50	arjuna HORSFIELD, Papilio 40
antiphulus FRUHSTORFER, Tros 25	armeniaca SHELJUZHKO, Archon 4
antiphus FABRICIUS, Tros 25	arriphus BOISDUVAL, Priamides 28, 28
antipoda BOISDUVAL, Libythea 141	arruana FELDER, Troides 14
anyulata MOORE, Abisara 143	arthemis DRURY, Basilarchia 123, 135
Aoa 64, 70	aruensis MITIS, Delias 60
aolydorina HAASE, Papilio 43	aruna FRUHSTORFER, Idea 84
apenninus STICHEL, Parnassius 6	asaphon WESTWOOD, Charaxes 124
apollinaris STAUDINGER, Archon 4	asboloplintha KARSCH, Acraea 104, 112
apollinus HERBST, Archon 4, 4	ascanius CRAMER, Priamides 28, 27
apollo LINNÉ, Parnassius 6, 5	Ascia 59, 58
apollodorus FRUHSTORFER, Papilio 41	ascolius FELDER, Papilio 35
apollonius EVERSMANN, Parnassius 6, 6	asela MOORE, Euploea 91
Aporia 59, 57, 58	asita MOORE, Parathyma 132
Appias 64, 69-71	aspasia FABRICIUS, Danaus 86
apricatus STICHEL, Parnassius 7	aspasia MÉNÉTRIÉS, Gonepteryx 78
Aprotopos 75, 88	aspasia STOLL, Cepora 66, 72
aquarius BUTLER, Morpho 101	assarica CRAMER, Tellervo 88
arasada FRUHSTORFER, Euthalia 129	assarpai RÖBER, Morpho 107
aratos FRUHSTORFER, Morpho 101	asteris ROTHSCHILD, Tros 25
arcas CRAMER, Priamides 28, 28	Astraptes 132, 145
archaica FRUHSTORFER, Neorina 93	astyanax FABRICIUS, Basilarchia 123, 134
archbaldi TYTLER, Stichophthalma 99	atergatis DOUBLEDAY & HEWITSOH, Lycorea
archippus CRAMER, Basilarchia 123, 134	 88
Archon 4, 4	athamas DRURY, Polyura 115, 124
archytas HOPFFER, Papilio 37	atlas RÖBER, Caligo 95
arcius LINNÉ, Diorina 131, 142	atlas ROTHSCHILD, Troides 17
arctica VERITY, Colias 65	atreus KOLLAR, Caligo 82, 96
arcturulus FRUHSTORFER, Papilio 38	Atrophaneura 25, 24
arcturus WESTWOOD, Papilio 38, 38	attalis FRUHSTORFER, Prepona 121
arcuatus MOORE, Loxura 144	attalus FELDER, Polyura 115, 124
ares FRUHSTORFER, Euploea 90	atymnus CRAMER, Loxura 131, 144
arethusa CRAMER, Ageronia 112, 121	audre HEMMING, Colias 67
arfakensis JOICEY & TALBOT, Troides 16	augustina BOISDUVAL, Salamis 117, 127
argenthona FABRICIUS, Delias 61, 62, 61, 62	augustinae LE CERF, Morpho 96, 105
argentiferus FRUHSTORFER, Morpho .. 102, 107	augustus FRUHSTORFER, Parnassius 6
Argynnis 105, 113	aurantiaca DOHERTY, Delias 62
argynnum DRUCE, Graphium 52	aurantiaca FRUHSTORFER, Agrias 140
ariaca MOORE, Aporia 58	auratum ROTHSCHILD, Graphium 49
aribbas FRUHSTORFER, Graphium 47	aureus MELL, Teinopalpus 56
aristeus CRAMER, Papilio 36, 37	aureus MOREAU, Papilio 34
aristolochiae FABRICIUS, Tros 26, 25	aurorina HERR-SCHÄFFER, Colias 63, 64
aristophontes OBERTHÜR, Papilio 33	ausia BOISDUVAL, Ascia 58
arius ROTHSCHILD, Papilio 38	austrosundanus ROTHSCHILD, Tros 25

autocles ROTHSCHILD & JORDAN, Papilio 31	Belenois 66, 74
autocrator AVINOV, Parnassius 9	belia WESTWOOD, Idea 73, 84
autodice HÜBNER, Tatochila 64, 69	belisama CRAMER, Delias 61, 61, 62
autolycus FELDER, Papilio 41	bellargus STAUDINGER, Archon 4, 4
automola KIRSCH, Taenaris 85, 98	bellata DRUCE, Euthalia 132
autosilaus BATES, Graphium 55	beltrao ILLIGER, Caligo 83, 96
autothisbe HÜBNER, Prioneris 60, 60	berezowskyi VERITY, Parnassius 11
avellaneda H.-SCHÄFFER, Phoebis 70, 81	bernardino EDWARDS, Zerene 80
	Bhutanitis 1, 2
B	bhutya TALBOT, Pieris 59, 57
	biaka FRUHSTORFER, Euploea 90
bachmani KIRTLAND, Libythea 141	biblis FABRICIUS, Didonis 112, 121
bachus FELDER, Papilio 35	bilinearis FRUHSTORFER, Valeria 72
bahiana FRUHSTORFER, Morpho 103	bipunctata VOLLENHOVEN, Euthalia 132
balcanica REBEL, Colias 63, 63	birmana FRUHSTORFER, Rhinopalpa 115
baldur EDWARDS, Parnassius 7	bisaltide CRAMER, Doleschallia 117, 126
balice BOISDUVAL, Ixias 66, 73	bisanthe FRUHSTORFER, Morpho 104
balina FRUHSTORFER, Appias 71	bitias GODART, Papilio 36, 37
balium JORDAN, Graphium 50	blanchardi MARCHAL, Idea 84
balli HAULST, Delias 61	blomfildia FABRICIUS, Smyrna 119, 129
balucha MARSHALL, Aporia 57	blumei BOISDUVAL, Papilio 43, 41
balucha MOORE, Hypermnestra 3	bocki MOORE, Limenitis 131
bandana FRUHSTORFER, Hypolimnas 116	boettgeri FRUHSTORFER, Euthalia 121, 132
bandjira MARTIN, Danaus 86	bogotanus BUTLER, Protogonius 113
bangkanensia FRUHSTORFER, Parathyma ... 133	boguensis FELDER, Anapheis 80
banjermasinus FRUHSTORFER, Tros 24	boisduvalii BOISDUVAL, Adolias 122, 133
barea FRUHSTORFER, Euploea 77, 91	bolina LINNÉ, Hypolimnas 109, 117
barnsi LE CERF, Melindopsis 34	bolivianus STAUDINGER, Agrias 137
baroghilus TYTLER, Parnassius 12	boliviensis FRUHSTORFER, Agrias 140
Baronia 9, 12	bomplandii GUÉRIN, Tithorea 87
Basilarchia 123, 134	bonguensis FRUHSTORFER, Danaus 86
basilissa CRAMER, Euploea 76, 89	bootes WESTWOOD, Papilio 50, 47
bataviana MOORE, Danaus 86	borneensis DISTANT, Euripus 127
Batesia 112, 120	borneensis FRUHSTORFER, Doleschallia 126
battacorum ROTHSCHILD, Papilio 40	borneensis FRUHSTORFER, Libythea 143
Battus 29, 29	borneensis MARTIN, Cyrestis 114
baweana HAGEN, Papilio 42	borneensis STAUDINGER, Parthenos 130
baweanica FRUHSTORFER, Appias 70	bornemanni PAGENSTECHER, Troides 15
baweanica FRUHSTORFER, Valeria 72	bourboni BANG-HAAS, Parnassius 7, 10
baya MOORE, Charaxes 115, 123	bournensis WALLACE, Troides 19, 19
bazilanicus FRUHSTORFER, Troides 19	bowringi JOICEY & TALBOT, Sticophthalma.. 100
beata FRUHSTORFER, Delias 59	bowringi MOORE, Danaus 74, 85
beata STAUDINGER, Agrias 128, 139	brasidas FELDER, Graphium 56
behri EDWARDS, Colias 63, 64	brasiliensis FELDER, Caligo 80, 95
behrii EDWARDS, Parnassius 7	brasiliensis FELDER, Pierella 94

brasiliensis ROTHSCHILD & JORDAN, Papilio 30, 30	calypso DRURY, Belenois 66, 74
Brassolidae 79-84, 95-97	camadeva WESTWOOD, Stichophthalma .. 85, 99
bredowi GEY, Heterochroa 123, 135	camadevoides NICÉVILLE, Stichophthalma .. 99
bremeri C. & R. FELDER, Parnassius 7, 8	camaralzeman BUTLER, Euploea 89
Bremeria 125, 136, 137	camata MOORE, Tros 25
brevicornis SALVIN, Baronia 9, 12	candiope GODART, Charaxes 116, 125
briseis FELDER, Morpho 103	canescens BUTLER, Adolias 134
broncus STICHEL, Heliconius 110	caphusa MOORE, Aporia 58
brookianus WALLACE, Troides 17, 17	cardamines LINNÉ, Anthocaris 67, 75
browni GODMAN & SALVIN, Graphium 51	carineata CRAMER, Libythea 131, 141
brunei FRUHSTORFER, Graphium 48	carma FRUHSTORFER, Libythea 143
brunhilda FASSL, Agrias 137	carnatus ROTHSCHILD, Papilio 40
bryki HAUDE, Parnassius 7, 9	carolus FRUHSTORFER, Eriboea 124
bugaba STAUDINGER, Morpho 105	carpathicus REBEL & ROGENHOFER, Parnassius 6
bukoba RICHELMANN, Papilio 34	caspicus STICHEL, Colias 67
buluana FRUHSTORFER, Amnosia 93	cassandra HÜBNER, Zerynthia 3
buniae HÜBNER, Ascia 59, 58	cassandra WATERHOUSE & LYELL, Cressida .. 13
butlerianus ROTHSCHILD, Papilio 45	castelnaudi C. & R. FELDER, Euploea 89
butlerinus FRUHSTORFER, Parthenos 130	casyapa MOORE, Chilasa 35
butleris MOORE, Euploea 89	Catagramma 111, 118, 120
buxtoni MOORE, Kallima 126	catana FRUHSTORFER, Euploea 77, 90
Byasa 27, 26	catella FRUHSTORFER, Danaus 73, 85
	catenarius PERRY, Morpho 91, 102
C	Cathaemia 61, 60
	catharinae STAUDINGER, Pyrrhogyra .. 116, 125
cacharensis BUTLER, Tros 25	Catonephele 112, 120
cachemiriensis OBERTHÜR, Parnassius 8, 11	catops WESTWOOD, Taenaris 85, 98
cacica STAUDINGER, Morpho 105	Catopsilia 69, 80
cacica STAUDINGER, Zaretes 126	caucasica LEDERER, Zerynthia 3
caelestis ROTHSCHILD, Troides 15	caucasica STAUDINGER, Colias 63
caenis DRURY, Cymothoe 119, 129	cauta LEECH, Sephisa 118, 128
caesarea FRUHSTORFER, Argynnis 113	cavalerei LE CERF, Papilio 43
caesia STICHEL, Caligo 95	cecrops DOUBLEDAY, Protogonius 106, 113
caesonia STOLL, Zerene 69, 80	celebensis FRUHSTORFER, Doleschallia 126
calidasa MOORE, Limentis 131	celebensis WALLACE, Graphium 49
californica BUTLER, Heterochroa 123, 135	celebensis WALLACE, Hebomoia 83
Caligo 80, 82, 83, 95, 96	celebica FRUHSTORFER, Euploea 89
Caligopsis 84, 97	cellularis ROTHSCHILD, Troides 18
callaecia FRUHSTORFER, Catagramma 119	cenea STOLL, Papilio 31, 32
Callicore 111, 119	centralamericana STAUDINGER, Zerene 80
callinira STAUDINGER, Pereute 60, 59	centralis RÖBER, Anaea 129
Calliploea 77, 91	centralis ROTHSCHILD & JORDAN, Eriboea.. 124
Callithea 111, 119	centralis STAUDINGER, Morpho 108
callithoe BOISDUVAL, Euploea 76, 88	cephise MÉNÉTRIÉS, Lymnas 131, 142
	Cepora 66, 72

ceramensis WALLACE, Libythea 141	chuni JOICEY & TALBOT, Stichophthalma ... 99
cerbera FELDER, Zerene 80	cillene CRAMER, Colaenis 112
cerberus FELDER, Troides 19	ciminius FRUHSTORFER, Graphium 48
cerilla FRUHSTORFER, Danaus 86	cinnabarus FRUHSTORFER, Deudoryx .. **132**, 144
cerisyi GODART, Zerynthia 3	cinnamomea WEYMER, Lycorea 88
cesonides STAUDINGER, Zerene 80	cinyras MÉNÈTRIÉS, Papilio 31
cethega FRUHSTORFER, Doleschallia 126	cisseides FRUHSTORFER, Morpho 101
Cethosia **107**, 114	cisseis LEECH, Pieris 58
ceylonicum EIMER, Graphium 50	cisseis C. & R. FELDER, Morpho 101
ceylonicus MOORE, Tros 25	citrina C. & R. FELDER, Danaus **73**, 85
Charaxes **115**, **116**, 123-125	claribella FRUHSTORFER, Bremeria 136
charithonius LINNÉ, Heliconius **103**, 109	clarippus WEYMER, Danaus 85
charlesi FRUHSTORFER, Papilio 38	clarius EVERSMANN, Parnassius 7
charltonius GRAY, Parnassius **7**, 9	clathratus ROTHSCHILD, Papilio 45
charonda HEWITSON, Sasakia **122**, 134	claudia SCHULZ, Agrias **129**, 139
cheiremon FRUHSTORFER, Eryphanis 97	claudianus STAUDINGER, Agrias **127**, 133
chelidon FRUHSTORFER, Appias 70	claudianus STICHEL, Parnassius 7
cherocles FRUHSTORFER, Opsiphanes 96	claudina GODART, Agrias 139
chersonesia FRUHSTORFER, Euthalia 129	cleobaea GODART, Lycorea **75**, 88
chevana MOORE, Bremeria **125**, 137	cleombrotus STRECKER, Graphium 36
Chilasa **35**, 35	cleomenes FRUHSTORFER, Graphium 48
childreni GRAY, Argynnis **105**, 113	cleonus STOLL, Danaus **74**, 86
chiliarches FRUHSTORFER, Prepona 122	cleopatra LINNÉ, Gonepteryx **68**, 79
chimaera ROTHSCHILD, Troides **14**, 16	cleotas GRAY, Papilio **36**, 36
chinensis LEECH, Lühdorfia **4**, 2	clinias GROSE-SMITH, Danaus 85
chinensis ROTHSCHILD, Papilio 40	clodius MÉNÈTRIÉS, Parnassius **7**, 7
chinensis VERITY, Colias **63**, 63	clorinde GODART, Anteos **68**, 79
chioneus BATES, Heliconius 110	Clothilda **124**, 136
chippewa KIRBY, Colias 65	clytia CRAMER, Heliconius 109
chiricanus RÖBER, Protogonius 113	clytia LINNÉ, Chilasa **35**, 35
chirinda VAN SON, Papilio 34	coaesia HÜBNER, Stibochiona **118**, 128
chiron FABRICIUS, Megalura **106**, 113	coelebs ROTHSCHILD & JORDAN, Papilio 37
chironides STAUDINGER, Megalura 113	coelestis BUTLER, Morpho 102
Chisdes **132**, 145	coenia HÜBNER, Precis 117
chitralensis EVANS, Bremeria 136	coerulescens PAGENSTECHER, Euploea 90
chitralensis MOORE, Parnassius 12	coffea TALBOT, Druryia 37
Chlorippe **125**, 136	Colaenis **105**, 112
choredon FELDER, Graphium 53	Colias **63**, 63-67
chromus GUÉRIN, Prepona **113**, 122	Colotis **67**, **69**, 74, 75, 81
chrysea FRUHSTORFER, Appias 69	columbus KOLLAR, Graphium **56**, 54
chrysippus KLUG, Danaus **74**, 85	commixta AURIVILLIUS, Melindopsis 34
chrysoberylla FRUHSTORFER, Appias 70	comodus FRUHSTORFER, Graphium 52
chrysotheme ESPER, Colias **63**, 67	concolor HULSTAERT, Taenaris **98**, 99
chrysoxanthus FRUHSTORFER, Papilio 35	confusa BUTLER, Euploea 90
Chrysozephyrus **132**, 145	confusa NIEPELT, Prepona **127**, 138

congoanus ROTHSCHILD, Papilio 33	cyanea GODMAN & SALNN, Polygrapha **114**, 123
congolanus DUFR, Druryia 37	cyaneus MOORE, Parthenos 130
conjuncta STAUDINGER, Parnassius **7**, 8	cyanipardus BUTLER, Adolias 134
connectens FRUHSTORFER, Graphium 53	cycinna HEWITSON, Appias 70
connectens NICÉVILLE, Charaxes 123	cyclops RÖBER, Thaumantis 100
constans BUTLER, Hypolimnas 117	cydnides STAUDINGER, Heliconius **103**, 110
continentalis FRUHSTORFER, Doleschallia ... 126	cydnides STAUDINGER, Heliconius 110
coon FABRICIUS, Tros **26**, 24	cydno DOUBLEDAY, Heliconius **103**, 110
cordrus CRAMER, Graphium **53**, 49	Cymothoe **119**, 129
cordula NEUST, Heliconius 110	cynops BUTLER, Zerene 80
core CRAMER, Euploea **77**, 91	cyprica STICHEL, Zerynthia 3
coreana LEECH, Sasakia 134	cypris WESTWOOD, Morpho **97**, 105
corethrus BOISDUVAL, Euryades **9**, 13	cyrbia GODART, Heliconius **103**, 110
corina WALLACE, Appias **64**, 69	Cyrestis **107**, 114
corinna MCLEAY, Euploea 90	cyrnus FRUHSTORFER, Parnassius 12
coriolanus FRUHSTORFER, Deudoryx 144	
corrosus STICHEL, Opsiphanes 96	
cortone FRUHSTORFER, Morpho 103	**D**
corus FABRICIUS, Euploea 89	
corybas FISCHER DE WALDHEIM, Parnassius ..7	Dabasa **51**, 47, 48
corydon GUÉRIN, Morpho 103	daedalus C. & R. FELDER, Papilio **42**, 40
crassina FRUHSTORFER, Prepona 122	daisetsuzanus MATSUMURA, Parnassius .. **8**, 11
Crastia **77**, 90	d'albertisi OBERTHÜR, Papilio 41
cratippus FELDER, Danaus 85	dalmatica VERITY, Gonepteryx 79
cratis BUTLER, Euploea 89	damippe MABILLE & BOULL, Sarbia **132**, 144
crebrene TRIMEN, Precis 117	damocrates GUENÉE, Priamides **28**, 27
creona CRAMER, Anapheis **69**, 80	damone BOISDUVAL, Anthocaris **67**, 76
crepax FRUHSTORFER, Charaxes 124	Danaidae **72-78**, 84-91
cresphontes CRAMER, Papilio 31	Danaus **73-75**, 85-87
Cressida **9**, 13	darada C. & R. FELPER, Appias 70
cressida FABRICIUS, Cressida **9**, 13	daraxa MOORE, Limenitis **120**, 130
cretica REBEL, Zerynthia 3	dardanus BROWN, Papilio **31**, 32
crishna WESTWOOD, Neorina **78**, 93	darsius GRAY, Troides 18
croceus FOURC, Colias 63	datis FRUHSTORFER, Smyrna 129
croesus STAUDINGER, Agrias 139	dealbatus ROTHSCHILD, Papilio 47
croesus WALLACE, Troides **14**, 15	decipiens BUTLER, Danaus 86
ctesiades ROTHSCHILD & JORDAN, Papilio .. 37	deckerti VERITY, Parnassius 9
cubana H.-SCHÄFFER, Dismorphia **69**, 79	decora DOUBLEDAY, Amnosia **78**, 93
culminicola FRUHSTORFER, Euthalia 129	decorina FRUHSTORFER, Amnosia 93
cupido LINNÉ, Helicopsis **131**, 143	deidamia HÜBNER, Morpho **93**, 103
curasena FRUHSTORFER, Delias 59	deiokes FRUHSTORFER, Dichorragia 128
Curetis **131**, 143	delavayi OBERTHÜR, Aporia **59**, 57
curicta FRUHSTORFER, Hypolimnas 116	delia FABRICIUS, Colaenis 112
curius FABRICIUS, Lamproptera **53**, 49	delianus FRUHSTORFER, Tros 24
cyane LATREILLE, Chlorippe **125**, 136	Delias **60-62**, 58-60

delius ESPER, Parnassius	**7**, 7
delmas FRUHSTORFER, Catagramma	120
delostenus ROTHSCHILD, Papilio	45
democratus KRULIKOWSKY, Parnassius	6
demolion CRAMER, Papilio	**49**, 45
demophanes FRUHSTORFER, Troides	15
demophoon HUBNER, Prepona	122
denigrata ROSENBERG & TALBOT, Dismorphia	**69**, 79
dentigera BUTLER, Belenois	**66**, 74
dentina DRUCE, Caligo	96
depilis ROTHSCHILD, Papilio	44
Dercas	**65**, 72
desdemona STAUDINGER, Taenaris	98
desmias ROTHSCHILD & JORDAN, Papilio	37
despoliata FRUHSTORFER, Delias	60
deucalion BOISDUVAL, Graphium	**54**, 51
Deudoryx	**132**, 144
dewaro JOICEY & TALBOT, Papilio	41
dexithea HEWITSON, Hypolimnas	**108**, 115
deyrollei OBERTHÜR, Zerynthia	3
Diaethria	119
diaguita JÖRG, Leptophobia	76
diana FELDER, Ascia	53
diana FRUHSTORFER, Idea	84
diaphona LUCAS, Haetera	93
diatonica FRUHSTORFER, Metamorpha	114
Dichorragia	128
didigensis CARPENTER, Papilio	32
didius HOPFFER, Morpho	**102**, 107
dido LINNÉ, Metamorpha	**106**, 114
Didonis	**112**, 121
diffusa FRUHSTORFER, Cethosia	115
Dilipa	**125**, 137
dilutus ROTHSCHILD, Charaxes	**116**, 125
dinona GROSE-SMITH & KIRBY, Taenaris	**85**, 98
dinora GROSE-SMITH & KIRBY, Taenaris	**85**, 98
diocleita GEYER, Euploea	89
diocletianus FABRICIUS, Euploea	**77**, 90
Dione	**105**, 112
dionysos FRUHSTORFER, Caligo	96
diores ROTHSCHILD & JORDAN, Graphium	**29**, 29
Diorina	**131**, 141, 142
diovis HEWITSON, Deudoryx	144
diphridas FRUHSTORFER, Hypolimnas	116
dirce LINNÉ, Gynaecia	**114**, 123
dircoides SEPP, Gynaecia	123
dirtea FABRICIUS, Adolias	**122**, 133
dirteana CORBET, Adolias	134
discandra WEYMER, Hypolimnas	116
discordia NICÉVILLE, Papilio	40
Dismorphia	**66**, **67**, **69**, 73, 77, 79
dissimilis LINNÉ, Chilasa	**35**, 35
distanti BUTLER, Appias	69
distantianus ROTHSCHILD, Papilio	45
diva FRUHSTORFER, Delias	60
diva GRUM-GRSHIMAJRO, Colias	63
divergens BUTLER, Perisama	119
divergens SEITZ, Helicopis	143
divisus BUTLER, Protogonius	113
dodingense ROTHSCHILD, Graphium	53
Dodona	**131**, 142
dohertius ROTHSCHILD, Papilio	41
dohertyi RIPPON, Troides	**21**, 20
doii MATSUMURA, Parnassius	8
Doleschallia	**117**, 126, 127
doliones FRUHSTORFER, Cyrestis	114
dolius ROTHSCHILD & JORDAN, Graphium	54
dolon WESTWOOD, Polyura	**115**, 124
dominicanus TRIMEN, Amauris	**74**, 86
domitia FELDER, Appias	70
donaldsoni SHARP, Papilio	33
doreyana JOICEY & TALBOT, Danaus	**73**, 85
doris ROTHSCHILD, Tros	**26**, 26
doubledayi RÖBER, Leptophobia	76
doubledayi WALLACE, Tros	25
doubledayi WESTWOOD, Neurosigma	**118**, 127
dracaena JOICEY & TALBOT, Troides	16
drucei BUTLER, Hypolimnas	117
drurii BUTLER, Protogonius	113
druryi MOORE, Idea	84
Druryia	**37**, **52**, 37, 48
drya FABRICIUS, Phoebis	81
drymo HÜBNER, Ithomia	**75**, 87
dubia PALLAS, Hypolimnas	**109**, 116
dubiosa DILLON, Catagramma	120
ducalis BOULLET & LE CERF, Parnassius	9
duda STAUDINGER, Euthalia	**120**, 130
dudu WESTWOOD, Limenitis	**120**, 131

duellona WHYTEL, Necyria **131**, 142
dumicola OBERTHÜR, Rhaphicera 78, 92
dunya DOUBLEDAY, Euthalia **121**, 133
duponcheli STAUDINGER, Leptidea **67**, 75
duprei VINS, Salamis 118
durnfordi DISTANT, Charaxes **115**, 123
d'urvillei FRUHSTORFER, Idea **72**, 84
dysoni DOUBLEDAY, Leodonta **64**, 71
dysonii SAUNDERS, Diorina **131**, 141

E

echerius STOLL, Abisara **139**, 143
echidna BOISDUVAL, Chilasa 35
edusina FELDER, Colias 63
eimeri ROTHSCHILD, Graphium 55
eion NICÉVILLE, Euthalia 132
elata FRUHSTORFER, Ageronia 122
eleanor FRUHSTORFER, Adolias 133
electo LINNÉ, Colias **63**, 64
electra RÖBER, Morpho 103
electra WESTWOOD, Anaea **117**, 127
elema FRUHSTORFER, Rhinopalpa 115
eleone DOUBLEDAY & HEWITSON, Leptophobia
.... **67**, 76
eleus DRURY, Euphaedra **124**, 135
eleusinus STAUDINGER, Heliconius 109
eleusis LUCAS, Leptophobia **66**, 73
eleutheria FRUHSTORFER, Euploea 90
eleutho QUOY & GAIMARD, Euploea **77**, 90
elgitha FRUHSTORFER, Cethosia 115
eliada HEWITSON, Appias 70
eligia FRUHSTORFER, Hypolimnas 116
elisa FRUHSTORFER, Parathyma 133
ellina FRUHSTORFER, Parthenos 130
ellops MÉNÉTRIÉS, Zaretes 126
ellora FRUHSTORFER, Adolias 134
elpinice FELDER, Rhinopalpa **107**, 115
elsa FRUHSTORFER, Valeria 71
elwesi LEECH, Papilio **45**, 43
embdinus EHRMANN, Papilio 34
encelades BOISDUVAL, Graphium **57**, 56
energetes FRUHSTORFER, Papilio 45
enoplum JORDAN, Graphium 52

entabeni VAN SON, Papilio 34
epaminondas OBERTHÜR, Graphium 50
epaphia CRAMER, Appias **64**, 69
epaphus LATREILLE, Victorina **124**, 136
epaphus OBERTHÜR, Parnassius **8**, 11
Epargyreus **132**, 146
epicydnides STAUDINGER, Heliconius .. **103**, 110
epidaurus GODMAN & SALVIN, Papilio 31
epijarbas MOORE, Deudoryx 144
epimetheus C. & R. FELDES, Caligo 95
erana NICÉVILLE, Euthalia 132
erate ESPER, Colias **63**, 67
erato LINNÉ, Heliconius 110
eratophylla JOICEY, Heliconius **103**, 110
erebina FRUHSTORFER, Appias 69
erebus VERITY, Parnassius 12
erebus WALLACE, Tros 24
erica FRUHSTORFER, Morpho 103
erilda FRUHSTORFER, Abisara **131**, 143
Erionota **132**, 145
eriphia GODARD, Pinacopteryx **69**, 80
eris KLUG, Colotis **67**, 75
ermaki GRUM-GRSCHIMAJRO, Colias 63
erone ANGAS, Colotis **67**, 74
Eronia **66**, 73
eros FRUHSTORFER, Morpho **94**, 104
erycinoides FELDER, Poritia **132**, 145
Eryphanis **84**, 97
erythrus ROTHSCHILD & JORDAN, Priamides
.... **28**, 29
esakii NAKAHARA, Parnassius 8
esakii SONAN, Thecla **32**, 145
esite FELDER, Catonephele 121
eson NICÉVILLE, Euthalia 132
etheocles BUTLER, Charaxes **116**, 125
ethire DOHERTY, Delias 60
etias ROTHSCHILD & JORDAN, Priamides ... 29
eubalia JORDAN, Papilio 45
eubule LINNÉ, Phoebis **70**, 81
eucharis DRURY, Delias **61**, 61
euchenor GUÉRIN, Papilio 44
euclus MISKIN, Euploea 90
eudamia GROSE-SMITH, Amnosia 93
eudamides FRUHSTORFER, Troides 15
eudoxia GUÉRIN, Rhinopalpa 115

eübni ROTHSCHILD, Cressida 13
eugenia FRUHSTORFER, Libythea 141
Eumaeus **131**, 141
eupale DRURY, Charaxes **116**, 125
Euphaedra **124**, 135
euphorion GRAY, Troides 14
Euploea **76**, **77**, 88, 89, 91
eupolema FRUHSTORFER, Ageronia 122
eupompe KLUG, Colotis **67**, 74
euprasina JORDAN, Graphium 48
Eurema **67**, 77
euriclea DOUBLEDAY & HEWITSON, Catagramma
.... **111**, 120
Euripus **118**, 127
europome ESPER, Colias 65
europomene OCHSENHEIMER, Colias 65
eurus NICÉVILLE, Euthalia 132
Euryades **9**, 13
eurysaces FRUHSTORFER, Troides 15
eurytheme BOISDUVAL, Colias **63**, 65
eurytus FRUHSTORFER, Appias 71
eusebes FRUHSTORFER, Morpho 104
Euthalia **118**, **120**, **121**, **128**, **130**, **131**, **132**, 133
euthycrates FRUHSTORFER, Troides 19
euthydemus FRUHSTORFER, Troides 21
eutropius JANSON, Papilio 44
euvaristos FRUHSTORFER, Hypolimnas 116
evan DOUBLEDAY, Graphium **51**, 48
evanides HAENSCH, Hyposcada 87
evenina WALLENGREN, Colotis **67**, 74
everetti ROTHSCHILD, Charaxes 123
eversmanni MÉNÉTRIÉS, Parnassius **8**, 11
evombar BOISDUVAL, Graphium 53
exadeus CRAMER, Epargyreus **132**, 146
excelsa STAUDINGER, Catagramma 118
excelsior HEWITSON, Catagramma 118
exilis ROTHSCHILD, Graphium 52
extensa POUJADE, Pieris **59**, 57
externa NICÉVILLE, Euthalia 132
extremus KAYE, Heliconius **103**, 110

F

fadorensis KHEIL, Cyrestis 114

fallax STAUDINGER, Tellervo 88
fannius FRUHSTORFER, Papilio 42
fassli RÖBER, Prepona 122
fassli RÖBER, Protogonius 113
fehri HONRATH, Tros 26
felderi BREMER, Parnassius **8**, 11
felderi RÖBER, Anaea 129
felderi SNELLEN, Danaus **74**, 85
fenestra LEECH, Dilipa **125**, 137
ferdinandi FRUHSTORFER, Agrias **128**, 138
ferdinandi STICHEL, Zerynthia **4**, 3
festrada FRUHSTORFER, Appias 71
fieldi MÉNÉTRIÉS, Colias 63
figulina BUTLER, Appias 70
filiola FRUHSTORFER, Cethosia 115
fisheri EDWARDS, Phoebis 82
flavescens ROTHSCHILD, Troides 16
flavicollis DRUCE, Troides **23**, 21
flavolimbatus OBERTHÜR, Chilasa 35
fleximaculum ROTHSCHILD, Graphium 51
florensis FRUHSTORFER, Limenitis 131
floresianus ROTHSCHILD, Tros 25
floridensis HOLLAND, Graphium 31
floridensis STRECKER, Basilarchia **123**, 134
foetterlei ROTHSCHILD & JORDAN, Priamides 29
formosana FRUHSTORFER, Gonepteryx 78
formosana FRUHSTORFER, Hebomoia 83
formosana FRUHSTORFER, Stichophthalma .. 100
formosana MATSUMURA, Delias **60**, 59
formosana ROTHSCHILD, Isodema **78**, 92
formosana MATSUMURA, Euploea 89
formosana SHIROZN, Colias 67
formosanus FRUHSTORFER, Dichorragia 128
fortis ROTHSCHILD & JORDAN, Graphium .. 55
fragalactea BUTLER, Delias 61
franciae GRAY, Euthalia **120**, 132
franciscae CARPENTER, Melindopsis 35
fruhstorferi RÖBER, Morpho **90**, 101
fruhstorferi RÖBER, Papilio 41
fuconius FRUHSTORFER, Loxura 144
fulgens RÖBER, Papilio 42
fulgerator WALCH, Astraptes **132**, 145
funkei BANG-HAAS, Parnassius 8

G

galanthis CRAMER, Siderone 121
galanthus BATES, Heliconius 100
galba DEYROLLE, Caligo 95
galba WALLACE, Appias 70
gambrisius FABRICIUS, Parthenos 130
ganesa DOUBLEDAY, Papilio **39**, 38
gardineri FRUHSTORFER, Troides 21
garlanda FRUHSTORFER, Bremeria 136
gelia JORDAN, Papilio 41
genestieri OBERTHÜR, Tros 26
genutia CRAMER, Danaus **74**, 86
geoffroy GODARD, Libythea **131**, 141
gigantea FRUHSTORFER, Adolias 134
gilda FRUHSTORFER, Euploea 90
gilolensis WALLACE, Graphium 49
glacialis BUTLER, Parnassius 8
glacialis MCLACHIAN, Colias 64
glauce BUTLER, Delias 62
glauce FELDER, Anaea **119**, 129
glaucippe LINNÉ, Hebomoria **71**, 82
glaucolena STAUDINGER, Pierella 94
gloriola BUTLER, Danaus **73**, 85
gloriosus FRUHSTORFER, Parnassius 6
goda FRUHSTORFER, Delias 59
godarti GUERIN, Morpho **101**, 107
godarti MONTROUZIER, Papilio 44
godartii LUCAS, Euploea 91
godartianus LUCAS, Tros 26
godmani FRUHSTORFER, Agrias 139
goliath OBERTHÜR, Troides **15**, 17
Gonepteryx 68, 78, 79
goniopeltis ROTHSCHILD, Tros 25
goodrichi DISTANT, Euthalia 132
goutelli OBERTHÜR, Aporia **59**, 58
graeseri HONRATH, Parnassius 8
gradiens BUTLER, Terias 76
graminifera BUTLER, Euploea 91
Graphium ....
... 26,29,30,32,35,51-57, 25,29,31,33,36,37,47-56
grandis ROTHSCHILD & JORDAN, Eriboea .. 124
grayi C. & R. FELDER, Euploea 90
groumi OBERTHÜR, Parnassius 10
grum-grschimajloi BANG-HAAS, Parnassius .. 12
guatemalana BATES, Ageronia **114**, 122
guatemalana RÖBER, Colias 66
gueneeana BOISDUVAL, Anteos 78
guineensis FRUHSTORFER, Parthenos 130
gulina FRUHSTORFER, Prepona 122
gupta NICÉVILLE, Euthalia 132
gurelca GROSE-SMITH, Doleschallia 126
gyas WESTWOOD, Graphium **51**, 48
gyllenhalii LUCAS, Euploea 89
Gynaecia 114, 123

H

Haetera 79, 93
hahneli STAUDINGER, Heliconius 110
hainanensis FRUHSTORFER, Appias 70
halitherses DOUBLEDAY, Euripus **118**, 127
Hamadryas 122
hamatus JOICEY & TALBOT, Graphium .. **32**, 33
harmodius FELDER, Charaxes **115**, 124
harpagon STAUDINGER, Charaxes 124
harpalyce DONOVAN, Delias 62
hastrubal FRUHSTORFER, Erionota **145**, 146
Hebomoia 71, 82
hecate STRECKER, Colias **63**, 65
hecla LEFEBRE, Colias **63**, 64
hector RÖBER, Morpho 102
Hectorides 28, 27
hectorides ESPER, Papilio 29, 30
hecuba LINNÉ, Morpho **89**, 101
hecuba RÖBER, Troides 14
hecura FRUHSTORFER, Libythea 143
hegylus JORDAN, Graphium 48
heimsi SUFFERT, Papilio 32
hela STRECKER, Colias 64
Helcyra 125, 137
heldreichi STAUDINGER, Colias **63**, 64
helena LINNÉ, Troides **19**, 18
helena LUCAS, Leptophobia 73
helena REAKIRT, Zerene 80
helena STAUDINGER, Morpho **96**, 105
Heliconius **103-104**, 109-111

Helicopis **131**, 143
helios NICKERL, Hypermnestra **4**, 3
henricus FRUHSTORFER, Tros 24
heos HERBST, Colias 63
hephaestus FELDER, Troides 19
hera FRUHSTORFER, Idea 84
heracles FRUHSTORFER, Morpho 101
hercules BLANCHARD, Graphium **51**, 47
hermes BOULLET & LE CERF, Papilio 34
hermione RÖBER, Morpho 103
hermocinia FRUHSTORFER, Valeria 72
hermodur EDWARDS, Parnassius 7
hermogenes HEWITSON, Heliconius 110
hermosanus REBEL, Papilio 40
hesiodus FRUHSTORFER, Troides 19
hesperus WESTWOOD, Papilio **33**, 34
hester SNELLEN VAN VOLLENHOVEN, Cepora
.... **66**, 72
Hestia **72**, 84
Hestinalis **118**, 128
Heterochroa **123**, 135
heteromorpha RÖBER, Hypolimnas **109**, 116
heurippa SALVIN & GODMANN, Euploea 89
heurippa HEWITSON, Heliconius **103**, 110
hewitsonius BATES, Agrias 139
hierax FELDER, Charaxes 124
hiero GODMAN, Tellervo 88
hierta FABRICIUS, Precis **110**, 117
hierte HÜBNER, Delias 60
himalayensis ELWES, Parnassius **8**, 11
hippia FABRICIUS, Valeria 72
hippocoon FABRICIUS, Papilio 32
hippona FABRICIUS, Protogonius **106**, 113
Historis **114**, 123
hoenei SCHWEITZER, Parnassius 8
hollandi BUTLER, Charaxes **116**, 125
hönei MELL, Graphium 50
honnorati BOISDUVAL, Zerynthia 3
hoppo NATSUDURA, Papilio **40**, 39
horribilis BUTLER, Papilio 34
horishanus RATSUMURA, Tros **25**, 24
horstii MENGEL, Catagramma 119
hospitis WEYMAR, Belenois 74
howorthi BUTLER, Euploea 91
howqua WESTWOOD, Stichophthalma ... **87**, 100

huanus SAUNDERS, Diorina 142
huascama REAKIRT, Dione 112
humbloti OBERTHÜR, Papilio 32
humboldtii GUERIN, Perisama **111**, 119
hunzaicus TYTLER, Parnassius 12
huwei FRUHSTORFER, Parnassius 11
hyacinthus BUTLER, Morpho 103
hyale LINNÉ, Colias **63**, 66
hyalesides GRUM-GRSCHIMAJRO, Colias 67
hydaspes DRURY, Catagramma **111**, 120
hyparethe LINNÉ, Delias **61**, 60
Hypatus **131**, 141
hyperbola KIRSCH, Taenaris **85**, 98
Hypermnestra **4**, 3
hypermnestra WESTWOOD, Idea 84
hypochlora FELDER, Batesia **112**, 120
Hypolimnas **108-109**, 115-117
hypolitus CRAMER, Troides **18**, 18
Hyposcada **75**, 87
hypoxantha GODMAN & SALVIN, Batesia 120
hypsipyle SCHULZ, Zerynthia **4**, 2

I

Icarus **52**, 48
idaeoides HEWITSON, Graphium **54**, 51
idas CRAMER, Proteides **132**, 145
Idea **72-73**, 84
idea LINNÉ, Idea **72**, 84
ilioneus ABBOT & SMITH, Papilio 30
illumina GRUM-GRSCHIMAJLO, Aporia 57
illyris HEWITSON, Graphium **32**, 33
ilmatar FRUHSTORFER, Prepona 122
imna BUTLER, Charaxes 124
imperator OBERTHÜR, Parnassius **6**, 6
imperatrix ALPHERAKY, Parnassius 6
imperatrix DE NICÉVILLE, Teinopalpus 56
imperiale HOPE, Teinopalpus **58**, 56
imperialis ROTHSCHILD, Graphium 53
inara DOUBLEDAY, Parathyma 132
incerta HEWITSON, Zethera **79**, 93
inconstans BUTLER, Hypolimnas 117
indica FRUHSTORFER, Euthalia **118**
indica WALLACE, Delias 60

inexpecta SHELJUZHKO, Lüdhorfia **3**, 2
inexpectata GODMAN & SALVIN, Hypolimnas
.... 116
ino FELDER, Aprotopos **75**, 88
insignis STAUDINGER, Parnassius 12
insulare STAUDINGER, Graphium 50
insularis FRUHSTORFER, Cressida 13
insularis FRUHSTORFER, Morpho 103
insulicola FRUHSTORFER, Prepona 120
insulicola ROTHSCHILD, Papilio 42
interjectum HONRATH, Graphium 51
intermedia BUTLER, Phoebis **70**, 81, 82
intermedia MITIS, Delias 60
intermedia RÖBER, Leodonta 71
intermedius MÉNÉTRIÉS, Parnassius 7
intermedius MOORE, Danaus **74**, 86
intermedius SNELLEN, Papilio 42
interposita TALBOT, Dismorphia 79
interpositus FRUHSTORFER, Tros 25
intersticta BUTLER, Hypolimnas 116
Iphiclides **29, 30, 32, 52,** 29, 31, 33, 48
iphiclus FELDER, Morpho 102
iphigenia CRAMER, Hypolimnas **109**, 117
iponum FRUHSORFER, Graphium 50
isabellae ROTHSCHILD, Troides 13
isander GODMAN & SALVIN, Graphium 53
ishma BUTLER, Danaus **73**, 85
isidora CRAMER, Zaretes **117**, 126
Isodema 78, 92
issiki MATSUMURA, Anthocaris 75
itamputi BUTLER, Graphium 50
Ithomia **75**, 87
Ixias **66**, 73

J

jacquemontii BOISDUVAL, Parnassius **8**, 11
jadeitina FRUHSTORFER, Adolias 134
jaetensis BANG-HAAS, Parnassius 8
janaka MOORE, Papilio **50**, 47
japis GODARD, Euthalia **121**, 132
japonica LEECH, Lühdorfia **3**, 2
javanus FELDER, Papilio 46
javanus FRUHSTORFER, Euripus 127

jeholi BANG-HAAS, Parnassius 8
jessica BUTLER, Euploea 90
jessoensis ROTHSCHILD, Lühdorfia 2
jezoensis MATSUMURA, Papilio 39
jobaea BOISDUVAL, Valeria **65**, 71
jobina FRUHSTORFER, Taenaris 98
joésa BUTLER, Papilio **43**, 41
johnstoni BUTLER, Colotis 75
joiceyi TALBOT, Troides 17
jole BOISDUVAL, Nathalis **67**, 77
jucunda BOISDUVAL & LE CONTE, Terias
.... **67**, 77
judaeus STAUDINGER, Papilio **30**, 31
julanthiscus FRUHSTORFER, Morpho 108
julia FABRICIUS, Colaenis **105**, 112
jumena FRUHSTORFER, Perrhybris 59
juno CRAMER, Dione **105**, 112
juno RIFFARTH, Heliconius 111
justitiae GODMAN & SALVIN, Morpho 101
juuia FRUHSTORFER, Euploea 89
juventa CRAMER, Danaus **73**, 85

K

kabrua TYTLER, Tros **27**, 26
kaffana ROTHSCHILD, Acarea 111
kaguya NAKAHARA & ESAKI, Troides 20
kalaoense ROTHSCHILD, Graphium 50
Kallima **117**, 126
kanariensis FRUHSTORFER, Danaus **74**, 85
kannegieteri FRUHSTORFER, Stibochiona 128
kardama MOORE, Euthalia **120**, 131
karna C. & R. FELDER, Papilio **41**, 39
karumii IKEDA, Pieris **59**, 58
kasaiensis MOREAU, Papilio 34
kashgarica VERITY, Colias 66
keianus ROTHSCHILD, Papilio 43
keiensis VAN EECKE, Danaus 86
kephisos FRUHSTORFER, Graphium 50
keyensis FRUHSTORFER, Idea 84
kezia BUTLER, Hypolimnas 117
khasiana SWINHOE, Adolias 134
kinabaluense FRUHSTORFER, Graphium 50
kinitis FRUHSTORFER, Danaus 85

kleisthenes FRUHSTORFER, Opsiphanes 96
kobayasii MATSUMURA, Anthocaris 75
kokopona HAGEN, Yoma 118
koreae BRYK, Parnassius 8
koreana FIXSEN, Sericinus 5, 4
koreana MATSUMURA, Anthocaris 75
koreana MATSUMURA, Lühdorfia 2
koreana VERITY, Parnassius 8
kotoensis SONAN, Papilio 39, 38
kotzebueus ESCHSCHOLTZ, Tros 26, 25
krishna MOORE, Papilio 38, 38

L

lacandones BATES, Graphium 29, 29
lacedemon FABRICIUS, Chilasa 35
lacteipennis BUTLER, Pinacopteryx 80
laglaizei DEPUIS, Papilio 57, 55
lama OBERTHÜR, Tros 26
lamarchei STAUDINGER, Papilio 29, 30
lamina FRUHSTORFER, Hypolimnas 116
lamis ROTHSCHILD, Graphium 55
Lamproptera 53, 49
langsonensis FRUHSTORFER, Graphium 48
lankeswara MOORE, Chilasa 35
laodocus FABRICIUS, Papilio 30, 31
lara BOISDUVAL, Delias 60
lara SWINHOE, Erionota 145
larseni FASSL, Agrias 139
larymna DOUBLEDAY, Parathyma 121, 133
latifasciata LATHY, Isodema 78, 92
lativitta LEECH, Delias 60, 59
lativitta MOORE, Colias 67
latreillei DONOVAN, Tros 27, 26
latreillianum GODART, Graphium 55, 54
laucocelis JORDAN, Papilio 47
laura FRUHSTORFER, Abisara 143
lavinia CRAMER, Precis 110, 117
lecontei ROTHSCHILD & JORDAN, Graphium..31
leda BOISDUVAL, Eronia 66, 73
ledebouria ESCHSCHOLTZ, Papilio 46
leechi MOORE, Bremeria 125, 137
leechi ROTHSCHILD, Sericinus 4
leminius FRUHSTORFER, Loxula 144

lemmia FELDER, Terias 77
lena LINNÉ, Pierella 79, 94
lenaeus DOUBLEDAY, Papilio 37
Leodonta 64, 71
leonidas FABRICIUS, Graphium 57, 56
leontis ROTHSCHILD & JORDAN, Papilio 33
leopoldina FRUHSTORFER, Zaretes 126
leprieuri FEISTH, Callithea 111, 119
Leptidea 67, 75
leptis C. & R. FELDER, Appias 64, 71
Leptophobia 66, 73
Leptosia 67, 75
lesches GODMAN & SALVIN, Papilio 46
letincius FRUHSTORFER, Tros 26
leucadion STAUDINGER, Graphium 51
leucaspis GODART, Graphium 56, 55
leuce DOUBLEDAY, Heliconius 103, 109
leuconoë ESCHSCHOLTZ, Graphium 51
leucothoë WESTWOOD, Graphium 54, 51
libanotica LEDERER, Colias 64
libelluloides FRUHSTORFER, Lamproptera .. 49
liberia CRAMER, Appias 64, 69
libnites HEWITSON, Limenitis 121, 133
Libythea 131, 141
Libytheidae 131-132, 141-146
lidderdalei ATKINSON, Bhutanitis 1, 3
ligatum ROTHSCHILD, Graphium 52
lilacinus BUTLER, Parthenos 130
lilanae LE MOULT, Morpho 90, 102
lilea REAKIRT, Phocides 132, 144
limborgi MOORE, Kallima 126
Limenitis 120, 121, 123, 130, 133, 134, 135
limpida BUTLER, Morpho 103
lincera H. SCHÄFFER, Pteronymia 75, 87
lindos FRUHSTORFER, Graphium 50
linteata BUTLER, Idea 84
liris GODART, Tros 29, 27
lisianassa CRAMER, Hypolimnas 117
literata BUTLER, Pinacopteryx 80
litoreus STICHER, Parnassius 10
liukiuensis FRUHSTORFER, Hebomoia 61, 82
livia FRUHSTORFER, Delias 61
logani MOORE, Idea 72, 84
lombokensis ROTHSCHILD, Tros 25
lonta FRUHSTORFER, Euploea 91

lorena HEWITSON, Perrhybris 60, 59
lormieri DISTANT, Papilio 33, 34
lorquini FELDER, Terias 76
lorquinianus FELDER, Papilio 42, 41
lotis LEECH, Aporia 59, 57
louristana LE CERF, Zerynthia 3
lowii BUTLER, Euploea 90
Loxerebia 78, 92
Loxura 131, 144
lubentina CRAMER, Euthalia 118, 128
lucasioides SEMPER, Euripus 127
luceria FRUHSTORFER, Valeria 65, 71
lucina FELDER, Dione 112
luciptena WESTWOOD, Danaus 86
lucretius CRAMER, Charaxes 116, 124
ludlowi GABRIEL, Bhutanitis 2
Lühdorfia 3, 2
luna BUTLER, Morpho 102
lutea ZINKEN-SOMMER, Cyrestis 107, 114
luteifera FRUHSTORFER, Perrhybris 60, 59
luteolus REAKIRT, Nathalis 77
lutescens BUTLER, Hypolimnas 116
luxerii HÜBNER, Zeuxidia 88, 100
luzonensis FELDER, Delias 60
luzonica MOORE, Danaus 85
lyaeus DOUBLEDAY, Papilio 33
lycomedon C. & R. FELDER, Eryphanis 97
Lycorea 75, 88
lycimenes BOISDUVAL Priamides 28, 29
lyde FRUHSTORFER, Prepona 122
lydius FELDER, Troides 12, 14, 51
lygdamis HWEITSON, Dismorphia 69, 79
Lymnas 131, 142
lysimache GODMAN & SALVIN, Panacea 130
lysimnia FABRICIUS, Mechanitis 75, 88

M

maackii MÉNÉTRIÉS, Papilio 40, 39
mabilei AURIBILLIUS, Pinacopteryx 80
machates FRUHSTORFER, Dichorragia 128
maculata RÖBER, Colias 64
maculata RÖBER, Morpho 103
madelensis FELDER, Gonepteryx 79

madeus ROTHSCHILD, Eriboea 124
maerula FABRICIUS, Anteos 68, 78
magakles FRUHSTORFER, Deudoryx 144
magellanus FELDER, Troides 22, 20
magnificus NIEPELT, Papilio 41
magnificus RIFFARTH, Heliconius 110
magniplaga ROTHSCHILD, Polyura 115, 124
magnistralis FRUHSTORFER, Lamproptera ... 49
magnus WRIGHT, Parnassius 7
mahaguru GISTEL, Gonepteryx 68, 78
mahara FRUHSTORFER, Euthalia 121, 133
mai TYTLER, Papilio 39
makula GROSE-SMITH, Delias 61
malabarica FRUHSTORFER, Doleschallia 126
malayica FELDER, Curetis 143
manaya FRUHSTORFER, Euthalia 133
mandschuriae OBERTHÜR, Parnassius 6, 5
manilia FRUHSTORFER, Poritia 145
mannus FRUSTORFER, Dichorragia 128
mansfieldi RILEY, Bhutanitis 2
maraho SHIRAKI & SONAN, Papilio 45, 43
marapokensis FRUHSTORFER, Troides 21
marcella FELDER, Megalura 114, 123
marcellus CRAMER, Graphium 30, 31
marchandii BOISDUVAL, Graphium 56, 54
marginatus ROTHSCHILD & JORDAN, Charaxes
.... 125
marginella FELDER, Terias 77
mariae FRUHSTORFER, Euthalia 129
marmarice FRUHSTORFER, Ageronia .. 114, 122
marmorata FRUHSTORFER, Morpho 102
marnoana ROGENH., Colias 67
Marpesia 106, 113
marthesia CRAMER, Siderone 121
martini FRUHSTORFER, Bremeria 136
martinus ROTHSCHILD & JORDAN, Charaxes 124
massilia FRUHSTORFER, Appias 71
massyas LINNÉ, Thecla 132, 146
matienus FRUHSTORFER, Loxura 131, 144
matthiola FRUHSTORFER, Parathyma 132
mauretanica RÖBER, Gonepteryx 79
maxentia FRUHSTORFER, Agrias 139
maxima GRUM-GRSCHIMAJLO, Hypermnestra
.... 4, 3
maxima NEWMAN, Phoebis 70, 82

Mechanitis	75, 88	minor KAYE, Caligo	95
mediscaste ILLIGER, Zerynthia	3	minor OBERTHÜR, Parnassius	5
medon FELDER, Graphium	53, 49	minos CRAMER, Troides	18
medon LINNÉ, Euphaedra	124, 135	minyas HÜBNER, Eumaeus	131, 141
megalonice FELDER, Rhinopalpa	115	miokensis RIBBE, Troides	15
Megalura	106, 114, 113, 123	miranda FRUHSTORFER, Bremeria	136
megapenthes FRUHSTORFER, Graphium	54, 51	misimanus ROTHSCHILD, Papilio	44
megarum FRUHSTORFER, Graphium	54, 51	misorensis ROTHSCHILD, Papilio	44
mela FRUHSTORFER, Hypolimnas	116	misresianus JOICEY & TALBOT, Troides	16
melacheilus STAUDINGER, Morpho	99, 107	Miyana	104, 111
melania OBERTHÜR, Papilio	29, 30	miyana FRUHSTORFER, Stichophthalma	100
melanoma JORDAN, Chilasa	36	mnemosyne LINNÉ, Parnassius	7, 9
melanthum FELDER, Graphium	49	moina STRECKER, Colias	63, 66
Melinda	75, 88	mollitica FRUHSTORFER, Leptophomia	73
Melindopsis	34, 34	moltrechti OBERTHÜR, Aporia	58
mellinia FRUHSTORFER, Morpho	104	monara FRUHSTORFER, Euthalia	133
melonius ROTHSCHILD & JORDAN, Papilio	31	mongolicus STAUDINGER, Parnassius	6
memnon LINNÉ, Papilio	48, 44	monilifera MOORE, Euploea	91
menelaus LINNÉ, Morpho	99, 106	monina FABRICIUS, Euthalia	121, 132
menesa FRUHSTORFER, Catagramma	119	montana HAGEN, Adolias	134
menesicles FRUHSTORFER, Deudoryx	144	monteironis DRUCE, Hypolimnas	115
menestheus DRURY, Papilio	33, 34	montela GRAY, Sericinus	5, 4
menides FRUHSTORFER, Graphium	52	montezuma GUÉRIN, Morpho	103
menippe HÜBNER, Anteos	68, 77	morgiana WESTWOOD, Dilipa	137
mera TALBOT, Delias	59	morpheus STICHEL, Caligo	95
merapu DOHERTY, Papilio	45	Morphidae	89-102, 101-108
mercedonia KARSCH, Danaus	75, 87	Morpho	89-102, 101-108
mericurius GRUM-GRSCHIMAJLO, Parnassius	11	motya BOISDUVAL, Libythea	141
meriones C. & R. FELDER, Papilio	32	mucida FRUHSTORFER, Prioneris	60
mesades FRUHSTORFER, Chilasa	36	mulciber CRAMER, Euploea	76, 89
messogis FRUHSTORFER, Graphium	53	mumatia FRUHSTORFER, Pereute	60
Metamorpha	106, 114	musageta GRUM-GRSCHIMAJLO, Parnassius	6, 6
Metaporia	59, 57-58	muzoensis FRUHSTORFER, Agrias	139
metarete BUTLER, Delias	60	mycale GODMAN & SALVIN, Priamides	28
metioche FRUHSTORFER, Anteos	78	mylaecha WESTWOOD, Taenaris	93
meton FRUHSTORFER, Graphium	52	mylotes BATES, Priamides	28
mevaria FRUHSTORFER, Idea	72, 84	Mylothris	66, 72
meyeri KIRSCH, Miyana	104, 111	mynion FRUHSTORFER, Graphium	52
micromalayana FRUHSTORFER, Appias	70	myrmidone ESPER, Colias	63, 63
milon FELDER, Graphium	55, 53	myrrhna FRUHSTORFER, Libythea	143
milonia FRUHSTORFER, Limenitis	131	myrrha GODART, Libythea	131, 143
mima TRIMEN, Hypolimnas	109, 116	mysis FABRICIUS, Delias	61, 60
mimeticus ROTHSCHILD, Melindopsis	34		
mineiro FRUHSTORFER, Morpho	107		
minoë FRUHSTORFER, Limenitis	131	naganum MOORE, Pieris	59, 58

N

nagaensis ROTHSCHILD, Stichophthalma 99	nestira HÜBNER, Morpho **100**, 107
naira MOORE, Graphium 50	netonia FRUHSTORFER, Yoma 118
nakaharai LE MOULT, Morpho **99**, 106	Neurosigma **118**, 127
nama DOUBLEDAY, Hestinalis **118**, 127	neutra FRUHSTORFER, Limenitis **120**, 131
namida FRUHSTORFER, Hestinalis 127	nevadensis OBERTHÜR, Parnassius 6
nankingi BANG-HAAS, Parnassius 8	neyi NIEPELT, Papilio 35
nanus NEUMOGEN, Parnassius 7	niasicus FRUHSTORFER, Dichorragia 128
napho H. SCHÄFFER, Ithomia 87	niasicus FRUHSTORFER, Euripus 127
narcaea GODART, Heleconius **104**, 111	niasicus FRUHSTORFER, Troides 21
narcissus STAUDINGER, Agrias 139	niasicus ROTHSCHILD, Chilasa 36
narcissus STAUDINGER, Morpho 103	niavius LINNÉ, Amauris **74**, 86
nargosa FRUHSTORFER, Appias 69	nicanor FELDER, Papilio 46
nastes BOISDUVAL, Colias **63**, 66	nicévillei BUTLER, Terias 76
nathalia FELDER, Appias 69	nicévillei OLLIFF, Libythea 141
Nathalis **67**, 77	nicévillei RÖBER, Stichophthalma **99**, 86
natuna FRUHSTORFER, Euthalia 132	nicholi GROSE-SMITH, Charaxes 123
natunensis ROTHSCHILD, Troides 17	nicippe CRAMER, Terias **67**, 76
naucles ROTHSCHILD, Papilio 44	niewenhuisi HULSTAEDT, Euploea 90
nausithous OBERTHÜR, Papilio 47	nigerrima HOLLAND, Appias 69
nealces ROTHSCHILD & JORDAN, Papilio 31	nigerrimus RIBBE, Papilio 41
nebulosa TRIMEN, Salamis 118	nigrescens FRUHSTORFER, Morpho 102
nectanabis FRUHSTORFER, Didonis 121	nigrescens TALBOT, Delias 59
Necyria **131**, 142	nigricans ROTHSCHILD, Papilio 47
nedusia HÜBNER, Tellervo **75**, 88	nigricans STAUDINGER, Parnassius 12
nefte CRAMER, Parathyma **121**, 132	nigrippus HAENSCH, Danaus **74**, 85
neglecta SALVIN, Callicore **111**, 119	nilagiriensis FELDER, Colias 67
negra FELDER, Haetera 93	niobe AURIVILLIUS, Papilio 32
nemea FRUHSTORFER, Delias 60	nioboides AURIVILLIUS, Papilio 32
nemesis LATREILLE, Dismorphia **67**, 77	niphonica VERITY, Gonepteryx 78
neocipris HÜBNER, Phoebis **70**, 81	nipponum FRUHSTORFER, Graphium 53
neogermanica STICHEL, Catonephele 121	nivalis FELDER, Cyrestis 114
neohannoveranus ROTHSCHILD, Papilio 44	nivea ZINKEN-SOMMER, Cyrestis **107**, 114
neopommeranium HONRATH, Graphium 52	niveipicta BUTLER, Tellervo 88
neoptolemus WOOD, Morpho 103	nivifera BUTLER, Parathyma 132
Neorina **78**, 93	nivifera FRUHSTORFER, Anteos 79
neosilaus HOPFFER, Graphium 55	niyana FRUHSTORFER, Stichophthalma 99
Nepheronia **66**, 73	nobilis ROGENHOFER, Papilio **31**, 32
nephelus BOISDUVAL, Papilio **49**, 46	noctis HEWITSON, Tros **25**, 24
neptunus GUÉRIN, Tros **26**, 26	nomion FISCHER DE WALDHEIM, Parnassius **6**, 5
nereis DRURY, Pierella **79**, 93	nomius GRUM-GRSCHIMAJLO, Parnassius 5
nero FABRICIUS, Appias **64**, 70	nonius NICÉVILLE, Neurosigma 128
nesimachus FRUHSTORFER, Dichorragia 128	nourmahal WESTWOOD, Stichophthalma .. **36**, 99
Nessaea **119**, 129	novicia STICHEL, Eryphanis 97
nessaea HÜBNER, Mechanitis **75**, 88	novobritannicus ROTHSCHILD, Tros 27
nesseus GROSE-SMITH, Dichorragia 128	novohibernicus ROTHSCHILD, Papilio 44

nox SWAINSON, Tros **25**, 24
nox BUTLER, Euploea 91
nudelsa STICHEL, Colaenis 112
numida HÜBNER, Clothilda **124**, 236
numillia CRAMER, Catonephele **112**, 120
nurinissa NICÉVILLE, Stichophthalma **86**, 99
nyassae BUTLER, Graphium **55**, 53
nyctelius DOUBLEDAY, Euripus 127
nyikanus ROTHSCHILD & JORDAN, Papilio .. 33
Nymphalidae **102-129**, 109-140
nymphodorus FRUHSTORFER, Papilio 40
nyx NICÉVILLE, Tros 24

O

obiana FRUHSTORFER, Valeria 71
obidonus STAUDINGER, Agrias 139
obidonus FRUHSTORFER, Morpho 101
obina FRUHSTORFER, Appias 70
oblongomacula GOEZE, Troides 19
obrinus LINNÉ, Nessaea **119**, 129
obsolescens ROTHSCHILD, Papilio 44
obsoleta FRUHSTORFER, Euthalia 132
occidentalis FELDER, Morpho 107
occidentalis MARTIN, Papilio 41
occulta BUTLER, Euploea 91
oceani DOHERTY, Papilio 45
ochracea FASSL, Prepona 122
octavia BATES, Morpho 103
octaviae SNELLEN, Valeria 72
odana GODART, Thaumantis **88**, 100
odenatus WESTWOOD, Papilio 32
odilia FRUHSTORFER, Yoma **110**, 118
offaka FRUHSTORFER, Taenaris 98
ogamidakensis KANDA, Papilio 39
olga ESCHSCHOLTZ, Cepora 73
olivacea GROSE-SMITH, Euploea 90
onca FRUHSTORFER, Delias 60
opalescens BUTLER, Colotis 75
ophidicephalus OBERTHÜR, Papilio 34
Opsiphanes **83**, 96
orbignyanus LUCAS, Priamides 29
orbona BOISDUVAL, Appias **64**, 69
orientalis GODART, Libythea 141

orientalis ROMANOV, Papilio 32
orientalis STAUDINGER, Colias 65
orientis WNUKOWSKY, Colias 64
orion FABRICUS, Historis **114**, 123
orise BOISDUVAL, Dismorphia **69**, 79
oritas GODMAN & SALVIN, Papilio 43
orleans OBERTHÜR, Parnassius **7**, 10
ormenus GUÉRIN, Papilio **46**, 43
ornata FRUHSTORFER, Euploea 91
ornata FRUHSTORFER, Morpho 107
Ornithoptera **11**, 14
orsipus GODMAN & SALVIN, Papilio 41
orsua GODMAN & SALVIN, Battus **29**, 29
ostara RÖBER, Metamorpha 114
osyris FELDER, Priamides 29
othello GROSE-SMITH, Papilio 43
ouida MOORE, Dodona **131**, 142
ouma DOGN, Perisama 119
oveido GUNDLACH, Papilio 31
oxyartes FRUHSTORFER, Papilio 41
ozolia FRUHSTORFER, Appias 71

P

padanganns ROTHSCHILD, Tros 26
pagenstecheri FRUHSTORFER, Delias 61
paksha FRUHSTORFER, Cethosia 115
palaeno LINNÉ, Colias **63**, 65
palamedes DRURY, Papilio **32**, 33
palauensis FRUHSTORFER, Hypolimnas 117
palawana MOORE, Adolias 134
palawanica STAUDINGER, Appias 70
palawanica STAUDINGER, Delias 60
palawanicus FRUHSTORFER, Euripus 127
palaya FRUHSTORFER, Dodona 142
palembanganus ROTHSCHILD, Tros 24
palephates WESTWOOD, Chilasa 35
pales FELDER, Lycorea **75**, 88
palinulus FABRICIUS, Papilio **42**, 40
pallida RÖBER, Anthocaris 76
palliolata FRUHSTORFER, Ageronia 121
pamphaga KIRSCH, Taenaris 98
pamphanis DOUBLEDAY, Penetes **82**, 96
pamsi SALVIN, Pieris 58

Panacea	119, 130	pelias FRUHSTORFER, Morpho	106
panamense OBERTHÜR, Graphium	56, 54	pellucida WEYMER, Ithomia	75, 87
pancheia FRUHSTORFER, Appias	70	pelodulus BUTLER, Papilio	34
panda GODART, Appias	64, 69	pelopidas OBERTHÜR, Graphium	56
pandecta STAUDINGER, Delias	59	pelurius FRUHSTORFER, Dichorragia	128
pandion WALLACE, Papilio	46, 44	Penetes	82, 96
pandione HÜBNER, Appias	64, 71	penthesilea CRAMER, Cethosia	107, 114
Panlimnas	74, 85	penthia HEWITSON, Catonephele	112, 120
panope LINNÉ, Chilasa	35, 36	Pentila	132, 144
panope WESTWOOD, Chilasa	35	perakana FRUHSTORFER, Amnosia	93
panopius STAUDINGER, Chilasa	35	peranthus FABRICIUS, Papilio	44, 42
pantherate MARTIN, Clothilda	124, 136	peregrinata DILLON, Catagramma	120
panwila FRUHSTORFER, Thaumantis	100	perenna DOUBLEDAY, Acraea	104, 111
Papilio	29,30,34,36,38,39-50,57, 29,30,35-47,55	Pereute	60, 59
Papilionidae	1-58, 1-56	periboea GODART, Delias	61, 61, 62
papuensis WALLACE, Troides	19	pericles HEWITSON, Agrias	128, 138
paradiseus STAUDINGER, Troides	13, 16	peridromia	112, 121
paradoxa ZINKEN, Chilasa	35, 36	Perisama	111, 119-120
paralekta HORSFIELD, Kallima	117, 126	perlucidus FRUHSTORFER, Papilio	45
paralius ROTHSCHILD & JORDAN, Priamides	29	perrhebus BOISDUVAL, Priamides	28, 27
Paramita FRUHSTORFER, Thaumantis	100	Perrhybris	60, 59
Paranticopsis	54, 50	perseus CRAMER, Morpho	90, 102
Pararge	78, 92	peruncta FRUHSTORFER, Perrhybris	59
Parathyma	121, 132, 133	peruvianus FELDER, Heliconius	109
parcesquamata ROSEN, Papilio	47	petilia STOLL, Danaus	74, 85
pardalis MOORE, Adolias	133	petreus CRAMER, Marpesia	106, 113
parhassus VINS, Salamis	110, 118	petronia FRUHSTORFER, Amnosia	93
Parides	28, 28	petronius FRUHSTORFER, Tros	24
parinda MOORE, Papilio	44	pfeifferae FELDER, Euripus	127
paris LINNÉ, Papilio	41, 40	phaenareta SCHALLER, Euploea	89
parisa DOUBLEDAY & HEWITSON, Didonis	121	phaenarete BOISDUVAL, Euploea	76, 88
Parnassius	6, 5, 12	phaeton LUCAS, Papilio	36, 36
parthenope WALLACE, Delias	59	phalcidon HEWITSON, Agrias	128, 138
Parthenos	119, 129	phaloë GODDART, Ascia	58
parva TALBOT, Delias	60, 59	phaluke DRUCE, Poritia	145
pastazza STAUDINGER, Catagramma	111, 118	phalusco SUFFERT, Papilio	34
patianus FRUHSTORFER, Tros	24	phanodemus HEWITSON, Morpho	101
paulista FRUHSTORFER, Morpho	103	phare DRUCE, Poritia	145
paupera STAUDINGER, Euploea	89	pharetia FRUHSTORFER, Ascia	58
pausanias HEWITSON, Graphium	35, 36	phariensis AVINOV, Parnassius	11
payeni BOISDUVAL, Graphium	51, 48	pheridamas CRAMER, Prepona	113, 121
peeroza MOORE, Papilio	39	phicomone ESPER, Colias	63, 66
peirene FRUHSTORFER, Delias	60	phila FRUHSTORFER, Prepona	121
peleides KOLLAR, Morpho	93, 103	philea LINNÉ, Phoebis	70, 82
peleus RÖBER, Morpho	103	philenor LINNÉ, Battus	29, 29

philippa FABRICIUS, Zerene 80	Polygrapha **114**, 123
philippensis BUTLER, Hypolimnas 117	polyidos FRUHSTORFER, Morpho 101
philippensis FRUHSTORFER, Doleschallia 126	polymena FELDER, Hypolymnas 116
philippensis FRUHSTORFER, Euthalia 129	polymnestor CRAMER, Papilio **47**, 44
philippensis FRUHSTORFER, Parthenos 130	polynice CRAMER, Rhinopalpa **107**, 115
philippina STAUDINGER, Libythea 141	polyphemus DOUBLEDAY & HEWITSON, Morpho
philippus SEMPER, Tros 25	.... **91**, 102
philippus WALLACE, Papilio 41	polyphemus OBERTHÜR, Loxerebia **78**, 92
philodice GODART, Colias **63**, 65	polytes BOISDUVAL, Papilio **39**, 38
philolaus BOISDUVAL, Graphium **26**, 25	polytes LINNÉ, Papilio 46
philomela ZINEKEN, Danaus 86	polytrophus ROTHSCHILD & JORDAN, Papilio..32
phlegra FRUHSTORFER, Dodona 142	Polyura **115**, 124
Phocides **132**, 144	polyxena CRAMER, Charaxes **115**, 123
Phoebis **70**, 81	polyxena MEERBURGH, Eryphanis **84**, 97
phoebus FABRICIUS, Parnassius **7**, 7	pomona FABRICIUS, Catopsilia **69**, 80
phoenissa KALCHB, Anthocaris 75	pompilius FRUHSTORFER, Graphium 50
phorcas CRAMER, Papilio **32**, 33	Poritio **132**, 145
phraatica HEWITSON, Poritia 145	porphyrians OBERTHÜR, Papilio 38
phrontis DE NICÉVILLE, Graphium 50	porsenna CRAMER, Delias 59
phryxe BOISDUVAL, Aporia **59**, 57	portia FRUHSTORFER, Euploea 89
picra LINNÉ, Haetera **79**, 93	portis HÜBNER, Morpho **94**, 104
Pierella **79**, 93	pooseidon DOUBLEDAY, Troides 14
Pieris **59**, 57	praecox FRUHSTORFER, Troides 20
Pinacopteryx **69**, 80	praeneste HEWITSON, Prepona **127**, 138
pindarus FRUHSTORFER, Morpho 102	praenestina FRUHSTORFER, Prepona 138
piratica SEMPER, Euthalia 132	praeusta LEECH, Pararge **78**, 92
Pieridae **59-71**, 57-83	prasinus ROTHSCHILD & JORDAN, Graphium..36
pishuna FRUHSTORFER, Thaumantis 100	pratipa FELDER, Doleschallia 126
pisidice GOODMAN & SALVIN, Graphium 49	prattorum JOICEY & TALBOT, Troides 17
pixe BOISDUVAL, Lymnas **131**, 142	Precis **110**, 117
plagiatus ROTHSCHILD, Tros 27	Prepona **113**, **127**, **121**, 138
plana BUTLER, Appias 71	Priamides **28**, 27-30
plateni STAUDINGER, Troides **20**, 19	priamus LINNÉ, Troides **11**, 14
platenius FRUHSTORFER, Papilio 47	princeps FIXSEN, Sephisa **118**, 128
platydema ROTHSCHILD & JORDAN, Hypolimnas	Prioneris **60**, 60
.... **108**, 115	procilla HEWITSON, Panacea **119**, 130
plausibilis FRUHSTORFER, Agrias 138	procris CRAMER, Limenitis **120**, 131
plexippus LINNÉ, Danaus **74**, 85	prometheus KOLLAR, Caligo **81**, 95
plisthenes FELDER, Graphium 52	prominens JOICEY & TALBOT, Troides 16
poeta OBERTHÜR, Parnassius 11	pronomus GRAY, Troides 14
poliographus MOTSCHULSKY, Colias 67	propinquus ROTHSCHILD, Troides 19
polydaemon MATHEW, Tros 27	Proteides **132**, 145
Polydorus **26-27**, 24-26	Protogonius **106**, 113
polydorus LINNÉ, Tros **27**, 26	provincialis KHEIL, Parnassius 6
polyeuctes DOUBLEDAY, Tros **27**, 26	prunosa MOORE, Abisara 143

pryeri ROTHSCHILD, Papilio	45
pseudegina WESTWOOD, Acraea	104, 111
pseudonireus FELDER, Papilio	33
pseudosimilis VAN EECKE, Danaus	73, 85
psidii LINNÉ, Aprotopos	88
psittacus FRUHSTORFER, Euthalia	129
psyche FELDER, Morpho	104
Pteronymia	75, 87
publilius FRUHSTORFER, Papilio	47
pudicis FRUHSTORFER, Morpho	103
pulchra BUTLER, Hypolimnas	117
punchi BANG-HAAS, Tros	26
puniceus BUTLER, Colotis	69, 81
puziloi ERSCHOV, Lühdorfia	3, 2
Pyrrhogyra	116, 125
Pyrrhosticta	36, 36, 37

Q

quadridentatus BUTLER, Protogonius	106, 113
queenslandicus ROTHSCHILD, Tros	27

R

raddei BREMER, Papilio	39
Radena	73, 86
rajah FELDER, Euthalia	120, 130
rama MOORE, Libythea	131, 143
ramaceum WESTWOOD, Graphium	51
ramsayi MOORE, Euploea	90
Ravadeba	73, 85
redtembacheri WEYMER, Euploea	76, 89
reducta RÖBER, Ghlorippe	125, 136
regalis STICHEL, Tithorea	75, 87
reginae SALVIN, Troides	13
regis ROTHSCHILD, Troides	10, 13
regulus LE CERF, Melindopsis	35
rex OBERTHÜR, Melindopsis	34, 34
rhadamantus LUCAS, Troides	20, 19
Rhaphicera	78, 92
rhetenor CRAMER, Morpho	95, 104
rhetenor WESTWOOD, Papilio	50, 47
Rhinopalpa	107, 115

rhodifer BUTLER, Tros	25
rhodope FABRICIUS, Mylothris	66, 72
rhodoptera BUTLER, Perisama	111, 119
richardus FRUHSTORFER, Morpho	102
richmondius GRAY, Troides	15
richthofeni BANG-HAAS, Parnassius	6, 5
robus JORDAN, Tros	26
roepstorffi WOOD-MASON, Hebomoia	83
rogersi HEWITSON, Acraea	104, 112
romanovi GRUM-GRSCHIMAJLO, Parnassius	9
romanovi GRUM-GRSCHIMAJRO, Colias	63, 64
romulus CRAMER, Papilio	46
rosselanus ROTHSCHILD, Papilio	44
rosselliana ROTHSCHILD, Delias	60
rossi GUÉRIN, Colias	66
rothschildi FRUHSTORFER, Stibochiona	128
rothschildi KENRICK, Troides	17
rubellius GROSE-SMITH, Heliconius	110
rubescens ELTRER, Acraea	112
rubianus ROTHSCHILD, Troides	13
rubicundus FRUHSTORFER, Papilio	47
rubicundus STICHEL, Parnassius	12
rubra STAUDINGER, Archon	4, 4
rubrosignatum ROTHSCHILD, Graphium	52
ruficollis BUTLER, Troides	21
rumanzovia ESCHSCHOLTZ, Papilio	48, 45
rumina LINNÉ, Zerynthia	4, 3
rurina FELDER, Phoebis	70, 82
ruscoei BRYK & KRÜGER, Papilio	33
russeus FRUHSTORFER, Zaretes	126
rutulus LUCAS, Papilio	29, 30
ruvanella FRUHSTORFER, Hestinalis	127

S

sabella FRUHSTORFER, Ascia	58
sabrina FRUHSTORFER, Pereute	60, 59
sachalinensis MATSUMURA, Colias	65
sagittatus FRUHSTORFER, Troides	19
sagittiger FRUHSTORFER, Graphium	51
sahlkei HONRATH, Agrias	139
sajana RÖBER, Anthocaris	75
sakita RIBBE, Erionota	145
sakontala MOORE, Argynnis	113

sakota FRUHSTORFER, Euthalia 130	seitzi FRUHSTORFER, Parathyma 132
salambo GROSE-SMITH, Acraea 112	Selenides STAUDINGER, Taenaris 98
Salamis 117, 110, 127, 118	selessana FRUHSTORFER, Parathyma 133
salentia HOPFFER, Parthenos 130	seleucida HEWITSON, Caligopsis 84, 97
Saletara 64, 69	semifasciatum HONRATH, Graphium 53
salia MOORE, Euthalia 121, 132	seminigra FRUHSTORFER, Delias 61
salmacis DRURY, Hypolimnas 108, 115	semlikana LE CERF, Papilio 34
salomonis RIBBE, Euploea 90	semperi MOORE, Appias 64, 70
salomonis ROTHSCHILD, Graphium 52	sennae LINNÉ, Phoebis 70, 81
Salpinx 77, 91	Sephisa 118, 128
samatha MOORE, Eriboea 124	septentrionalis ROTHSCHILD, Tros 27
sambilanga DOHERTY, Tros 25	septentrionalis VERITY, Parnassius 10
samson NIEPELT, Troides 17	serapis BOISDUVAL, Priamides 29
sanatonis LUCAS, Proteides 132, 145	Sericinus 4, 5
santa-marthae JOICEY & TALBOT, Graphium .. 56	serville GODART, Graphium 54
santana MOORE, Curetis 131, 143	sesostris CRAMER, Priamides 28, 28
sapho DRURY, Heliconius 103, 109	severina STOLL, Anapheis 69, 80
sara BOISDUVAL, Anthocaris 76	shelfordi FRUHSTORFER, Danaus 74, 86
sara EVANS, Aporia 57	siamensis FRUHSTORFER, Parathyma 133
sara FRUHSTORFER, Agrias 137	siamensis TALBOT, Delias 59
Sarbia 132, 144	sibiricus NORDMANN, Parnassius 6
sardanaparus BATES, Agrias 126, 137	Siderone 112, 121
sareptenis STAUDINGER, Colias 66	siegfriedi BRYK, Parnassius 8
sarpedon LINNÉ, Graphium 55, 54	significans FRUHSTORFER, Papilio 39
Sasakia 134	sikkimensis ELWES, Parnassius 11
satakei MATSUMURA, Papilio 39	sikyon FRUHSTORFER, Opsiphanes 83, 96
satricus DOUBLEDAY, Rhaphicera 78, 92	simulator RÖBER, Heliconius 109
saturata MOORE, Abisara 143	sinensis VERITY, Colias 67
saturnus GUÉRIN, Papilio 46	sinensium OBERTHÜR, Limenitis 121, 133
Satyridae 78-79, 92-95	siporanus HAGEN, Papilio 46
saurites FRUHSTORFER, Ageronia 121	sirene NIEPELT, Morpho 94, 104
saussurei GUÉRIN, Perisama 111, 119	sisygambis FRUHSTORFER, Didonis 121
sayii EDWARDS, Parnassius 7	smintheus DOUBLEDAY, Parnassius 7, 7
schedeli FRUHSTORFER, Abisara 139, 143	Smyrna 119, 129
schenkii KOCH, Danaus 73, 85	solokanus FRUHSTORFER, Tros 24
schmanni SUFF, Myrothris 72	solonensis BANG-HAAS, Parnassius 8
Schoenbergia 13-16, 16-17	sonani MATSUMURA, Troides 22, 20
schönbergi SEMPER, Appias 69	soracta MOORE, Aporia 59, 57
schrenckii MÉNÉTRIÉS, Bremeria 125, 137	sorana GODART, Catagramma 111, 119
schultzei AURIVILLIUS, Melindopsis 34	sorronga FRUHSTORFER, Taenaris 98
schulzi RIFFARTH, Heliconius 103, 111	sparta NICÉVILLE, Stichophthalma 87, 99
scipio FELDER, Morpho 102	spatiosa MABILL, Euphaedra 124, 135
scudderi REAKIRT, Colias 65	speciosa RÖBER, Catagramma 118
scudderii BUTLER, Euploea 89	spilotia ROTHSCHILD, Troides 19
segonax GODMAN & SALVIN, Graphium 49	spinosa STICHEL, Bhutanitis 1

spintharus FRUHSTORFER, Eryphanis 97
sramana FRUHSTORFER, Euthalia 132
standfussis BRYK, Parnassius 8
statia FRUHSTORFER, Euploea 89
staudingeri ROTHSCHILD, Charaxes **115**, 123
Stibochiona **118**, 128
stichius HÜBNER, Papilio 46
Stichophthalma **86, 87**, 99
stiris JORDAN, Graphium 49
stolli WEYMER, Euploea **76**, 89
stratonice FELDER, Rhinopalpa 115
streckeri GRUM-GRSCHIMAJRO, Colias 66
stresemanni ROTHSCHILD, Graphium 48
strigosa STAUDINGER, Zaretes **117**, 126
stubbendorfi MÉNÉTRIÉS, Parnassius **7**, 8
subarctica MCDUNNOUGH, Colias 66
subclathratus FRUHSTORFER, Papilio 45
subcurvata FRUHSTORFER, Parathyma 133
sublineata SCHAUS, Ascia 58
subnubila LEECH, Delias **60**, 59
subrata MOORE, Parathyma 132
subratina FRUHSTORFER, Parathyma 132
succulenta STICHEL, Zeuxidia 100
sudanensis TALBOT, Belenois 74
suffusa LEECH, Stichophthalma **87**, 100
sugitanii ESAKI, Colias 65
sulaensis STAUDINGER, Troides 18
sulana FRUHSTORFER, Caligo 95
sulitelma AURIVILLIUS, Colias **63**, 64
sulkowskyi KOLLAR, Morpho **94**, 104
sulphurea WALLACE, Hebomoia 83
sulphurescens HAENSCH, Mechanitis 88
suluana FRUHSTORFER, Euthalia 132
sumatranus HAGEN, Troides 21
sumatranus HAGEN, Tros 26
sumatranus MOORE, Danaus **74**, 86
sumatrensis FRUHSTORFER, Euripus 127
sumatrensis FRUHSTORFER, Parthenos 130
sumbawana FRUHSTORFER, Valeria 72
sumbawana MARTIN, Cyrestis 114
superba BATES, Victorina **107**, 114
superba GRUM-GRSCHIMAJLO, Parsassius .. 12
superba LEECH, Helcrya 137
superbus STAUDINGER, Cyrestis 114
supremus RÖBER, Troides **15**, 17

susarion FRUHSTORFER, Morpho 101
suya MOORE, Loxura 144
sylla DONOVAN, Parthenos 130
sylvia GODART, Parthenos **119**, 129
sylvicola BOISDUVAL, Leptosia 75
syphanius OBERTHÜR, Papilio **44**, 42
syra VERITY, Anthocaris 76

T

tabaquita KAYE, Graphium 36
Taenaris **85**, 98
tagalica FELDER, Curetis **131**, 143
tagaste FELDER, Leodonta 71
taipaischana VERITY, Anthocaris 75
taiwana PARAVICINI, Gonepteryx **68**, 78
takacukai SEOK, Dilipa **125**, 137
takamukui MATSUMURA, Helcyra 137
talauta FRUHSTORFER, Hypolimnas 116
taloranum JORDAN, Graphium 49
tamarindi C. & R. FELDER, Opsiphanes .. **83**, 96
tamilana MOORE, Papilio 40
tarquinius BOISDUVAL, Piramides 28
tartarus AUSTANT, Parnassius 8
Tatochila **64**, 69
taurica REBEL, Colias 64
taurica STAUDINGER, Gonepteryx 79
Taygetis **79**, 94
Teinopalpus **58**, 56
telamon DONOVAN, Sericinus **5, 4**, 5
telamonides FELDER, Graphium 31
Telchinia **104**, 111
telearchus HEWITSON, Chilasa 36
telegonus FELDER, Papilio 41
telemachus MONTROUZIER, Papilio 41
telesicles FELDER, Chilasa **35**, 36
telesilaus FELDER, Graphium **56**, 54
telesippe GRÜNBERG, Pentila **132**, 144
Tellervo **75**, 88
tellonus FRUHSTORFER, Papilio 46
telmona GRAY, Sericinus **5**, 5
temerinda HEWITSON, Heliconius 110
tenuifasciatus NEUSTETTER, Heliconius 110
Teracolus **67**, 75

terenzius FRUHSTORFER, Opsiphanes	96
Terias	**67, 76**
termessus FRUHSTORFER, Tros	**27,** 26
terrestris BUTLER, Morpho	107
teucrus JOICEY & TALBOT, Troides	15
teuta MOORE, Euthalia	**121,** 132
thaema FRUHSTORFER, Taenaris	98
thaidina BLANCHARD, Bhutanitis	**3, 1**
thaiwanus ROTHSCHILD, Papilio	47
thamyris FELDER, Morpho	104
thargalia FRUHSTORFER, Danaus	86
Thaumantis	**88,** 100
thearida FRUHSTORFER, Ageronia	121
thebais FELDER, Siderone	**112,** 121
thebais FRUHSTORFER, Prepona	122
Thecla	**132,** 145
theia FRUHSTORFER, Idea	84
thelestris ILLIGER, Phoebis	82
thelios GRAY, Priamides	**28,** 28
themis HÖBNER, Euphaedra	**124,** 135
theoda FRUHSTORFER, Limenitis	130
theorini AURIVILLIUS, Graphium	**55,** 54
thermesia GODART, Dismorphia	**66,** 73
thermesina HOPFFER, Dismorphia	73
thersander FABRICIUS, Papilio	33
theseus DEYROLLE, Morpho	101
thesprio OBERTHÜR, Acraea	111
thessalia SWINHOE, Tros	27
theugenis DOUBLEDAY, Dismorphia	**67,** 77
thia MORRIS, Diorina	**131,** 142
thiasus FRUHSTORFER, Morpho	**90,** 101
thibetana OBERTHÜR, Anthocaris	75
thibetanus LEECH, Parnassius	12
thibeticus OBERTHÜR, Troides	20
thira FRUHSTORFER, Libythea	143
thoantiades BURMEISTER, Papilio	31
thoas LINNÉ, Papilio	**30,** 30
thomasium LE CERF, Graphium	56
thomasius STAUDINGER, Charaxes	125
thomensis AURIVILLIUS, Hypolimnas	115
thomsonii BATES, Troides	**21,** 20
thor EDWARDS, Parnassius	11
thracina BURESCH, Archon	4
thrasymedes FRUHSTORFER, Papilio	39
thrax LINNÉ, Erionota	**132,** 145
thunbergi SIEBOLD, Papilio	45
thyastes DRURY, Graphium	54
thymbraeum BOISDUVAL, Graphium	**57,** 57
thyra FRUHSTORFER, Delias	59
tianschanicus OBERTHÜR, Parnassius	**8,** 12
tibullus KIRBY, Papilio	32
tilaha HORSFIELD, Terias	**67,** 76
timorense ROTHSCHILD, Graphium	53
timorica GROSE-SMITH, Danaus	**73,** 85
tiridates CRAMER, Charaxes	**116,** 125
Tisiphone	**78,** 93
tissaphernes FRUHSTORFER, Papilio	40
titan FRUHSTORFER, Parnassius	5
titan GROSE-SMITH, Troides	17
titania JORDAN, Papilio	45
tithonus DE HAAN, Troides **14, 16, 16,**	17
Tithorea	**75,** 87
titio STICHEL, Colaenis	112
toealensis ROTHSCHILD, Graphium	49
tonkiniana FRUHSTORFER, Cyrestis	114
tonkiniana FRUHSTORFER, Delias	59
tonkiniana FRUHSTORFER, Stichophthalma ..	100
tonkinianus FRUHSTORFER, Abisara	143
trajanus FRUHSTORFER, Agrias	139
transcaspica CHRISTOV, Colias	64
transiens FRUHSTORFER, Papilio	42
treitschkei BOISDUVAL, Euploea	**77,** 89
Trepsichrois	**76,** 90
tribonia FRUHSTORFER, Kallima	126
trinitatis RÖBER, Protogonius	113
trinitatis SEITZ, Helicopis	143
tristis STAUDINGER, Eryphanis	97
tritaea C. & R. FELDER, Valeria	**65,** 72
triumphator FRUHSTORFER, Papilio	39
trogon SNELLEN VAN VOLLENHOVEN, Troides	17
Trogonoptera **17-18,** 17-18
Troides	**10,** 13-21
troilus BUTLER, Cressida	**9,** 13
troilus LINNÉ, Papilio	**29,** 30
trojanus RÖBER, Morpho	102
trojanus STAUDINGER, Troides	**17,** 17
trophonissa AURIVILLIUS, Papilio	32
Tros **25-27,**	21-27
truentus FRUHSTORFER, Hypolimnas	116
tryphon FRUHSTORFER, Agrias	139

tsinglingica VERITY, Aporia 58
tsingtaua BANG-HAAS, Parnassius 8
tutanus FENTON, Papilio **40**, 39
tutationis FRUHSTORFER, Lamproptera 49
tynderaeus FABRICIUS, Graphium **55**, 54
typhaon ROTHSCHILD, Troides 19
typhlis FRUHSTORFER, Hypolimnas 116
typica BRYK, Parnassius 8
tyrias FRUHSTORFER, Prepona 122

U

ulysses LINNÉ, Papilio **43**, 41
umanum ROTHSCHILD, Graphium 56
undifragus FRUHSTORFER, Limenitis 131
unibrunnea SALVIN & GODMAN, Euploea 89
unocellata WEYMER, Haetera 93
uraeus ROTHSCHILD & JORDAN, Eriboea .. 124
uralensis MÉNÉTRIÉS, Parnassius 7
uranus H.-SCHÄFFER, Caligo 96
uranus WEYMER, Papilio 46
ursula BUTLER, Euploea **77**, 89
urvillianus GUÉRIN, Troides **12**, 15
usambara AURIVILLIUS, Nepheronia **66**, 73

V

vadus FRUHSTORFER, Appias 71
Valeria **65**, 71-72
valeria CRAMER, Valeria **65**, 71
valeria SIVE, Colias 65
vandeventeri FORBES, Euploea 89
vanillae LINNÉ, Dione **105**, 112
vaninka HEWITSON, Perisama 120
vaporosus AVINOV, Parnassius 9
varus FRUHSTORFER, Tros 27
vashti BUTLER, Amauris **73**, 84
vauticri GUÉRIN, Colias 67
vegelii HEYLAERTS, Danaus 86
velox GRANT, Charaxes 125
velzanor FRUHSTORFER, Troides 19
venus STAUDINGER, Heliconius 111
verhuelli HOEVEN, Dercas **65**, 72

verhuelli MOORE, Euploea 89
vermiculata BUTLER, Euploea 91
versteegi EECKE, Taenaris 98
vesper LE CERF, Papilio 34
vespera BANG-HAAS, Colias 63
vestina FRUHSTORFER, Yoma 118
veyana FRUHSTORFER, Euthalia 132
victoriae GRAY, Troides **10**, 13
Victorina **107**, **124**, 114, 136
vilcanotus ROTHSCHILD & JORDAN, Papilio .. 37
vinningensis STICHEL, Parnassius 6
violaceus FRUHSTORFER, Morpho **92**, 103
violae FABRICIUS, Telchinia **104**, 111
virens MOORE, Parthenos 130
virginiana HEWITSON, Hyposcada **75**, 87
viridicans FRUHSTORFER, Limenitis 130
viridifascia BUTLER, Dismorphia 77
viridis BUTLER, Euploea 90
visenda BUTLER, Euploea **77**, 91
vistara FRUHSTORFER, Troides 21
vitrina FELDER, Danaus 86
vossi MAITLAND, Hebomoia 83

W

wahlbergi WALLENGREN, Hypolimnas 117
waigeuensis ROTHSCHILD, Troides 16
walkeri MOORE, Lamproptera 49
wallacei FELDER, Euploea **77**, 90
wallacei HEWITSON, Graphium **55**, 52
wallacei REAKIRT, Heliconius **103**, 109
wallacei ROTHSCHILD, Delias 60
wartii BOISDUVAL, Eryphanis 97
websteri GROSE-SMITH, Papilio 43
weiskei RIBBE, Graphium **53**, 48
welwitschi ROGENHEIM, Belenois 74
werdandi ZETTERSTEDT, Colias 66
werenickei STAUDINGER, Heliconius 110
wernickei RÖBER, Metamorpha **106**, 114
westwoodi STAUDINGER, Taenaris **85**, 98
wetterensis ROTHSCHILD, Tros **27**, 27
whiteheadi GROSE-SMITH, Appias 71
whiteheadi GROSE-SMITH, Euthalia 129
wilemani JORDAN, Delias **60**, 59, 60

wilhelma RÖBER, Stichophthalma 100
wosnesenskii MÉNÉTRIÉS, Parnassius 11

X

xanthippus STAUDINGER, Agrias 138
xenarchus FRUHSTORFER, Prepona **113**, 122
xenoclides FRUHSTORFER, Graphium 50
xenocles DOUBLEDAY, Graphium **54**, 50
xisuthrus NIEPEPLT, Graphium 37
xynias HEWITSON, Graphium **35**, 37

Y

yamazakii SONAN, Appias 70
yantiva FRUHSTORFER, Thaumantis 100
yaritanus FRUHSTORFER, Morpho 101
yilma FRUHSTORFER, Loxura **131**, 144
Yoma **110**, 118

Z

zagreus DOUBLEDAY, Papilio **34**, 35
zalmoxis HEWITSON, Druryia **52**, 48

zampa WESTWOOD, Euphaedra 135
zanekoides NICÉVILLE, Gonepteryx 78
zanoa HEWITSON, Bremeria 136
Zaretes **117**, 126
zarinda BOISDUVAL, Appias 70
zayla DOUBLEDAY, Limenitis **123**, 134
zela FRUHSTORFER, Morpho 103
zelicaon LUCAS, Papilio **29**, 29
zelinde BUTLER, Heliconius 110
zemblica VERITY, Colias 67
zenobia FABRICIUS, Papilio **31**, 32
zenobia FELDER, Leodonta **64**, 71
zenobina HOPFFER, Leodonta 71
zenodorus HEWITSON, Agrias **130**, 139
zephyritis BUTLER, Morpho **94**, 104
Zerene **69**, 80
Zerynthia **4**, 2
zestos GRAY, Priamides 28
Zethera **77**, 93
zethus WESTWOOD, Zaretes 126
Zeuxidia **88**, 100
zoega HEWITSON, Lymnas 142
zoilus FABRICIUS, Tellervo **75**, 88

索 引

(数字の太字は原色図版を示し,細字は頁数を示す)

ア

アオイチモンヂ……………………123—134
アオオビイチモンジ………………120—130
アオオビジャノメタテハ……………78— 93
アオキノハタテハ…………………119—129
アオジャコウアゲハ…………………29— 29
アオスジアゲハ………………………55— 53
アオトガリシロチョウ………………64— 69
アオネアゲハ…………………………44— 42
アオネオオセセリ…………………132—145
アオフタオチョウ…………………116—125
アオメダマチョウ……………………85— 98
アカウラギンシジミ………………131—143
アカエリトリバネアゲハ……………17—17, 18
アカキチョウ…………………………67— 76
アカスジドクチョウ………………103—110
アカネアゲハ…………………………48— 45
アカネシロチョウ……………………60— 58
アカネタテハ………………………111—119
アカネマダラシロチョウ……………60— 60
アカヘリタテハ……………………112—121
アカホシイナズマ…………………118—128
アカボシウスバシロチョウ……………7— 8
アカマダラヒカゲ……………………78— 92
アカマダラホソチョウ……………104—111
アキレスモルフォ……………………92—102
アキレナモルフォ……………………92—103
アゲシラウスオナガタイマイ………57— 55
アゲテスオナガタイマイ……………53— 50
アゲハチョウ科……………………1～58—1～56
アケボノアゲハ………………………25— 24
アケボノタテハ……………………119—129
アサギシロチョウ……………………65—71, 72
アサギタテハ………………………106—114
アトキホソチョウ…………………104—112
アトグロキチョウ……………………67— 76
アトグロドクチョウ………………103—110
アナクシビアモルフォ………………98—105, 106
アフリカシロチョウ…………………69— 80
アフリカトガリシロチョウ…………64— 69
アフリカヒメシロチョウ……………67— 75
アフリカマダラタイマイ……………57— 56
アポロウスバシロチョウ………………6— 5
アポロニウスウスバシロチョウ………6— 6
アマトンテモルフォ………………102—108
アミドンアグリアス………………130—139, 140
アメリカウスバシロチョウ……………7— 7
アメリカオオキチョウ………………70— 82
アメリカキアゲハ……………………29— 29
アメリカコムラサキ………………125—136
アメリカタテハモドキ……………110—117
アメリカテングチョウ……………131—141
アメリカモンキチョウ………………63— 65
アリステウスアゲハ…………………36— 37
アルカスジャコウアゲハ……………28— 28
アルゼントーナベニモンシロチョウ…61, 62—61, 62
アレクサンドラアゲハ…………………1— 1
アンキセスマエモンジャコウ………28— 28
アンデススジグロチョウ……………64— 69
アンフリススキシタアゲハ…………23— 21

イ

イチモンジイナズマ………………121—132
イチモンジコムラサキ……………121—136
イスモンキチョウ……………………69— 80
イランアゲハ……………………………4— 3
イワサキコノハ……………………117—126

ウ

ウサンバラシロチョウ………………66— 73
ウスアオシンジュタテハ…………110—118
ウスアオボカシタテハ……………124—135
ウスイロフタオチョウ……………115—124
ウスイロメダマチョウ………………85— 98
ウスイロワモンチョウ………………86— 99
ウスキシロチョウ……………………69— 80
ウスキタテハ………………………119—129
ウスキトガリシロチョウ……………64— 69
ウスキヒメアサギマダラ……………74— 86
ウスキマダラ…………………………73— 85
ウスグロオナガタイマイ……………56— 55
ウスグロシロオビマダラ……………77— 91
ウスグロシロチョウ…………………64— 70
ウスグロマダラ………………………77—89, 91
ウスグロマダラタイマイ……………54— 51

ウスバキチョウ	8―10, 11	オナガアカシジミ	131―144
ウスバジャコウアゲハ	9― 13	オナガコモンタイマイ	55― 53
ウスミドリタイマイ	55― 53	オナガシロオビオオヒカゲ	78― 93
ウラアカシロチョウ	66― 72	オナガタイマイ	53― 49
ウラギンアゲハ	9― 12	オナガツバメシジミタテハ	131―142
ウラギンドクチョウ	105―112	オナガフタオチョウ	116―125
ウラクロシロチョウ	61―61, 62	オナシキオビジャコウアゲハ	9― 13
ウラジロジャバシロチョウ	64― 71	オナシツバメシジミタテハ	131―142
ウラナミタテハ	114―123	オナシベニモンアゲハ	27― 26
ウラベニタテハ	119―130	オビクジャクアゲハ	42― 40
ウラマダラシロチョウ	64― 71	オビベニモンアゲハ	27― 27
ウラモジタテハ	111―119	オビモンアゲハ	49― 45
		オビモンタイマイ	55― 54
エ		オビモンフタオチョウ	115―124
エガーモルフォ	94―104	オリオンタテハ	114―123
エグリゴマダラタテハ	118―127	オルレアンウスバシロチョウ	7― 10
エサキミドリシジミ	132―145		
エレクトモンキチョウ	63―63, 64	**カ**	
		カギバアゲハ	51― 48
オ		カスリタテハ	112―121
オオアカボシウスバシロチョウ	6― 5	カスリフタオチョウ	116―125
オオアサギシロチョウ	65― 72	カナエタテハ	106―113
オオアメリカウスバシロチョウ	7― 7	カバイチモンジ	123―134
オオアメリカモンキチョウ	63― 65	カバイロコノハ	117―127
オオイナズマ	122―133, 134	カバイロゴマダラ	118―128
オオウスグロマダラ	77― 91	カバイロモルフォモドキ	82― 96
オオウラナミベニヒカゲ	78― 92	カバシタゴマダラ	118―127
オオオナガタイマイ	52― 48	カバマダラ	74― 85
オオカバタテハ	119―129	カリプソシロチョウ	66― 74
オオカバマダラ	74― 85	カルトンウスバシロチョウ	7― 9
オオクジャクアゲハ	38― 38	カルナリモンアゲハ	41― 39
オオゴマダラタイマイ	54― 51	カルミモンシロチョウ	59― 58
オオゴマダラヒカゲ	79― 93	カワカミシロチョウ	64― 70
オオサカハチアゲハ	33― 34		
オオシロモンアゲハ	33― 34	**キ**	
オオスジグロチョウ	59― 57	ギアスアゲハ	51― 47
オオチャイロイチモンジ	123―134	キイロウラスジタテハ	111―119, 120
オオトラフアゲハ	29― 30	キイロオナガタイマイ	56― 54
オオナガバセセリ	132―145	キイロコバネシロチョウ	67― 77
オオベニモンアゲハ	27― 26	キイロツマキチョウ	67― 76
オオボカシタテハ	124―135	キイロトガリバシロチョウ	67― 76
オオマエキセセリ	132―145	キオビアゲハ	29― 30
オオムラサキ	122―134	キオビイナズマ	120―130
オオムラサキアゲハ	35― 36	キオビウラジャノメ	78― 92
オオムラサキマダラ	76― 88	キオビオオセセリ	132―144
オオヤマキチョウ	68― 78	キオビテングチョウ	131―143
オオヤマミドリヒョウモン	105―113	キオビドクチョウ	104―111
オオルリアゲハ	43― 41	キオビフクロチョウ	82― 96
オオルリオビアゲハ	43― 42	キオビフタオチョウ	116―124
オオルリオビプレポナ	113―122	キオビマダラ	75― 88
オオルリフタオシジミ	132―145	キシタアゲハ	21― 20
オキナワシジミタテハ	131―143	キシタシロチョウ	66― 72
オスジロアゲハ	31― 32	キジマドクチョウ	103―109
オナガアオスジアゲハ	53― 49	キプリスモルフォ	97―105

キ

ギフチョウ	3—	2
キベリアゲハ	35—	35
キボシイチモンジ	121—	133
キマエラトリバネアゲハ	14—	16
キマダラアゲハ	32—	33
キマダラタイマイ	54—	51
キマダラドクチョウ	103—	111
キマダラマルバネアゲハ	34—	35
キララシジミ	132—	145

ク

クサビモンキシタアゲハ	24—	21
クジャクアゲハ	39—	38
クスノキアゲハ	29—	30
クモマツマキチョウ	67—	75
クモマモンキチョウ	63—	66
クラウディアアグリアス	129—	139
クラウディアスアグリアス	127—	138
クリソテーモンキチョウ	63—	67
クレオタスアゲハ	36—	36
クロオビオオゴマダラ	72—	84
クロホシウスバシロチョウ	7—	9
クロホソバシロチョウ	59—	57
クロマダラシロチョウ	60—	59
クロワモンチョウ	88—	100

コ

コウトウキシタアゲハ	22—	20
コガタオオゴマダラ	73—	84
ゴクラクトリバネアゲハ	13—	16
コケシジミ	132—	144
ゴタートモルフォ	101—	107
コツバメオオキチョウ	70—	81
コツマアカシロチョウ	67—	74
コバネシロチョウ	69—	79
コバネジャノメ	79—	94
コフクロチョウ	81—	95
コベニモンキチョウ	63—	64
ゴマダラシロチョウ	60—	59
ゴマダラヒョウモンダマシ	124—	136
ゴマダラホソチョウ	104—	112
コモンウスグロマダラ	75—	87
コモンシロマダラ	73—	84
コモンタイマイ	55—	52
コモンマダラタイマイ	54—	51
コロンブスオナガタイマイ	56—	54
ゴライアストリバネアゲハ	15—	17

サ

サイパンマダラ	77—	90
サザナミムラサキ	108—	115
サビモンキシタアゲハ	18—	18
サルダナパルスアグリアス	126—	137
ザルモクシスオオアゲハ	52—	48

シ

シジミタテハ科	131, 132—	141—144
シジミチョウ科	131, 132—	141～146
シナカラスアゲハ	44—	42
シナギフチョウ	4—	2
シナンボリアゲハ	3—	1
シナフトオアゲハ	45—	43
シナマダラヒカゲ	78—	92
シナミヤマシロチョウ	59—	58
シボリアゲハ	3—	1
シモフリタテハ	114—	122
ジャクエモンウスバシロチョウ	8—	11
ジャノメチョウ科	78～79—	92～94
ジャバシロチョウ	64—	71
ジャバベニモンシロチョウ	61, 62—	61, 62
シリアアゲハ	4—	4
シロウラスジタテハ	111—	120, 121
シロオビアオイチモンジ	123—	135
シロオビアゲハ	49—	46
シロオビコバネジャノメ	79—	93
シロオビゴマダラヒカゲ	78—	92
シロオビスカシアゲハ	53—	49
シロオビタテハ	107—	114
シロオビドクチョウ	103—	110
シロオビヒメフクロチョウ	83—	96
シロオビヒメマルバネマダラ	77—	91
シロオビマダラ	76—	89
シロオビモンキアゲハ	49—	46
シロキチョウ	67—	77
シロスジオナガセセリ	132—	145
シロタイスアゲハ	4—	3
シロタイマイ	57—	56
シロタテハ	125—	137
シロチョウ科	59～71—	57～83
シロヘリセセリ	132—	144
シロヘリドクチョウ	103—	110
シロホシジャノメ	79—	94
シロムラサキ	109—	116
シロモルフォ	91—	102
シロモンタテハ	116—	125
シロモンチビマダラ	75—	88
シロモンドクチョウ	103—	109
シロモンマダラ	74—	86
シロモンルリマダラ	77—	90

ス

スカシジャノメ	79—	93
スカシタイスアゲハ	4—	3
スカシバクロホソチョウ	104—	111
スカシマダラ	75—	87
スジグロカバマダラ	74—	86
スジグロツマムラサキシロチョウ	69—	81
スジグロベニモンシロチョウ	61—	61, 62

スミナガシ	118—128
スルコウスキーモルフォ	94—104
スルスミフタオチョウ	116—125

セ

セセリチョウ科	132—144—146
ゼノビアアゲハ	31— 32

ソ

ソトグロカバタテハ	107—115

タ

タイスアゲハ	4— 2
太陽蝶	89—101
タイワンコヤマキチョウ	68— 78
タイワンヤマキチョウ	68— 78
タカネクジャクアゲハ	38— 38
タカムクチョウ	59— 57
タスキアゲハ	30— 30
タテジマツルギタテハ	106—113
タテハチョウ科	103～130—109～140

チ

チトヌストリバネアゲハ	14—16, 16— 17
チビキチョウ	67— 77
チャイロイチモンジ	120—131
チャイロドクチョウ	105—112
チャイロトンボマダラ	75— 87
チャイロフタオチョウ	115—124
チャイロワモンチョウ	86— 99
チャマダラホソチョウ	104—111
チャバネアゲハ	31— 33

ツ

ツバメオオキチョウ	70— 82
ツバメタテハ	131—141
ツマアカシロオビタテハ	124—136
ツマアカシロチョウ	67— 74
ツマキイチモンジ	123—135
ツマキシジミタテハ	131—142
ツマキフクロチョウ	83— 96
ツマグロイシガキチョウ	107—114
ツマグロシロチョウ	60— 59
ツマグロチャイロフタオチョウ	115—123
ツマジロシジミタテハ	131—142
ツマベニチョウ	71— 82
ツマベニヤマキチョウ	68— 77
ツマムラサキシロチョウ	67— 74
ツマムラサキマダラ	76— 89
ツンドラモンキチョウ	63— 64

テ

デイダミアモルフォ	93—103
ディディウスモルフォ	102—107

テセウスモルフォ	90—101
デュポンシェルヒメシロチョウ	67— 75
テレシラウスオナガタイマイ	56— 54
テングアゲハ	58— 56
テングチョウ科	131—141
テンザンウスバシロチョウ	8— 12
テンジクアゲハ	47— 44
テンジクウスバシロチョウ	8— 11
テンジクゴマダラ	118—127

ト

トガリキチョウ	65— 72
トガリコモンアサギマダラ	73— 85
トガリシンジュタテハ	110—118
トガリバキノハ	117—127
トガリバシロチョウ	66— 73
トガリバワモンチョウ	88—100
トラフイチモンジ	121—133
トラフキアゲハ	30— 31
トラフシジミタテハ	131—142
トラフタイマイ	30— 31
トラフタテハ	119—129
トラフマダラ	75— 88
ドルーリーオオアゲハ	37— 37
トンボシロチョウ	69— 79
トンボマダラ	75— 88

ナ

ナカグロシロチョウ	67— 75
ナガサキアゲハ	47, 48— 44
ナミスジフクロチョウ	84— 97
ナルキッススアグリアス	129—139

ニ

ニジアケボノアゲハ	25— 24
ニジオビイナズマ	120—130
ニレウスアゲハ	32— 33

ネ

ネキシロチョウ	66— 72
ネフテミスジ	121—132

ハ

ハガタイナズマ	121—132
ハガタウズマキタテハ	111—119
ハガタムラサキ	108—115
パプアアゲハ	46— 44
パプアキオビコノハ	110—118
パプアモンキアゲハ	49— 46
ハレギチョウ	107—114

ヒ

ヒイロシジミ	132—144
ビクトリアアゲハ	10—13, 14

ヒトスジタイマイ	32—	34
ヒマラヤシロチョウ	59—	57
ヒメウスバシロチョウ	7—	8
ヒメウズマキタテハ	111—	120, 121
ヒメギフチョウ	3, 4—	2
ヒメコバネシロチョウ	66—	73
ヒョウモンドクチョウ	105—	112

フ

ブーテスアゲハ	50—	47
ファルキドンアグリアス	128—	138
フィリッピンキシタアゲハ	20—	19, 20
フェアリーキチョウ	67—	77
フォルカスアゲハ	32—	33
フクロチョウ	80—	95
フクロチョウ科	80〜84—	95〜97
フトオアゲハ	45—	43
フトオビアゲハ	30—	31
ブラジルオオチャバネセセリ	132—	146
ブラジルオオモンシロチョウ	59—	58

ヘ

ベーツタテハ	112—	120
ベアタアグリアス	128—	139
ベニオオキチョウ	70—	81
ベニオビシロチョウ	60—	59
ベニコノハ	112—	121
ベニコバネシロチョウ	69—	79
ベニシロチョウ	64—	70
ベニヘリシロチョウ	61—	60, 62
ベニマダラシロチョウ	61—	62
ベニモンアゲハ	26—	25
ベニモンオオキチョウ	70—	82
ベニモンキチョウ	63—	63
ベニモンクロヒカゲ	78—	93
ベニモンゴマダラシロチョウ	61—	61, 62
ベニモンシロチョウ	61, 62—	60
ベニモンタイマイ	57—	55
ベニモンホソバジャコウ	26—	26
ベニヤマキチョウ	68—	79
ヘリオピイナズマ	121—	132
ペリクレスアグリアス	128—	138
ヘリグロアサギシロチョウ	65—	71
ヘリグロホソチョウ	104—	111
ヘリコニウスタイマイ	35—	37
ヘリボシオオルリアゲハ	42—	41
ヘリボシジャコウアゲハ	28—	27
ヘリボシフタオチョウ	115—	123
ヘリボシプレポナ	113—	122
ヘリボシボカシタテハ	124—	135
ヘリモンモンキチョウ	63—	66
ペルセウスモルフォ	90—	102
ペレイデスモルフォ	93—	103
ヘレナキシタアゲハ	19—	18, 19

ホ

ボーチエルモンキチョウ	63—	67
ボカシマダラ	77—	90
ホシオビイナズマ	121—	133
ホソオツルギタテハ	106—	113
ホソオチョウ	5—	4, 5
ホソバオオゴマダラ	72—	84
ホソバシロチョウ	59—	57
ホソバジャコウアゲハ	26—	24
ホッポアゲハ	40—	39
ボルネオキシタアゲハ	24—	21
ポルチスモルフォ	94—	104

マ

マエオビジャコウアゲハ	28—	27
マエグロコバネシロチョウ	67—	77
マエモンオオヤマキチョウ	68—	79
マエモンジャコウアゲハ	28—	28
マエモンタイマイ	36—	37
マエモンフクロチョウ	81—	95
マエルリウラスジタテハ	111—	119
マダライナズマ	120—	131
マダラチョウ科	72〜77—	84〜91
マドコノハ	117—	126
マドタテハ	125—	137
マルバネシジミ	131—	141
マルバネスカシマダラ	75—	87

ミ

ミイロタイマイ	53—	48
ミイロプレポナ	127—	138
ミカドウスバシロチョウ	6—	6
ミズアオマダラタイマイ	54—	50
ミズアオモルフォ	91—	102
ミスジコムラサキ	125—	137
ミスジシロチョウ	69—	80
ミツオシジミタテハ	131—	143
ミツボシタテハ	112—	120
ミドリモンキチョウ	63—	64
ミヤマウスバシロチョウ	7—	7
ミヤマカラスアゲハ	40—	39
ミルミドーネモンキチョウ	63—	63

ム

ムラサキイチモンジ	120—	131
ムラサキウズマキタテハ	111—	118
ムラサキコノハチョウ	117—	127
ムラサキツルギタテハ	114—	123
ムラサキテングチョウ	131—	141
ムラサキフクロチョウ	84—	97
ムラサキワモンチョウ	86—	99

メ

メガネアゲハ……………………………… 11—14, 15
メキシコオナガタイマイ………………… 26— 25
メスアカモンキアゲハ…………………… 46— 43
メスキシロチョウ………………………… 66— 73
メスキツマキチョウ……………………… 67— 76
メスジロイシガキチョウ…………………107—114
メダマチョウ……………………………… 85— 98
メネラウスモルフォ……………… 99—106, 107

モ

モトモンキチョウ………………………… 63— 66
モルフォチョウ科………… 89〜102—108〜109
モンキチョウ……………………………… 63— 67
モンキベクチョウ…………………………103—109
モンシレチモンジ…………………………120—131
モンミスグラ……………………………… 75— 87

ヤ

ヤエヤママムラサキ………………………109—116
ヤマモンキチョウ………………………… 63— 65

ヨ

ヨロイボカシタテハ………………………124—135

ラ

ラカンドネスオナガタイマイ…………… 29— 29
ラグライズアゲハ………………………… 57— 55
ラトレイユベニモンアゲハ……………… 27— 26
ラリムナミスジ……………………………121—133

リ

リキメネスマエモンジャコウ…………… 28— 29
リュウキュウムラサキ……………………109—117

ル

ルリオビアゲハ…………………………… 39— 38
ルリオビプレポナ…………………………113—121
ルリオビムラサキ…………………………109—116
ルリフタオチョウ…………………………114—123
ルリボシタテハモドキ……………………110—117
ルリモンアゲハ…………………………… 41— 40
ルリモンスミナガシ………………………118—128

レ

レーダシロチョウ………………………… 66— 73
レックスマダラアゲハ…………………… 34— 34
レテノールアゲハ………………………… 50— 47
レテノールモルフォ……… 94, 95, 96—104, 105

ロ

ロマノフモンキチョウ…………………… 63— 64

ワ

ワイルマンシロチョウ…………………… 60—59, 60
ワタリオオキチョウ……………………… 70— 81
ワモンチョウ科…………………… 85〜88—98〜100
ワレスタイマイ…………………………… 55— 52

SELECTED BUTTERFLIES OF THE WORLD
ILLUSTRATED IN COLOURS

by Kazuo Nakahara, Toshihiko Kurosawa

© 2016 HOKURYUKAN

THE HOKURYUKAN CO., LTD.
3-17-8, Kamimeguro, Meguro-ku
Tokyo, Japan

原色圖鑑 復刻版 世界の蝶

昭和39年5月20日　初版発行
平成28年11月20日　復刻版発行
〈図版の転載を禁ず〉

当社は，その理由の如何に係わらず，本書掲載の記事（図版・写真等を含む）について，当社の許諾なしにコピー機による複写，他の印刷物への転載等，複写・転載に係わる一切の行為，並びに翻訳，デジタルデータ化等を行うことを禁じます。無断でこれらの行為を行いますと損害賠償の対象となります。
連絡先：北隆館 著作・出版権管理室 03(5720)1162

JCOPY 〈(社) 出版者著作権管理機構 委託出版物〉
本書の無断複写は著作権法上での例外を除き禁じられています。複写される場合は，そのつど事前に，(社) 出版者著作権管理機構（電話:03-3513-6969, FAX:03-3513-6979, e-mail: info@jcopy.or.jp）の許諾を得てください。

著者　中原和郎
　　　黒沢良彦
発行者　福田久子
発行所　株式会社 北隆館
〒153-0051　東京都目黒区上目黒3-17-8
電話03(5720)1161　振替00140-3-750
http://www.hokuryukan-ns.co.jp/
e-mail : hk-ns2@hokuryukan-ns.co.jp
印刷所　株式会社 東邦
ISBN978-4-8326-0735-4 C0645
Printed in Japan